U0464059

材料

现代制备技术

主　编◎李振宇　武元鹏　王犁

副主编◎颜贵龙　程金波　黄本生

编　委◎（排名不分先后）

陈靖禹　向　东　赵春霞

李　东　易　静　黄浩然

黄泽皑　张学忠

四川大学出版社
SICHUAN UNIVERSITY PRESS

图书在版编目（CIP）数据

材料现代制备技术 / 李振宇，武元鹏，王犁主编. --
成都：四川大学出版社，2025. 6. -- ISBN 978-7-5690-
7797-1

Ⅰ. TB3

中国国家版本馆 CIP 数据核字第 2025AP5548 号

书　　名：材料现代制备技术
　　　　　Cailiao Xiandai Zhibei Jishu
主　　编：李振宇　武元鹏　王　犁

选题策划：孙明丽
责任编辑：唐　飞
责任校对：罗丽新
装帧设计：墨创文化
责任印制：李金兰

出版发行：四川大学出版社有限责任公司
　　　　　地址：成都市一环路南一段 24 号（610065）
　　　　　电话：（028）85408311（发行部）、85400276（总编室）
　　　　　电子邮箱：scupress@vip.163.com
　　　　　网址：https://press.scu.edu.cn
印前制作：四川胜翔数码印务设计有限公司
印刷装订：成都市新都华兴印务有限公司

成品尺寸：185mm×260mm
印　　张：16.25
字　　数：395 千字

扫码获取数字资源

版　　次：2025 年 6 月 第 1 版
印　　次：2025 年 6 月 第 1 次印刷
定　　价：76.00 元

四川大学出版社
微信公众号

本社图书如有印装质量问题，请联系发行部调换

前　言

　　《材料现代制备技术》是一本专为研究生量身打造的专业教材，旨在系统地介绍材料科学领域中现代制备技术的历史演进、核心原理和应用前景。材料科学历史悠久，从石器时代开始，历经青铜时代、铁器时代，直至现代的智能材料和纳米技术阶段，每一次技术革新都深刻影响着人类文明的发展。本教材将沿着这一脉络展开，为读者呈现从历史到现代、从理论到实践的全景式知识体系。

　　材料的制备技术不仅是材料科学的重要组成部分，更是人类技术进步的基石。从最初的打制石器到青铜冶炼，从铁器锻造到陶瓷烧制，这些制备技术的突破极大地改变了社会生产与生活方式。到了工业革命，随着高炉炼铁、塑料合成、铝电解提取等技术的出现，材料的种类和性能得到了极大的扩展，材料科学正式从经验走向了系统化、科学化的研究。现代制备技术则涵盖了纳米尺度的精密制造和复杂复合材料的设计，极大地拓宽了材料的应用领域。

　　本教材以科学和工程的交叉融合为视角，全面系统地介绍热压烧结技术、高温烧结、电子束蒸发、化学气相沉积到增材制造等现代前沿制备技术，深入讲解技术原理、工艺流程、关键设备及其在不同领域的实际应用。与此同时，书中还穿插了经典材料的实际案例，深入剖析其制备过程和技术特点，为读者提供直观而生动的学习体验。

　　面对全球化和信息化的快速发展，材料的多样性和复杂性对研究者提出了更高的要求。本教材旨在为学生搭建一个高效的学习平台，帮助他们掌握材料制备领域的理论精髓，理解技术应用中的实际挑战，为未来的科研工作打下坚实的基础。

　　本书的出版得到了西南石油大学研究生教材建设校级项目（项目号：2022JCJS016）的资助。我们深知，教材的编写离不开行业和科研的最新动态，以及前辈学者的宝贵经验。希望本书的出版，能成为材料科学领域学者们教学、研究的有力工具，为新一代研究生提供启发与支持。

　　愿每一位读者都能通过本书领略材料现代制备技术的魅力与潜能，在未来的研究与实践中大展宏图！鉴于材料学科发展变化迅速，各种新材料、新技术日新月异，本书将在后续使用过程中持续改进和完善。由于编者水平有限，书中难免存在一些不足之处，恳切希望广大师生和读者不吝赐教，多提宝贵意见和建议。

编　者

2024 年 11 月

目　　录

1 概论

1.1 材料的概念

材料科学是推动人类文明发展的重要学科之一，从石器时代到现代信息社会，材料的创新与发展始终与人类的进步息息相关。材料是构成所有物质的基础，涵盖了从微观到宏观、从基础研究到广泛应用的多个层面。无论是在建筑、电子、能源，还是在航空航天、生物医学等领域，材料都是不可或缺的关键元素。材料科学的核心在于研究材料的组成、结构、性质与性能之间的关系，并通过控制这些特性来设计出满足特定需求的材料，为各类科学技术创新提供支撑。

在基本概念上，材料可以从不同的层面加以理解，包括最基本的原子/分子层面的结构与键合，影响材料性能的微观结构，相态变化对材料特性的影响，材料的宏观性能及其在不同领域的应用等。通过这些层面的系统探究，材料科学家能够不断推动材料的创新和应用，满足各领域日益复杂的技术需求。

1.1.1 原子/分子层面

材料的基本构成单元是原子和分子。在原子或分子层面上，材料的性质与它们的化学组成和键合方式密切相关。不同的原子通过化学键（如共价键、离子键、金属键等）结合（图 1.1），形成特定的分子或晶体结构，这种结构决定了材料在微观和宏观上的各种特性。例如，碳原子可以通过不同的排列方式形成石墨和金刚石，从而导致其在物理性能上存在显著差异。因此，理解原子和分子的排布、化学键类型和键强度对于材料的研究和应用至关重要。

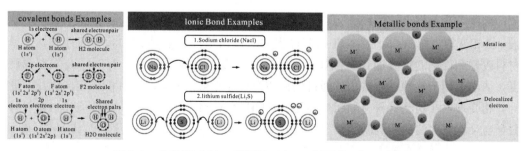

图 1.1 共价键（左）、离子键（中）、金属键（右）示意图

1.1.2 微观结构层面

在微观结构层面上，材料表现出晶体结构、晶体缺陷、晶界和晶体位错等结构特征（图 1.2）。微观结构不仅包括原子和分子排列的晶体结构，还包括材料内部的晶粒、相界以及各种缺陷。晶体材料中原子按照周期性规则排列，而非晶材料则没有这种长程有序的结构。这些微观特征影响材料的机械强度、导电性、光学性质等。例如，金属材料的晶粒大小和位错密度影响其强度和延展性，而半导体材料的微观结构决定了其电学和光学性能。微观结构的控制和调整是材料科学研究的核心课题之一。

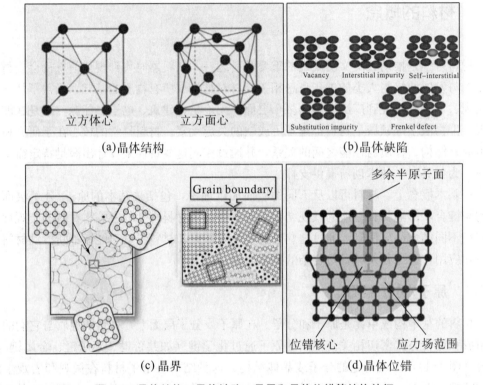

(a)晶体结构　　　　　　　　　　　　　(b)晶体缺陷

(c)晶界　　　　　　　　　　　　　(d)晶体位错

图 1.2　晶体结构、晶体缺陷、晶界和晶体位错等结构特征

1.1.3 相变层面

相变是指材料内部结构在温度、压力等条件变化下发生的转变，如固−固相变和液−液相变等（图 1.3）。材料在相变过程中表现出不同的晶体结构和物理性质，这是材料改性和优化的重要途径。例如，钢在不同温度下的相变使其具有不同的强度和硬度，从而适用于多种工业需求。通过调控相变过程，可以实现材料性能的定向优化。此外，相变现象在功能材料（如相变存储材料和形状记忆合金）中具有重要应用，是材料科学与工程中关注的热点问题。

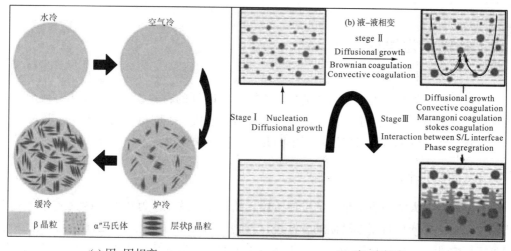

(a) 固-固相变   (b) 液-液相变

图 1.3　固－固相变及液－液相变

1.1.4　宏观性质层面

在宏观层面，材料的力学、热学、电学、磁学和光学性质直接决定了其应用潜力。材料的宏观性质是由其微观结构和相变行为综合决定的。例如，金属材料通常具有良好的导电性和热导性，而陶瓷材料则具有优异的高温稳定性和抗腐蚀性。这些宏观性质不仅仅依赖于材料的组成成分，还与微观结构、缺陷、加工方式等因素密切相关。通过精细控制微观结构与成分，可以设计出在宏观层面满足特定需求的材料，如耐高温、超强硬度和高导电性等。

1.1.5　应用领域层面

材料的最终应用领域通常决定了它的设计要求和性能标准。材料科学家和工程师在设计和研发材料时，通常会结合应用需求进行综合考虑。金属、陶瓷、聚合物和复合材料在不同领域展现出各自独特的优势。例如，在航空航天领域，需要高强度和耐高温的材料；而在电子器件中，则要求材料具备优异的导电性和绝缘性。不同应用领域对材料性能的要求既推动了新材料的不断发展，也推动了先进制造工艺的创新，以满足复杂的现代需求。

综上所述，材料科学的研究是一个多层次、多维度的过程。理解材料的组成、结构和性能，以及这些因素之间的关系，是提升材料性能和开发新材料的基础。通过对原子/分子、微观结构、相变、宏观性质和应用领域等多个层面的研究，材料科学家可以更好地理解和优化材料，以满足现代工业和技术的发展需求。

1.2 材料的发展史

材料的发展贯穿了人类文明的进程，不同历史时期的材料创新不仅提升了生产力，还推动了技术与社会的进步。从石器时代到新材料时代，不同材料的应用标志着人类社会的不断飞跃。以下是材料发展过程中的几个重要历史阶段。

1.2.1 石器时代

石器时代是人类历史上最早的发展阶段，始于距今约 250 万年前，持续至青铜器时代前。人类主要使用打制或磨制的石器进行狩猎、采集和简单生产，逐步从游猎生活过渡到定居农业，并发展出制陶、纺织等基本手工业。石器时代标志着人类开始主动改造自然，为青铜器时代的文明进步奠定了基础。

1.2.2 青铜器时代

青铜器时代约始于距今 5000 年前，是人类历史上冶金技术的首次飞跃。人类学会了从矿石中提炼铜，并通过加入锡制造出青铜。这种合金具有比纯铜更高的硬度和耐磨性，成为制造工具、武器和器皿的理想材料。青铜的使用显著提高了农业、手工业的效率，推动了城市和国家的形成。青铜器标志着人类从天然材料向合成材料的过渡，使社会结构进一步复杂化。

1.2.3 铁器时代

铁器时代约始于 3200 年前，是另一个重要的材料革命时期。铁元素资源丰富，成本低廉，经过高温锻造后，铁制品的强度和硬度超越了青铜，被广泛用于农具、武器和建筑材料的制造。铁器的普及极大地推动了农业和手工业的发展，提高了生产力。铁器时代的到来标志着人类进入高效生产的时代，为社会经济的扩展和发展提供了坚实基础。

1.2.4 钢铁时代

钢铁时代开始于 18 世纪后期的工业革命，是现代工业社会的基石。钢是铁和碳的合金，比纯铁具有更高的强度和耐磨性。随着炼钢技术的突破，如焦炭炼铁法和贝塞麦转炉法的应用，使高质量钢材的大规模生产成为可能。钢铁材料在铁路、桥梁、船舶和建筑中的广泛应用推动了工业化进程，是交通、建筑等多个行业迅速发展的物质保障。钢铁时代标志着人类进入现代化生产的阶段，为工业文明奠定了基础。

1.2.5 新材料时代

20 世纪以来，随着科学技术的不断进步，材料科学进入了"新材料时代"。这一阶段不同于以往材料的简单改良，更多地基于微观结构和分子层面的创新设计，创造出了种类多样的材料，以满足现代社会日益多样化的需求。新材料的开发不仅推动了科学技术的突破，也在各行各业带来了深刻变革。以下是新材料时代的几个主要发展方向。

1.2.5.1　高分子材料

高分子材料（如塑料、橡胶、合成纤维）因其轻质、耐腐蚀等特点，广泛应用于包装、电子、建筑和医疗等领域。高分子材料的出现为材料科学带来了全新的研究领域，推动了材料科学从传统金属、陶瓷向化学合成材料的拓展。

1.2.5.2　复合材料

复合材料通过结合两种或多种材料的优点，获得更优异的综合性能。例如，碳纤维复合材料具有高强度、低密度的特性，广泛用于航空航天、汽车制造等领域。复合材料满足了现代工程对轻量化、高性能材料的需求，是高端制造业的重要支撑材料。

1.2.5.3　半导体材料

半导体材料（如硅、砷化镓等）在信息时代的崛起中具有决定性作用。它们的可控导电性使其成为集成电路、晶体管和太阳能电池的核心材料。半导体材料的创新推动了电子信息技术的飞速发展，是现代信息社会的重要支柱。

1.2.5.4　纳米材料

纳米材料以其独特的力学、电学、光学等特性应用广泛。这些材料在电池、传感器、医药等领域展现出巨大的应用潜力。纳米材料的研究揭示了微观结构对宏观性能的深刻影响，为高效能电池、超导材料等前沿科技带来了新的可能性。

1.2.5.5　生物材料

生物材料是指用于医疗和生物工程领域的材料，如人造关节、植入器件和组织工程等。具有良好生物相容性的聚合物和金属材料正广泛应用于医学领域。近年来，生物材料的研究还融合了纳米技术和仿生学，为再生医学和个性化医疗开辟了新的方向。

1.2.5.6　智能材料和功能材料

智能材料能够感知外界变化并产生响应，如形状记忆合金和压电材料等。智能材料广泛应用于传感器、自适应结构和可穿戴设备中，推动了物联网和智能化设备的发展。此外，功能材料还包括具有导电、磁性、光电等特性的材料，为储能、电子产品等现代科技应用提供了重要的材料支持。

1.2.5.7　绿色材料和可持续材料

随着环境保护意识的增强，绿色材料和可持续材料成为材料科学的新兴方向。可降解塑料和生物基材料在包装、日用品中得到了广泛应用，减少了传统塑料对环境的负担。绿色材料的发展符合社会的可持续发展需求，推动了环保技术的进步。

从石器到新材料时代，材料的发展历程反映了人类文明的每一次进步。新材料时代的到来标志着材料科学从传统材料改良向创新设计的转变。新材料的发展推动了航空航天、生物医学、电子信息等领域的技术进步。未来，材料科学将继续朝着智能化、多功能化、环保化的方向发展，为人类应对未来技术与环境挑战提供全新的解决方案。

1.3 材料的分类

材料的分类可以帮助我们更好地理解其特性与应用。在材料科学中，材料通常按照不同的组成成分、物理性能、化学性质、结构特性和功能来分类。以下是几种主要的分类方式。

1.3.1 按组成成分分类

根据组成成分的不同，材料可以分为金属材料、非金属材料和复合材料。

1.3.1.1 金属材料

金属材料由一种或多种金属元素构成，具有高导电性、高导热性、良好的延展性和韧性。常见的金属材料包括铁、铜、铝、镁及其合金等。金属材料广泛用于建筑、制造、电子等领域，其中合金材料在耐磨性、抗腐蚀性方面表现出优异性能。

1.3.1.2 非金属材料

非金属材料不含有金属元素，通常包括陶瓷、高分子和复合材料。非金属材料的种类繁多，性质各异。例如，陶瓷材料具有高硬度、高耐热性，但一般较脆；高分子材料具有轻质和耐腐蚀性，广泛应用于包装和医疗领域。非金属材料因其优良的特性，在现代科技和工业中发挥着不可替代的作用。

1.3.1.3 复合材料

复合材料是由两种或多种不同材料组成，通过物理或化学结合形成新材料，以充分发挥各组成材料的优势。复合材料通常具有优异的强度、耐热性和轻质特性，如碳纤维复合材料、玻璃纤维增强塑料等，在航空航天、汽车制造和体育用品中应用广泛。

1.3.2 按物理性能分类

根据物理性能的不同，材料可以分为导体、绝缘体和半导体。

1.3.2.1 导体

导体是指能够导电的材料，如金、银、铜等金属。导体材料的电子能自由移动，电阻较低，广泛用于电线、电缆和电气设备中。

1.3.2.2 绝缘体

绝缘体材料不能导电，常见的有陶瓷、玻璃、橡胶和塑料等。绝缘体具有极高的电阻，常用于电缆绝缘层、电路板和电器外壳中，保护人们免受电流伤害。

1.3.2.3 半导体

半导体材料的导电性介于导体和绝缘体之间，如硅、锗等。半导体材料在电学性能方面极具可控性，广泛应用于集成电路、晶体管、太阳能电池等电子器件中，是现代信息技术的基础材料。

1.3.3 按化学性质分类

材料的化学性质包括耐腐蚀性、耐氧化性、耐酸碱性等。根据化学性质的不同，材料可以分为耐腐蚀材料和非耐腐蚀材料。

1.3.3.1 耐腐蚀材料

耐腐蚀材料在化学反应中能保持稳定性，适用于酸碱环境中。典型的耐腐蚀材料包括不锈钢、钛合金、特种塑料等。耐腐蚀材料广泛应用于化工、医药、海洋工程等领域。

1.3.3.2 非耐腐蚀材料

非耐腐蚀材料易受腐蚀，适用于较温和的环境。普通钢材、铝合金等在不具备防腐涂层或防护措施时，容易被氧化或腐蚀，应用范围受到一定限制。

1.3.4 按结构特性分类

根据内部结构特性的不同，材料可以分为晶体材料和非晶材料。

1.3.4.1 晶体材料

晶体材料具有长程有序的原子排列结构，如金属、陶瓷和半导体。晶体材料具有稳定的物理、化学性质，在力学和电学性能上具有优良表现。半导体材料中的硅单晶体是现代集成电路的主要材料。

1.3.4.2 非晶材料

非晶材料没有长程有序的原子排列，如玻璃和某些高分子材料。非晶材料通常具有良好的光学透明性、韧性和耐冲击性。玻璃在光学器件和建筑领域中有广泛应用。

1.3.5 按功能分类

材料的功能性决定了其应用领域。根据功能的不同，材料可以分为结构材料、功能材料和智能材料。

1.3.5.1　结构材料

结构材料是以力学性能为主的材料，广泛应用于建筑、机械等结构性工程中。例如，钢材和混凝土是建筑中的常见结构材料，碳纤维复合材料则因其高强度和轻质特性而在航空航天中得到广泛应用。

1.3.5.2　功能材料

功能材料具有特定的电、磁、光、热或生物功能，在信息技术、能源、环境和生物医学等领域有重要应用。例如，光学材料、磁性材料、压电材料等在电子和电气设备中发挥了关键作用。功能材料在现代高科技应用中尤为重要。

1.3.5.3　智能材料

智能材料具有感知和响应环境变化的能力，如形状记忆合金和压电材料。智能材料在传感器、自适应结构和可穿戴设备等领域得到应用。智能材料的发展为物联网、人工智能等新兴科技提供了材料支持。

对材料进行分类，可以更好地理解材料在科学研究和工程应用中的多样性。材料的分类不仅是根据其基本组成、结构和性能进行的，也考虑了功能和应用场景的不同。掌握材料的分类体系可以帮助我们更精准地选择和设计材料，以满足不同领域的需求。在材料科学不断发展的今天，新材料和多功能材料的出现使分类体系更加丰富，并推动着技术的进步和创新。

1.4　材料的制备

材料制备技术是材料科学的核心内容之一，是实现新型材料研发和优化材料性能的关键途径。从远古的手工加工到现代的精密合成技术，材料制备方法持续革新，有力推动了材料科学和工程的发展，使材料的应用场景更加广泛且复杂。材料的制备过程不仅影响其宏观性能，还决定了其微观结构和内部质量，为后续的加工、应用提供了基础保障。

现代材料制备涵盖了多种工艺，从气相反应到溶液过程，从高温高压到低温合成，每种方法都有其独特的优势和适用范围。随着技术的不断进步，材料科学家如今已能够在原子、分子层面上精准控制材料的成分和结构，以满足不同领域的功能需求。本节将概述这些制备方法的主要进展，并为后续章节的深入探讨奠定基础。

以下是几种关键材料制备技术。

化学气相沉积：一种在气相环境中引发化学反应，进而在基材表面沉积薄膜的技术。

溶胶－凝胶技术：一种通过溶液转化为凝胶的过程来制备多种材料的湿法化学合成方法。

　　水热与溶剂热技术：在高温高压条件下，通过溶剂介质促进材料合成与晶体生长的方法。

　　高分子材料的制备：包括多种聚合方法，用于合成性能优异、结构丰富多样的高分子材料。

　　热压烧结技术：一种通过施加高温和压力，促使粉末材料致密化成型的技术，适用于高强度材料的制造。

　　3D打印技术：一种无需模具，逐层叠加材料的增材制造技术，用于制备复杂结构和个性化材料。

　　电纺丝技术：一种利用高压电源极化原理，来制备一维功能纳米材料的技术，适用于当前各个领域。

　　通过本章的概述，读者可对这些材料制备方法的原理和应用有初步的了解。接下来的章节将逐一深入讨论这些技术的具体原理、工艺和应用，以帮助读者掌握现代材料制备的基本概念和技术手段。

参考文献

[1] Li Tian, Zhu Xueying, Hai Xin, et al. Recent progress in sensor arrays: from construction principles of sensing elements to applications [J]. ACS Sensors, 2023, 8: 994-1016.

[2] Zografopoulos Dimitrios C, Ferraro Antonio, Beccherelli Romeo. Liquid-crystal high-frequency microwave technology: materials and characterization [J]. Advanced Materials Technologies, 2019, 4: 180044.

[3] Brillas Enric, Serra Albert, Garcia-Segura Sergi. Biomimicry designs for photoelectrochemical systems: strategies to improve light delivery efficiency [J]. Current Opinion in Electrochemistry, 2021, 26: 100660.

[4] Gong Liyuan, Yang Zhiyuan, Li Kui, et al. Recent development of methanol electrooxidation catalysts for direct methanol fuel cell [J]. Journal of Energy Chemistry, 2018, 27: 1618-1628.

[5] Xu Kai, Zhan Chengcheng, Lou Ming, et al. Design of the rare-earth-containing materials based on the micro-alloying phase equilibria, phase diagrams and phase transformations [J]. Journal of Materials Science & Technology, 2023, 151: 119-149.

[6] Ejeian Fatemeh, Azadi Shohreh, Razmjou Amir, et al. Design and applications of MEMS flow sensors: a review [J]. Sensors and Actuators a-Physical, 2019, 295: 483-502.

[7] Little Marc A, Cooper Andrew I. The chemistry of porous organic molecular materials [J]. Advanced Functional Materials, 2020, 30: 1909842.

[8] Han Lu, Che Shunai. An overview of materials with triply periodic minimal surfaces and related geometry: from biological structures to self-assembled

systems [J]. Advanced Materials, 2018, 30: 1705708.

[9] Beran Gregory J O. Modeling polymorphic molecular crystals with electronic structure theory [J]. Chemical Reviews, 2016, 116: 5567—5613.

[10] Price Sarah L. Predicting crystal structures of organic compounds [J]. Chem. Soc. Rev. , 2014, 43: 2098—2111.

[11] Kato Takashi, Yoshio Masafumi, Ichikawa Takahiro, et al. Transport of ions and electrons in nanostructured liquid crystals [J]. Nature Reviews Materials, 2017, 2: 17001.

[12] Oganov Artem R, Pickard Chris J, Zhu Qiang, et al. Structure prediction drives materials discovery [J]. Nature Reviews Materials, 2019, 4: 331—348.

[13] Shi Xiaolei, Zou Jin, Chen Zhigang. Advanced thermoelectric design: from materials and structures to devices [J]. Chemical Reviews, 2020, 120: 7399—7515.

[14] Mao Kexin, Yao Yiming, Chen Ying, et al. Fracture mechanisms of NCM polycrystalline particles in lithium—ion batteries: a review [J]. Journal of Energy Storage, 2024, 84: 11080.

[15] Yazyev Oleg V, Chen Yong P. Polycrystalline graphene and other two — dimensional materials [J]. Nature Nanotechnology, 2014, 9: 755—767.

2 化学气相沉积

2.1 化学气相沉积概述

化学气相沉积（Chemical Vapor Deposition，CVD）是一种利用气态前驱体的化学反应，在固体表面形成薄膜的工艺技术。CVD 广泛用于制造半导体、光伏器件、高性能涂层以及纳米材料。该技术通过在反应器中引入含有目标元素的气体混合物，在高温或等离子体环境中诱导发生化学反应，使反应产物沉积在衬底表面上形成薄膜（图2.1）。CVD 技术的关键在于通过调控反应条件，如温度、压力、气体流量等，以此实现所需材料的均匀沉积。其优点在于能够在复杂的结构和非平面表面上生成致密且均匀的薄膜，并且所生成的薄膜具有优异的黏附性和高纯度。

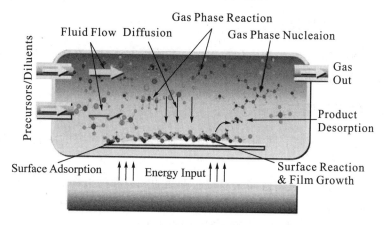

图 2.1　CVD 反应器中不同过程的示意图

化学气相沉积过程可分为多个相对独立的步骤：将前体化学品送入 CVD 反应器内。进入反应器后，前体分子需被传输到基材表面，这一过程通常是通过流体输送与扩散相结合的方式来实现的。到达表面后，前体分子必须停留在那里足够长的时间，以确保能够发生化学反应。反应发生后，产物薄膜原子应附着在基材表面上，而副产物分子则须从基材表面解吸脱离，以便为更多进入反应器的前体分子腾出空间。

2.2 化学气相沉积的主要流程

类似于3D打印的逐层构建原理，CVD工艺同样依赖多步流程，即从前期的气体准备，到薄膜沉积完成后的处理。以下是详细的CVD工艺流程，涵盖各个关键环节。

2.2.1 反应气体的选择与准备

在CVD工艺中，反应气体是薄膜材料的直接来源，因此气体的种类、纯度和供给方式对薄膜质量至关重要。

2.2.1.1 前驱体气体的选择

前驱体气体必须能够在反应条件下分解，生成所需的固态沉积物。例如，用于沉积硅薄膜的常见前驱体是硅烷（SiH_4）。

2.2.1.2 辅助气体的使用

辅助气体，如氢气（H_2）、氮气（N_2）或氧气（O_2），可用于调节反应速率或控制沉积物的结构。

2.2.1.3 气体的纯度控制

高纯度的气体有助于减少杂质和缺陷，提高薄膜的质量。在某些高端应用领域，如半导体工业，气体的纯度需达到99.9999%（6N级）。

2.2.2 衬底的预处理与清洁

在CVD过程中，衬底表面的清洁和预处理会直接影响薄膜的附着性和质量。典型的预处理步骤包括以下方面。

物理清洁：使用超声波清洗器去除衬底表面的颗粒和污染物。其原理是利用超声波在液体中的空化作用、加速度作用及直进流作用，对液体和污物直接、间接施加作用，使污物层被分散、乳化、剥离，从而达到清洗的目的。

空化作用：是超声波清洗的核心机制。当超声波在液体中传播时，会在液体内产生快速的压力变化，进而形成无数微小的真空气泡（空穴）。这些气泡在低压区域形成，在高压区域迅速塌陷，这一过程被称为空化现象。当气泡破裂时，会产生局部的高温高压微射流和冲击波，对污物层产生强烈的冲击。这种冲击作用能使污物层脱离物体表面或被分散成更小的颗粒，从而达到清洗的目的。

加速度作用：是指超声波在液体中传播时，液体分子受到振动而产生高速运动导致的现象。超声波的高频振动使液体分子产生高加速度运动。这种高加速度会对液体中的颗粒和污物产生强烈的作用力，使其在液体中迅速运动和碰撞，从而有效破坏污物层的结构，促进其从物体表面剥离。

直进流作用：是指超声波在液体中产生定向流动。这种流动是由液体在超声波高频振动的影响下形成的。虽然直进流的速度较低，但其稳定的流动能将已分离的污物迅速带离物体表面，防止其重新附着。此外直进流作用还增强了清洗溶液的循环，使污物在液体中均匀分散，进一步提高了清洗效果。

化学清洁：使用化学溶剂（如硫酸、氢氟酸）去除氧化物或有机残留物。

表面活化：在某些情况下，通过等离子体处理提高衬底的表面能，增强薄膜的附着力。

2.2.3 化学反应过程的控制

CVD 的核心在于对化学反应过程的精确控制。该过程通常发生在密闭的反应腔室内，并通过控制温度、压力和气体流量来调节反应速率（图 2.2）。

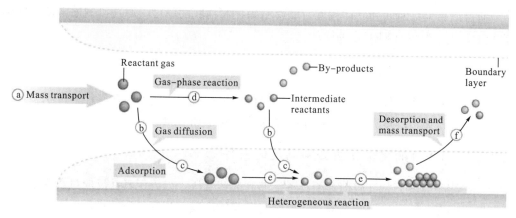

图 2.2　典型 CVD 工艺的一般基本步骤示意图

首先，将反应气体输送到反应器中（步骤 a）。其次，反应气体有两种可能的路径：直接扩散通过边界层（步骤 b）并吸附到基底上（步骤 c）；或通过气相反应形成中间反应物和副产物并通过扩散（步骤 b）和吸附（步骤 c）沉积到基底上。在形成薄膜或涂层之前，在基底表面上发生表面扩散和异质反应（步骤 e）。最后，副产物和未反应物质从表面解吸并作为废气排出反应器（步骤 f）。

2.2.3.1 温度控制

根据不同的前驱体，CVD 反应的温度通常在 300~1200℃ 之间。温度过低会导致前驱体无法充分分解，而温度过高则可能引起副反应或损坏衬底。

2.2.3.2 压力控制

CVD 工艺可以在高压、低压甚至超高真空条件下进行。低压 CVD（LPCVD）适用于均匀性要求较高的薄膜沉积。

2.2.3.3 气体流量控制

精确调节反应气体和辅助气体的流量比例，确保反应均匀进行。气体流量通常通过质量流量控制器（MFC）进行调节。

2.2.4 薄膜的沉积与成膜过程

薄膜的沉积是CVD工艺的关键环节。在适当的温度和气氛条件下，前驱体气体发生化学反应，生成固体沉积物并附着在衬底表面上。

2.2.4.1 成核与生长过程

在初期阶段，薄膜先在衬底表面成核，然后逐渐扩展形成连续的薄层。控制成核密度有助于提高薄膜的均匀性和性能。

2.2.4.2 薄膜的厚度控制

通过调整反应时间和气体浓度，能够精确控制薄膜的厚度。厚度监测通常使用椭偏仪或X射线衍射仪（XRD）进行。

2.2.4.3 膜层的结构与晶体取向

通过控制沉积条件，可以影响膜层的晶体结构和取向。例如，在硅片上沉积多晶硅时，可以通过调节温度和气体比例来控制晶粒的大小和取向。

2.2.4.4 CVD的化学反应必须满足的条件

①在淀积温度下，反应剂必须具备足够高的蒸气压，以确保其在反应过程中能够以气态形式存在并输送到反应区域，从而参与薄膜的形成。高蒸气压使得反应剂在淀积温度下可以快速蒸发并保持在气相中，从而在整个反应过程中提供稳定且持续的物质来源，有助于形成均匀的薄膜同时，气态的反应物可以均匀扩散到反应腔室内，确保在薄膜表面上均匀沉积，避免出现浓度梯度和局部不均匀性。高蒸气压还有助于提高反应物在反应区域的浓度，从而促进化学反应的进行，提高淀积速率和薄膜生长效率。

②淀积物本身必须具有足够低的蒸气压，如果淀积物的蒸气压过高，在淀积温度下它可能会重新蒸发回气相中，从而导致薄膜无法稳定地沉积在衬底表面；足够低的蒸气压有助于薄膜在淀积后牢固地附着在衬底上，不易发生蒸发或剥离，从而提高薄膜的物理稳定性和化学稳定性；低蒸气压的淀积物能在淀积过程中形成更致密和稳定的薄膜结构，避免在成膜时发生分解或蒸发损失，从而提升薄膜的质量和性能。

③除淀积物外，反应的其他产物必须是挥发性的，以确保在淀积过程中能够顺利排除这些副产物，避免其残留在薄膜或反应腔室中，影响薄膜的质量和淀积效率。

④化学反应的气态副产物不能进入薄膜中（尽管在一些情况下是不可避免的）。

⑤淀积温度必须足够低，以防止生成的产物分解、避免产物和基底之间的热膨胀差异导致材料在基地表面开裂。

⑥化学反应应该发生在被加热的衬底表面，如果在气相中发生化学反应，将导致过早核化，降低薄膜的附着性和密度、增加薄膜的缺陷、降低沉积速率、浪费反应气体等。

2.2.5 后处理工艺

CVD薄膜在沉积后可能需要进行一系列后处理工艺，以提高其性能或满足特定的应用需求。

2.2.5.1 退火处理

高温退火是一种热处理工艺，包括将材料加热到高于其再结晶点但低于其熔点的温度，在该温度下保持一定时间，然后让其缓慢冷却。通过高温退火消除薄膜中的应力和缺陷重排与再结晶，改善薄膜的电学和机械性能。高温退火会促进薄膜材料内的原子重新排列和扩散，减少晶格中的不规则性和位错密度。这种原子扩散使晶格中的缺陷得到修复，薄膜结构更加稳定。释放应力：在沉积薄膜过程中，薄膜与基底的热膨胀系数不同、沉积速率不均匀等因素会导致内应力的产生。高温退火可以通过加热使得薄膜材料内部的原子更自由地移动，从而使这些应力得到释放和重新分布。消除位错和空隙：退火可以减少薄膜中常见的缺陷，如位错、空隙和错配缺陷。随着温度的升高，这些缺陷逐渐消失或减少，薄膜中的晶体质量得到提高。促进晶粒生长：高温条件下，薄膜中的小晶粒会逐渐合并，形成较大的晶粒，从而减少晶界数量。晶界是应力和缺陷的聚集区域，减少晶界的数量有助于降低薄膜内的应力。

2.2.5.2 等离子体处理

在一些应用中，利用等离子体对薄膜进行表面改性，提高其表面能和化学稳定性。等离子体处理通过引入极性基团来增强表面润湿性和黏附性，同时去除污染物和不稳定层，使表面更清洁并提升化学稳定性。高能粒子的刻蚀效应可去除表面缺陷并促进更稳定结构的形成，而表面分子间的交联反应增加了耐化学腐蚀能力。此外，等离子体的溅射效应和沉积过程还能为薄膜表面添加具有不同化学特性的保护层，从而进一步提高其稳定性。

2.2.5.3 刻蚀和清洗

某些CVD薄膜需要经过化学刻蚀去除多余部分，以满足器件的结构要求。

2.2.6 CVD工艺中的关键设备

CVD工艺的实施依赖于一系列高精度设备，其中最常见的包括以下几种。

①反应腔（Reactor Chamber）：CVD工艺在密闭的反应腔中进行，腔体材料需具备高耐热性和抗腐蚀性。

②气体供应系统：包含气瓶、质量流量控制器（MFC）和气路管道，用于控制气体的供给和流量。

③温度控制系统：采用加热器或红外灯管精确控制反应温度，并配备温度传感器进行监测。

④真空系统：包括真空泵和压力控制器，用于调节反应腔的压力。

2.3 化学气相沉积的发展历史

2.3.1 理论提出与技术探索（20世纪50年代至70年代末）

化学气相沉积技术的起源可以追溯到20世纪50年代，随着固态物理学和材料科学的发展，研究人员开始探索通过化学反应在表面生成薄膜的可能性。这一时期的探索奠定了未来CVD工艺的基础。

1950年，CVD最早出现在航空航天和国防工业的研究中，目标是制造具有耐高温和抗氧化性能的材料。科学家发现，通过化学气体反应生成薄膜，不仅可以增强表面硬度，还能提高材料的耐腐蚀性。

1960年，CVD工艺的原理逐渐成型，主要应用于电子器件中。美国科学家在晶体管的研究中发现，使用气相沉积法可以制造高质量的二氧化硅（SiO_2）绝缘层，从而推动了早期的集成电路发展。

20世纪70年代末，研究集中于利用气体前驱体的反应形成多晶硅薄膜。这些薄膜在微电子器件中广泛应用，为未来的半导体行业奠定了技术基础。

2.3.2 CVD技术的正式诞生与初步应用（20世纪80年代）

20世纪80年代是CVD技术商业化的关键时期，各种新工艺相继问世，使得CVD的应用从实验室走向工业生产。等离子增强化学气相沉积（Plasma－Enhanced Chemical Vapor Deposition，PECVD）和热化学气相沉积（Thermal Chemical Vapor Deposition，Thermal CVD）出现。

PECVD：1981年，PECVD技术首次被提出，这一工艺通过等离子体降低反应温度，使温度敏感材料也能通过CVD沉积。这种技术迅速进入微电子行业，用于沉积硅氮化物（Si_3N_4）和二氧化硅薄膜。

Thermal CVD：1983年，热CVD被应用于光纤制造和集成电路中，解决了硅和氧化硅薄膜的高纯度要求。

2.3.3 技术的多样化与产业应用（20世纪90年代）

20世纪90年代，CVD技术进一步发展，工艺类型不断丰富。低压化学气相沉积（Low－Pressure Chemical Vapor Deposition，LPCVD）和有机金属化学气相沉积（Metal－Organic Chemical Vapor Deposition，MOCVD）成为两大技术亮点。

低压化学气相沉积（LPCVD）：通过降低反应腔的气压，LPCVD实现了薄膜的均匀沉积。该技术被广泛应用于集成电路制造中的介电层和保护层。

有机金属化学气相沉积（MOCVD）：20世纪90年代初，MOCVD技术迅速在光电子行业普及，用于制造氮化镓（GaN）和砷化镓（GaAs）半导体材料。这一技术推动了LED和激光二极管的产业化。

2.3.4 纳米技术和柔性电子的崛起（21世纪初）

2.3.4.1 纳米材料的制备

进入21世纪，CVD成为制造碳纳米管（CNT）和石墨烯的重要工具。

碳纳米管的合成：通过CVD工艺，研究人员成功制备了单壁碳纳米管，极大地提高了材料的导电性和机械强度。

石墨烯的生产：CVD首次实现了大面积单层石墨烯薄膜的合成，为下一代柔性电子器件和透明电极的发展奠定了基础。

2.3.4.2 光伏产业的突破

非晶硅薄膜的制备：CVD技术在太阳能电池的制造中发挥重要作用，提高了光伏电池的转换效率。

钙钛矿材料的开发：CVD工艺被用于开发钙钛矿太阳能电池的新材料，推动了清洁能源技术的发展。

2.3.5 工业4.0与CVD技术的智能化（21世纪10年代）

智能制造的实现：21世纪10年代，CVD技术与工业4.0理念相结合，实现了工艺的自动化和智能化。

传感器和物联网的集成：CVD设备通过传感器监控工艺状态，并将数据上传至云端，实现远程监控和自动化控制。

大数据和AI的优化：利用大数据分析优化工艺参数，提高了薄膜质量和生产效率。

高端应用的扩展：

①航空航天：CVD技术用于制造复杂的陶瓷基复合材料，提高了喷气发动机和涡轮叶片的性能。

②医疗科技：CVD合成的纳米材料被用于药物传递和生物传感器，为精准医疗带来新的可能。

2.3.6 可持续发展与未来展望（21世纪20年代及未来）

2.3.6.1 绿色制造与环保材料

21世纪20年代，CVD技术开始与绿色制造理念结合，推动了可持续材料的开发。

①生物基材料：通过CVD沉积的可降解聚合物薄膜被应用于医疗设备和环保包装。

②循环经济：CVD工艺实现了部分前驱体的回收和再利用，减少了化学品的浪费。

2.3.6.2　未来的技术趋势

①自适应制造系统：未来的CVD设备将实现智能化和模块化设计，通过人工智能实现自我优化。

②新材料的开发：CVD工艺将推动更多功能性材料的出现，如超导薄膜和自修复材料。

2.4　化学气相沉积的特点

CVD因其独特的工艺特点和广泛的材料适应性，成为半导体、光电子、能源材料、航空航天、医疗器械等领域的重要技术。以下从工艺优势、薄膜质量、应用适应性、工艺局限性和安全环保等多个方面详细阐述CVD的特点。

2.4.1　工艺的多样性与灵活性

CVD的最大特点之一是其工艺的多样性和灵活性。根据沉积过程中的能量来源、反应条件和所需材料的不同，CVD可以细分为多种类型。

热CVD（Thermal CVD）：依赖高温提供能量，适用于高耐热性材料的沉积，如多晶硅和氧化物薄膜。

等离子增强CVD（PECVD）：利用等离子体辅助反应，在较低温度下实现薄膜沉积，适合温度敏感的材料。

低压CVD（LPCVD）：在低压环境下进行反应，有助于生成高均匀性薄膜。

有机金属CVD（MOCVD）：使用有机金属前驱体制备复杂化合物半导体，如氮化镓（GaN）和砷化镓（GaAs）。

这种多样性使CVD技术能够根据具体需求调整工艺参数，适用于各种材料和应用场景。

2.4.2　薄膜质量优异，均匀性高

CVD技术能够生成高质量、致密、均匀的薄膜，尤其适用于高性能材料的沉积。其优异的薄膜质量源于以下几个特点。

高纯度：由于化学反应中杂质的引入较少，CVD生成的薄膜通常具有极高的纯度，适用于半导体和光电子行业。

良好的厚度均匀性：在低压环境下，CVD能够在大面积基材上均匀沉积薄膜，避免了物理气相沉积（PVD）中常见的厚度不均现象。

优异的致密性和黏附力：CVD薄膜致密性高，与基材之间的黏附力较强，因此适合用于防护涂层和功能薄膜。

2.4.3 适用于复杂结构与三维表面

CVD 技术具有高度的覆盖能力，能够在复杂的三维表面上形成均匀的薄膜。这一特点使其在微机电系统（MEMS）、光纤制造和复杂形状的医疗器械涂层中具有广泛的应用。

高覆盖性：CVD 的气体前驱体能够渗透到复杂结构的微小孔隙和缝隙中，并在其中进行沉积。

适应非平面基材：CVD 可以在非平面表面或不规则几何结构上形成均匀薄膜，如光学镜头的涂层。

2.4.4 广泛的材料适应性

CVD 技术适用于多种材料的制备，包括金属、非金属、氧化物、氮化物、碳化物和有机材料。根据不同的反应物和工艺条件，CVD 可以沉积出以下典型材料。

半导体材料：多晶硅、氮化硅（Si_3N_4）、砷化镓（GaAs）、氮化镓（GaN）等。

光学材料：二氧化硅（SiO_2）、氧化铝（Al_2O_3）等，用于抗反射和保护膜。

功能性涂层：如用于航空航天的碳化硅（SiC）和氮化钛（TiN）涂层，提高耐热性和耐磨性。

纳米材料：碳纳米管和石墨烯，为电子和能源应用提供了新型材料。

2.4.5 可控制的沉积速率与厚度

CVD 工艺的另一大特点是能够精准控制薄膜的沉积速率和厚度。通过调节反应气体的流量、温度和时间，可以实现从纳米级到微米级的厚度控制。

可控沉积速率：调节气体流量和反应温度可以控制薄膜的生长速率，满足不同应用需求。

厚度范围广：CVD 工艺能够生成从几纳米到几十微米不等的薄膜，适应从集成电路到涂层防护的广泛需求。

2.4.6 可实现批量生产

CVD 工艺的反应腔设计允许在同一批次中同时处理多个基材，因此在生产效率上具有一定优势。特别是 LPCVD 等工艺被广泛应用于晶圆制造中的大规模生产。

高产能：在半导体行业，CVD 工艺可以一次处理多个晶圆，显著提升生产效率。

可重复性强：通过标准化的设备和工艺参数，CVD 工艺具有良好的可重复性和一致性。

2.4.7 工艺设备复杂，初始成本高

CVD 工艺需要配备复杂的反应腔、气体控制系统和温度控制系统，导致初始设备投资较大。此外，某些高纯度前驱体气体价格昂贵，增加了生产成本。

高设备成本：CVD 设备需要具备精密的温度、气压和流量控制系统。

气体消耗与废气处理：CVD 过程中产生的废气需要经过严格处理，增加了运营成本和环保压力。

2.4.8 安全与环保挑战

由于 CVD 工艺涉及高温、真空和有毒气体，因此在安全管理和环保方面存在挑战。工厂需采取严格的措施以确保工艺安全，并符合环保法规。

有毒气体的使用：如硅烷（SiH_4）等前驱体具有毒性和易燃性，需要特殊的存储和输送系统。

废气处理：CVD 工艺会产生副产物和废气，需通过吸附和燃烧系统处理，减少对环境的影响。

2.5 化学气相沉积的分类

下面我们将分别从热 CVD、等离子增强 CVD（PECVD）、低压 CVD（LPCVD）、有机金属 CVD（MOCVD）、原子层沉积（ALD）、激光 CVD（LCVD）等方面来阐述不同种类的化学气相沉积，同时将从工艺的概念、工作原理、主要理论与公式以及应用领域对这些技术进行描述。

2.5.1 热化学气相沉积

2.5.1.1 热化学气相沉积的概念

热化学气相沉积（Thermal Chemical Vapor Deposition，Thermal CVD）是一种以热能驱动的沉积技术。它利用高温环境使气态前驱体分解或发生化学反应，在基材表面形成均匀的薄膜。这种工艺适用于各种材料的沉积，如硅、氧化物和氮化物，广泛用于半导体器件、光学涂层和高性能涂层的制造。

2.5.1.2 热化学气相沉积的工作原理

（1）反应腔与气体供应

①气体供应系统：通过管道将气态前驱体（如硅烷 SiH_4、氨气 NH_3）和载气（如氮气或氩气）引入反应腔。

②反应腔加热：反应腔被加热至所需温度（600～1100℃），确保气体发生充分反应。

（2）反应过程与薄膜生长

①吸附阶段：气态分子在基材表面吸附。

②化学反应：气体分子在高温下分解或相互反应，生成固态薄膜。

③薄膜沉积：反应生成的固体产物沉积在基板表面，形成所需的薄膜。

④副产物排放：未反应的气体和副产物（如 H_2、HCl）通过真空泵排出，保持腔体清洁。

（3）温度控制与工艺优化

①温度控制：反应温度直接影响化学反应速率和薄膜质量。

②气体流量：通过精密控制气体流量来调节沉积速率。

2.5.1.3　热化学气相沉积的主要理论与公式

（1）边界层理论

由于 CVD 反应室的气压很高，可以认为气体是黏滞性的，气体分子的平均自由程远小于反应室的几何尺寸。黏滞性气体流过静止的衬底表面或者反应室的侧壁时，由于摩擦力的存在，紧贴衬底表面或者侧壁的气流速度为零，在离表面或侧壁一定距离处，气流速度平滑地过渡到最大气流速度 U_m，即主气流速度，在主气流区域内的气体流速是均一的。在靠近衬底表面附近就存在一个气流速度受到扰动的薄层，在垂直气流方向存在很大的速度梯度。

泊松流：如果假设沿主气流方向没有速度梯度，而沿垂直气流方向的流速为抛物线型变化，这就是著名的泊松流（Poisseulle Flow），气体从反应室左端以均匀柱形流进，并以完全展开的抛物线型流出（图 2.3）。

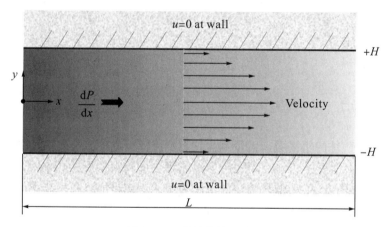

图 2.3　二维泊松流示意图

因发生化学反应，紧靠衬底表面的反应剂浓度降低，沿垂直气流方向还存在反应剂的浓度梯度，反应剂将以扩散形式从高浓度区向低浓度区运动。

边界层：气流速度受到扰动并按抛物线型变化，同时还存在反应剂浓度梯度的薄层，称为边界层、附面层、滞流层。

边界层厚度 $\delta(x)$：定义为从速度为零的衬底表面到气流速度为 $0.99\,U_m$ 的区域厚度（图 2.4）。

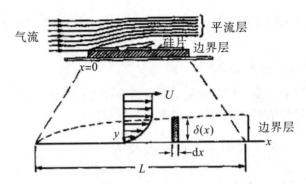

图 2.4　气流的平流层、边界层和放大的边界层示意图

$\delta(x)$ 与距离 x 之间的关系可以表示为：

$$\delta(x) = \left(\frac{\mu x}{\rho U}\right)^{\frac{1}{2}}$$

式中，μ 是气体的黏滞系数；ρ 为气体的密度。图中的虚线是气流速度 U 达到主气流速度 U_m 的 99% 的连线，也就是边界层的边界位置。

设 L 为基片的长度，边界层的平均厚度可以表示为：

$$\bar{\delta} = \frac{1}{L}\int_0^L \delta(x)\mathrm{d}x = \frac{2}{3}L\left(\frac{\mu}{\rho UL}\right)^{\frac{1}{2}}$$

或者

$$\bar{\delta} = \frac{2L}{3\sqrt{Re}}$$

其中 $Re = \dfrac{\rho UL}{\mu}$。

式中，Re 为气体的雷诺数，无量纲，它表示流体运动中惯性效应与黏滞效应的比。对于较小的 Re 值（如小于 2000），气流为平流型，即在反应室中沿各表面附近的气体流速足够慢。对于较大的 Re 值，气流的形式为湍流，应当加以防止。在商用的 CVD 反应器中，Re 值很低（低于 100），气流几乎始终是平流。

（2）Grove 模型

Grove 模型认为控制薄膜淀积速率的两个重要环节：一是反应剂在边界层中的输运过程，二是反应剂在衬底表面上的化学反应过程。

流密度：单位时间内通过单位面积的原子或分子数。

F_1：反应剂从主气流到衬底表面的流密度。

F_2：反应剂在表面反应后淀积成固态薄膜的流密度。

假定流密度 F_1 正比于反应剂在主气流中的浓度 C_g 与在衬底表面处的浓度 C_s 之差，则流密度 F_1 可表示为：

$$F_1 = h_g(C_g - C_s)$$

式中，比例系数 h_g 被称为气相质量输运（转移）系数。

假定在表面经化学反应淀积成薄膜的速率正比于反应剂在表面的浓度 C_s，则流密度 F_2 可表示为：

$$F_2 = k_s C_s$$

式中，k_s 为表面化学反应速率常数。

在稳定状态下，两个流密度应当相等，即 $F_1 = F_2 = F$，可得到：

$$C_s = \frac{C_g}{1 + \dfrac{k_s}{h_g}}$$

两种极限情况如下：

①当 $h_g \gg k_s$ 时，C_s 趋向于 C_g，从主气流输运到衬底表面的反应剂数量大于在该温度下表面化学反应需要的数量，淀积速率受表面化学反应速率控制。

②当 $h_g \ll k_s$ 时，C_s 趋向于 0，表面化学反应所需要的反应剂数量大于在该温度下由主气流输运到衬底表面的数量，淀积速率受质量输运速率控制。

如果用 N_1 表示形成一个单位体积薄膜所需要的原子数量（原子/cm³），在稳态情况下，$F = F_1 = F_2$，则薄膜淀积速率 G 可表示为：

$$G = \frac{F}{N_1} = \frac{k_s h_g}{k_s + h_g} \times \frac{C_g}{N_1}$$

在多数 CVD 过程中，反应剂被惰性气体稀释，气体中反应剂的浓度 C_g 定义为：

$$C_g = Y C_T$$

式中，Y 是气相中反应剂的摩尔百分比；C_T 是单位体积中气体分子数。得到 Grove 模型的薄膜淀积速率的一般表达式为：

$$G = \frac{k_s h_g}{k_s + h_g} \times \frac{C_T}{N_1} \times Y$$

即沉积速率与反应剂浓度 C_g 或反应剂的摩尔百分比 Y 成正比。

当反应剂浓度 C_g 或者摩尔百分比 Y 为常数时，薄膜淀积速率 G 可表示为：

$$G = \frac{C_T k_s Y}{N_1} (k_s \ll h_g)$$

此时，薄膜沉积速率由表面反应速率控制。

或者

$$G = \frac{C_T h_g Y}{N_1} (h_g \ll k_s)$$

此时，薄膜沉积速率由质量输运速率控制。

当反应剂浓度 C_g 或反应剂的摩尔百分比 Y 为常数时，薄膜淀积速率由 k_s 和 h_g 中较小的一个决定。

（3）反应动力学理论

如果薄膜淀积速率是由表面化学反应速率控制，假设化学反应为热激活，那么淀积速率对温度的变化就非常敏感，这是因为表面化学反应对温度的变化非常敏感。表面化学反应速率常数 k_s 为：

$$k_s = k_0 e^{\frac{E_a}{KT}}$$

式中，k_0 是常数；E_a 是反应激活能；K 是绝对温度。即表面化学反应速率随温度的升高而成指数增加。当温度升高到一定程度时，由于反应速度的加快，输运到表面的反应剂数量低于该温度下表面化学反应所需要的数量，这时的淀积速率将转为由质量输运控制，反应速度基本不再随温度变化而变化。因此，在高温情况下，沉积速率通常为质量输运控制；而在低温情况下，沉积速率为表面化学反应控制。

（4）质量传输模型

质量输运系数 h_g 依赖于气相参数，如气体流速和气体成分等。CVD 工艺对于气相输运机制最关心的是气体分子以怎样的速率和形式穿过边界层到达衬底表面。实际输运过程是通过气相扩散完成的，扩散速度正比于反应剂的扩散系数 D 以及边界层内的浓度梯度。物质输运速度受温度的影响比较小。

扩散速率由菲克第一定律描述，扩散通量 J 与扩散系数 D 和浓度梯度 $\frac{\partial C}{\partial x}$ 成正比：

$$J = -D \frac{\partial C}{\partial x}$$

式中，J 是扩散通量（原子数每单位面积每单位时间）；D 是扩散系数，表示扩散速率（m^2/s）；$\frac{\partial C}{\partial x}$ 是浓度梯度，表征原子浓度随距离的变化。

因此，增加气流速率可以提高淀积速率。但如果气流速率持续上升，薄膜淀积速率最终会达到一个极大值，之后与气流速率无关。这是因为气流速率大到一定程度时，淀积速率转受表面化学反应速率控制。另外，随着气流速率的增加，气体的 Re 值也随之增大，当气流速率大到一定程度时，将会导致湍流的发生。

2.5.1.4 热化学气相沉积的特点

（1）优点

高纯度与高质量：由于反应在气相中进行，杂质较少，薄膜具有高纯度。

良好的均匀性：CVD 工艺能够在大面积基板上生成均匀的薄膜。

材料种类多样：适用于硅、氧化物、氮化物和金属化合物的沉积。

高强度涂层：生成的薄膜具有优异的耐腐蚀性和耐磨性。

（2）缺点

高温限制：需要高温环境，可能损坏某些敏感材料。

复杂设备要求：CVD 系统需要精密的温控和气体控制系统。

能耗较高：由于加热需要大量能源，因此运行成本较高。

2.5.1.5 热化学气相沉积的应用领域

（1）半导体行业

晶体管制造：用于沉积二氧化硅（SiO_2）和氮化硅（Si_3N_4），作为绝缘层。

集成电路：CVD 工艺用于制备多晶硅栅极。

（2）光学器件制造

抗反射膜：用于眼镜镜片、相机镜头和光伏面板。

保护膜：保护光学元件免受腐蚀。

（3）航空航天领域

涡轮叶片涂层：使用碳化硅涂层增强耐热性能。

高温防护涂层：用于发动机中的关键部件。

（4）医疗行业

生物相容性涂层：CVD 生成的钛氧化物薄膜用于人工关节和牙科植入物。

医疗设备表面涂层：增强设备的耐用性和防腐蚀性。

2.5.2 等离子增强化学气相沉积

2.5.2.1 等离子增强化学气相沉积的概念

等离子增强化学气相沉积（Plasma－Enhanced Chemical Vapor Deposition，PECVD）是一种通过引入等离子体来激发气态前驱体分解，并在基材表面生成薄膜的 CVD 技术（图 2.5）。PECVD 能够在较低温度下促进化学反应，是制造低温敏感材料涂层的理想工艺。它广泛用于微电子、光学和医疗领域，常用于沉积硅氧化物、硅氮化物以及有机薄膜。

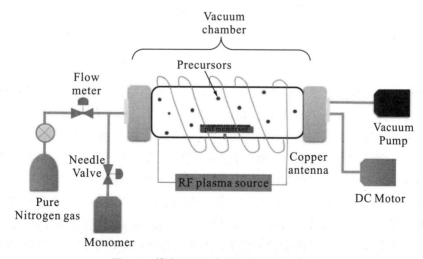

图 2.5 等离子增强化学气相沉积示意图

2.5.2.2　等离子增强化学气相沉积的工作原理

（1）气体供应与等离子体生成

气体供应：PECVD系统通过管道将前驱体气体［如硅烷（SiH_4）、氨气（NH_3）、氧气（O_2）等］和载气（如氩气或氦气）注入反应腔。

等离子体激发：高频电源［射频（RF）或微波（MW）］产生的电场将反应气体电离，形成等离子体。

（2）化学反应与薄膜沉积

气体分解：等离子体中的电子和离子与气体分子碰撞，使其分解或激发为活性中间体。

吸附与反应：这些活性中间体在基材表面发生化学反应，生成固态薄膜。

①薄膜沉积：生成的固体产物逐层堆积，形成所需的薄膜结构。

②副产物排放：未反应的气体和副产物通过真空系统排出反应腔，确保腔体内的清洁。

（3）温度控制与沉积优化

①低温沉积：由于等离子体提供了额外的能量支持，PECVD能够在200~400℃的较低温度下完成沉积，避免高温损坏基材。

②工艺优化：通过调节RF功率、气体流量和反应时间，实现薄膜质量和沉积速率的优化。

2.5.2.3　等离子增强化学气相沉积的主要理论和公式

（1）等离子体激发过程

等离子体是一种由电子、离子、中性粒子和激发态原子组成的准中性气体。在PECVD中，高频电源（如RF射频或微波）施加电场，使气体分子电离生成等离子体。

等离子体生成过程可表示为：

$$气体分子+e^- \longrightarrow 离子+e^- +中性粒子$$

该过程通过电场不断加速自由电子，导致电子与气体分子的碰撞并持续电离。等离子体的激发提高了气体分子的活性，加速了表面化学反应和薄膜沉积。

为了更加清晰地了解等离子体的生成，我们以水为例详细说明（图2.6）。当温度升高时，水从固态冰变为液态水，继续提高温度则变为气态的水蒸气。当温度进一步提高，水蒸气中的水分子获得更高的动能，开始彼此分离（离解）。在此基础上，记忆布提高温度，原子的外层电子开始摆脱原子核的束缚形成自由电子，失去电子的原子变成带正电的离子，这一过程被称为电离。此时，分子热运动加剧，相互间的碰撞也会使得气体分子产生电离，导致气体分子变成了具有相互作用的正离子和电子组成混合物，即等离子体（plasma）。

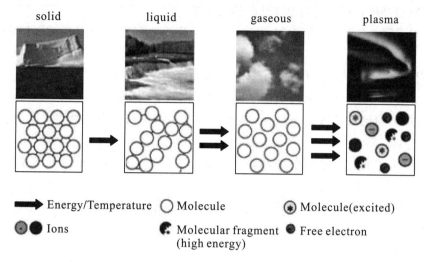

图 2.6　水从冰分别转变为水、水蒸气、等离子体的演变过程

（2）射频电场的作用

PECVD 常使用 13.56 MHz 的射频电场来生成等离子体。电场驱动电子振荡，并与气体分子发生非弹性碰撞，电离过程可表示为：

$$P = V \cdot I$$

式中，P 是射频功率；V 是电压；I 是电流。

较高的射频功率能够提高等离子体的密度和薄膜沉积速率。

（3）射频功率与沉积速率的关系

射频功率对等离子体密度和沉积速率有直接影响。较高的射频功率能够增加等离子体中的活性粒子数量，从而提高反应气体的分解速率和薄膜的沉积速率。

沉积速率 r 可表示为射频功率 P 的函数：

$$r \propto P^{\alpha}$$

式中，α 是功率指数（通常在 0.5~1 之间）。

（4）质量传输与射频功率的优化

在 PECVD 工艺中，为了提高沉积速率和薄膜质量，需要同时优化质量传输和射频功率。

增加气体流速：提高气相质量传输效率。

调节射频功率：保证足够的等离子体密度。

优化温度：避免高温造成基材损坏，同时确保化学反应速率。

2.5.2.4　等离子增强化学气相沉积的特点

（1）优点

低温工艺：PECVD 工艺在 200~400℃ 的较低温度下运行，适用于敏感材料，如柔性电子和有机基板，可避免高温导致的基材损坏。

高质量薄膜：PECVD 生成的薄膜致密且纯度高，具有优异的机械强度和化学稳定性。

适应性强：该工艺可沉积多种材料，包括硅氧化物（SiO_2）、氮化硅（Si_3N_4）、碳化硅（SiC）、氢化硅（Si）和有机薄膜，满足不同行业的需求。

良好的均匀性：PECVD 能够在大面积基板上均匀沉积薄膜，即使在复杂结构上也能形成稳定的涂层。

高附着力：PECVD 生成的薄膜与基材结合力强，能够应对极端环境中的机械应力，延长设备的使用寿命。

多功能性：PECVD 不仅用于结构涂层，还可制造绝缘层、导电层和防腐蚀层等多种功能性薄膜。

（2）缺点

设备成本高：PECVD 系统需要复杂的射频电源、真空系统和气体控制装置，初始设备投资较大。

工艺复杂：PECVD 的沉积过程涉及多参数控制，如气体流量、功率和温度，需要高度专业化的操作人员。

副产物处理：工艺过程中可能产生有害副产物，如氢气（H_2）和氟化氢（HF），需要额外的处理系统以保障安全。

材料选择有限：PECVD 主要适用于硅基材料和氧化物薄膜，金属材料的沉积相对困难。

维护复杂：PECVD 设备运行期间需定期清洁反应腔，以防止残留物污染薄膜。

2.5.2.5 等离子增强化学气相沉积的应用领域

（1）半导体行业

集成电路（IC）制造：PECVD 用于制备绝缘层［如氮化硅（Si_3N_4）］和钝化层，防止集成电路中的电流泄漏。

晶体管制造：PECVD 沉积的氧化物和氮化物薄膜作为晶体管的栅极氧化层，提高器件的性能和耐用性。

（2）光学器件制造

抗反射膜：在镜片、太阳能电池板和摄像头镜头表面沉积抗反射涂层，提高光学性能，减少反射损失。

保护膜：PECVD 生成的氧化物薄膜可用作光学元件的保护层，防止腐蚀、划伤和污染。

（3）航空航天领域

热防护涂层：PECVD 沉积的碳化硅（SiC）和氮化硅（Si_3N_4）薄膜为涡轮叶片、发动机等部件提供高温防护。

耐腐蚀涂层：PECVD涂层增强了航空航天设备在极端环境下的耐腐蚀性和机械性能。

（4）医疗行业

生物相容性涂层：在人工关节、牙科植入物等医疗器械表面沉积生物相容性薄膜，如钛氧化物（TiO_2），提高材料的适应性。

医疗设备防护涂层：PECVD生成的防腐涂层应用于手术器械和医疗设备表面，增强其耐用性和抗菌性能。

（5）柔性电子与显示器

薄膜晶体管（TFT）制造：PECVD工艺可用于在塑料或柔性基板上沉积薄膜，用于可弯曲显示屏和智能穿戴设备。

防水与防氧化涂层：在OLED显示器和电子元件上应用PECVD沉积的防护涂层，提升设备的耐候性和寿命。

（6）太阳能与储能领域

薄膜太阳能电池：PECVD用于制造非晶硅（$\alpha-Si$）和微晶硅太阳能电池，提高太阳能电池的转换效率。

锂电池电极材料：PECVD沉积的功能性薄膜改善锂电池电极的性能，提高电池的循环寿命和能量密度。

2.5.3 低压化学气相沉积

2.5.3.1 低压化学气相沉积的概念

低压化学气相沉积（Low Pressure Chemical Vapor Deposition，LPCVD）是一种在低气压下进行的CVD工艺（图2.7）。通过将反应腔内的气压降低至几毫托（mTorr）至托（Torr）范围，LPCVD能够更好地控制薄膜的均匀性和厚度。这种工艺广泛用于半导体工业和光电子领域，用于沉积高质量的硅、氮化物和氧化物薄膜。

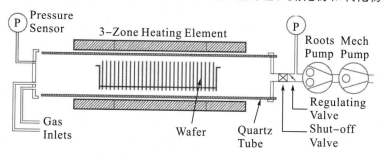

图2.7 低压化学气相沉积

2.5.3.2 低压化学气相沉积的工作原理

（1）反应腔与气体供应系统

气体供应：反应气体［如硅烷（SiH_4）、氨（NH_3）、氧化亚氮（N_2O）］通过管道进入 LPCVD 反应腔。

真空泵系统：通过真空泵降低反应腔内的压力，通常控制在 $10^{-2} \sim 10^{-1}$ Torr。

温度控制：反应腔壁或基板加热至 400~800℃，促进反应气体的化学反应。

（2）沉积过程与薄膜生长

吸附阶段：反应气体分子在基材表面吸附。

化学反应：在高温和低压条件下，气态前驱体分解或相互反应，生成固体物质。

薄膜沉积：生成的固体薄膜沉积在基板上，同时未反应的气体和副产物通过真空系统排出。

沉积速率控制：通过精确控制反应气体流量、温度和压力来调节沉积速率。

2.5.3.3 低压化学气相沉积的主要理论与公式

在低压状态下，气体的平均自由程增大，气流变为分子流模式。在这种状态下，薄膜沉积速率更多地受气相扩散控制。

扩散速率由菲克第一定律描述，扩散通量 J 与扩散系数 D 和浓度梯度 $\frac{\partial C}{\partial x}$ 成正比：

$$J = -D\frac{\partial C}{\partial x}$$

式中，J 是扩散通量（原子数每单位面积每单位时间）；D 是扩散系数，表示扩散速率（m^2/s）；$\frac{\partial C}{\partial x}$ 是浓度梯度，表征原子浓度随距离的变化。

2.5.3.4 低压化学气相沉积的特点

（1）优点

高质量薄膜：LPCVD 生成的薄膜致密且纯度高，适合高性能器件的制造。

均匀性好：在低压状态下，气体分布均匀，可在大面积基板上形成均匀的薄膜。

高附着力：生成的薄膜与基材附着力强，适用于多层结构。

低成本：与 PECVD 相比，无需等离子体源，降低了设备复杂性。

（2）缺点

高温要求：LPCVD 工艺通常需要 400℃ 以上的温度，不适用于温度敏感基材。

较慢沉积速率：由于在低压下进行，反应速率较慢，影响生产效率。

材料选择有限：主要用于沉积氧化物和氮化物薄膜，不适合所有材料。

2.5.3.5 低压化学气相沉积的应用领域

（1）半导体行业

晶体管制造：用于沉积二氧化硅（SiO_2）作为绝缘层。

集成电路：用于沉积氮化硅（Si_3N_4）和多晶硅，作为栅极和钝化层。

（2）光电子行业

抗反射涂层：用于制造高效光伏电池。

波导结构：沉积氧化物材料，用于光学器件的集成波导。

（3）航空航天领域

耐高温涂层：用于制造涡轮叶片的保护层，提高材料的耐热性能。

（4）医疗设备

生物相容性涂层：用于制造人工关节、牙科植入物的保护层。

2.5.4 有机金属化学气相沉积

2.5.4.1 有机金属化学气相沉积的概念

有机金属化学气相沉积（Metal-Organic Chemical Vapor Deposition，MOCVD）是把反应物质全部以有机金属化合物的气体分子形式，用 H_2（特殊情况下也会采用 N_2）作载带气体送到反应室，进行热分解反应而形成化合物半导体的一种新技术，其结构示意图如图 2.8 所示。MOCVD 工艺利用有机金属前驱体［如三甲基镓（TMGa）、三乙基铟（TEIn）］和其他反应气体在基板表面发生化学反应，生成高纯度的薄膜。该工艺广泛用于半导体、光电子和 LED 制造领域，尤其适用于 III-V 族和 II-VI 族化合物半导体材料的沉积，如砷化镓（GaAs）、氮化镓（GaN）和硫化锌（ZnS）。

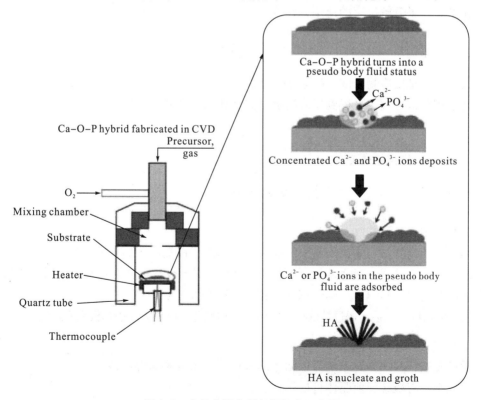

图 2.8 有机金属化学气相沉积示意图

2.5.4.2　有机金属化学气相沉积的工作原理

（1）反应腔与气体供应系统

气体供应：MOCVD 使用有机金属和氢气、氮气等作为反应气体，并通过气体管道输送到反应腔内。

温控系统：反应腔温度通常控制在 400～1200℃之间，以确保有机金属化合物分解并进行反应。

压力控制：反应腔内的压力通常保持在 10^{-2}～10^{-1} Torr，以实现最佳反应环境。

（2）沉积过程与薄膜生长

吸附阶段：有机金属气体分子在基板表面吸附。

化学反应：高温下，有机金属前驱体分解，金属原子与反应气体（如氨气）反应生成目标化合物。

薄膜沉积：反应生成的化合物薄膜沉积在基板表面，同时副产物（如 CH_4、H_2）通过真空泵排出。

沉积速率调节：通过调整气体流量、压力和温度，控制薄膜的厚度和质量。

2.5.4.3　有机金属化学气相沉积主要理论与公式

在 MOCVD 中，有机金属前驱体的分解是关键步骤。反应过程遵循零级或一级动力学模型。一级分解反应的速率方程为：

$$\frac{\mathrm{d}C}{\mathrm{d}t} = -k \cdot C$$

式中，C 是反应物浓度；k 是分解速率常数。

通过积分该方程，可得到反应物随时间变化的表达式：

$$C(t) = C_0 \cdot e^{-kt}$$

式中，C_0 是初始浓度。

2.5.4.4　有机金属化学气相沉积的特点

（1）优点

高纯度与高质量：生成的薄膜纯度极高，适用于高端电子器件的制造。

广泛的材料选择：MOCVD 可沉积Ⅲ-Ⅴ族、Ⅲ-Ⅵ族化合物和多种金属氧化物。

高沉积速率：MOCVD 的沉积速率较高，适合批量生产。

良好的薄膜均匀性：通过精确控制气体流速和温度，可在大面积基板上实现均匀沉积。

（2）缺点

设备复杂：MOCVD 系统需要精密的气体控制系统和高温设备。

高成本：有机金属前驱体价格昂贵。

潜在的安全风险：部分有机金属化合物具有毒性和可燃性，需要严格的安全措施。

2.5.4.5　有机金属化学气相沉积的应用领域

（1）半导体行业

LED 制造：用于沉积氮化镓（GaN）、砷化镓（GaAs）等材料，用于蓝光、紫光 LED 的制造。

高电子迁移率晶体管（HEMT）：沉积氮化铝镓（AlGaN）等材料，用于高频功率器件。

（2）光电子行业

激光器：沉积磷化铟（InP）材料，用于通信激光器。

太阳能电池：沉积 CdTe、GaAs 等材料，用于高效光伏电池的制造。

（3）航空航天领域

高温超导材料：沉积氧化物薄膜，用于先进航空电子设备。

光学涂层：制造高性能光学器件的抗反射和滤光薄膜。

（4）医疗设备与生物技术

生物相容性材料：用于制造植入式器件，如心脏起搏器外壳。

传感器：沉积氧化物材料，用于气体传感器和生物传感器。

2.5.5　原子层沉积

2.5.5.1　原子层沉积的概念

原子层沉积（Atomic Layer Deposition，ALD）是一种基于自限制表面反应的薄膜沉积技术，通过交替引入不同前驱体，在基材表面逐层反应形成致密而均匀的薄膜。ALD 技术的沉积过程通常采用周期性的气-固表面反应，每次反应形成一个单层的原子级膜层。其反应过程：步骤 1，前驱体 A 与基材表面反应并饱和；步骤 2，引入惰性气体清洗系统；步骤 3，第二前驱体 B 与表面反应，形成稳定化学键；步骤 4，重复过程，逐层构建薄膜（图 2.9）。因此，该工艺能够实现对纳米级薄膜厚度的精准控制，广泛用于半导体、光学器件、能源存储等领域。

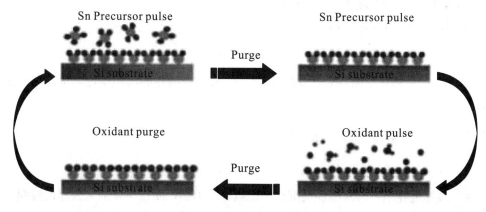

图 2.9　原子层沉积示意图

2.5.5.2 原子层沉积的工作原理

ALD 的工作原理基于一系列自限制的表面化学反应，通过多个气相步骤实现薄膜的生长。整个过程由以下步骤交替进行。

前驱体吸附：前驱体气体引入反应室，与基材表面活性位点反应并吸附。由于反应是自限制的，表面上的化学位点饱和后，反应停止。

清洗与抽气：反应室通入惰性气体（如 N_2 或 Ar），将多余前驱体和副产物排出。

交替引入第二前驱体：引入第二种前驱体，与前一层吸附的物种进一步反应，形成化学键。

重复循环：上述过程反复进行，每一轮反应沉积一个单层或部分单层，逐步构建出所需厚度的薄膜。

2.5.5.3 原子层沉积的主要理论与公式

（1）表面吸附与自限制反应

在 ALD 中，表面反应的自限制性至关重要，这意味着前驱体在表面吸附到一定程度后，反应将自动停止。这种自限制行为通常用 Langmuir 吸附等温方程描述：

$$\theta = \frac{K_a \cdot P}{1 + K_a \cdot P}$$

式中，θ 是表面覆盖度；K_a 是吸附常数；P 是前驱体气体的分压。

这表明，在前驱体气体分压较低时，吸附量随着压力的增加而增大，但随着表面位点被逐渐占据，反应趋于饱和。

（2）薄膜生长速率

ALD 的薄膜生长速率（Growth Per Cycle，GPC）通常表示为每循环沉积的厚度，单位为 Å/周期。GPC 受到以下因素影响。

反应温度：决定化学反应的活性。

前驱体分压：影响表面吸附速率。

反应时间：必须保证表面充分反应。

薄膜厚度增长可以近似描述为：

$$d_n = GPC \cdot n$$

式中，d_n 为第 n 个循环后的总厚度；GPC 为每个循环的沉积厚度；n 为沉积循环次数。

2.5.5.4 原子层沉积的特点

（1）优点

原子级厚度控制：每次循环仅沉积一层或部分单层，实现了亚纳米级厚度控制。

高均匀性：适用于大面积基板的均匀沉积，特别适合复杂形状的器件。

低温沉积：相较于其他沉积工艺，ALD 可以在相对低温下进行，适合温度敏感材料。

材料多样性：支持多种材料，如氧化物、氮化物、硫化物和金属膜层。

高质量薄膜：生成的薄膜致密且无针孔，适用于高要求应用。

（2）缺点

沉积速率较低：每次循环仅沉积一个原子层，整体沉积速率较慢。

设备复杂且昂贵：ALD 系统需要精确的气体控制和高效真空系统。

副产物处理困难：某些前驱体产生的副产物可能影响工艺稳定性。

2.5.5.5 原子层沉积的应用领域

（1）半导体制造

用于制造 MOSFET 和 FinFET 中的高介电常数栅极氧化层（如 HfO_2）。

在存储器件（DRAM 和 NAND 闪存）中沉积精细的氧化物和氮化物层。

（2）光学器件

用于抗反射涂层，提高太阳能电池和光学传感器的光电转换效率。

制备高质量的透明导电氧化物（TCO）膜层，如 ITO（铟锡氧化物）。

（3）能源存储与转换

在锂离子电池中用于电极表面的保护层，提高循环稳定性。

在燃料电池中沉积薄膜以改善电化学性能。

（4）医疗与生物工程

用于人工关节和植入物表面的生物相容性涂层。

在微流控芯片中用于化学耐腐蚀层的制备。

2.5.6 激光化学气相沉积

2.5.6.1 激光化学气相沉积的概念

激光化学气相沉积（Laser Chemical Vapor Deposition，LCVD）是一种利用激光束作为能量源来驱动化学反应的气相沉积技术。通过将激光聚焦在基材表面或气相中，前驱体气体在高温环境下发生分解和化学反应，从而在基材表面形成高质量薄膜或结构化材料（图 2.10）。LCVD 结合了激光加工的高精度和 CVD 工艺的材料多样性，被广泛应用于微电子器件、光学涂层、传感器制造和其他高科技领域。

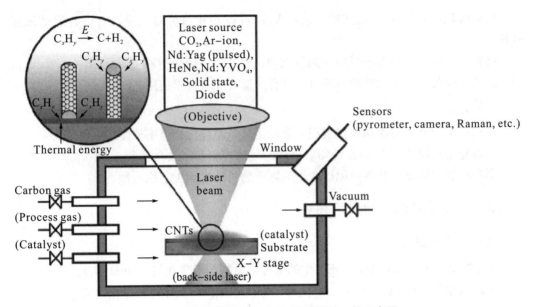

图 2.10　激光辅助化学气相沉积装置的一般示意图

注：该装置包括激光源、气体输入、基底、催化剂、平台和传感器。括号内显示了一些变化或选项。插图显示了 CNT 生长的两种变化，即基底生长（左）和尖端生长（右）。

2.5.6.2　激光化学气相沉积的工作原理

LCVD 的工作原理基于激光诱导反应和局部加热，使反应气体分解并在基板表面沉积出目标材料。LCVD 的过程可以分为以下步骤。

（1）激光加热与气体供应

激光光源：使用激光器（如 CO_2 激光器、紫外激光器）提供高能量光束。

前驱体气体供应：前驱体气体（如 SiH_4、$TiCl_4$）通过管道进入反应室，与载气（如 N_2 或 Ar）混合后均匀分布。

（2）激光聚焦与局部反应

激光束聚焦在基材表面，产生局部高温，诱导气态前驱体分解并与其他气体反应。反应区域内生成的固态产物附着在基材上，形成薄膜或微结构。

（3）薄膜沉积与副产物排放

沉积过程中的副产物（如 HCl、H_2 等）通过真空系统排出，以保持反应室清洁。

（4）控制与优化

激光扫描速度和焦点位置的调节直接影响沉积厚度和形貌。

气体流速、激光功率和反应时间的控制决定了薄膜的质量和结构。

2.5.6.3　激光化学气相沉积的主要理论与公式

（1）激光吸收与热传导

LCVD 中的反应依赖于基材表面对激光能量的吸收。激光吸收遵循朗伯－比尔定律：

$$I(x) = I_0 \cdot e^{-\alpha x}$$

式中，$I(x)$ 是深度为 x 处的光强；I_0 是入射光的初始强度；α 是材料的吸收系数。

局部温升可通过傅里叶热传导方程描述：

$$\frac{\partial T}{\partial t} = \alpha \cdot \nabla^2 T + \frac{q}{\rho c}$$

式中，T 是温度；α 是热扩散系数；q 是激光能量密度；ρ 和 c 分别是材料的密度和比热容。

（2）薄膜生长速率

LCVD 中的薄膜生长速率受激光功率、前驱体浓度和反应时间影响，可通过以下公式近似表示：

$$v = k \cdot C \cdot e^{-\frac{E_a}{RT}}$$

式中，v 是薄膜的生长速率（nm/s）；k 是速率常数；C 是前驱体气体浓度；E_a 是反应活化能；R 是气体常数；T 是温度。

2.5.6.4 激光化学气相沉积的特点

（1）优点

高精度与局部控制：激光束可精确聚焦，实现纳米级结构的加工。

快速沉积：LCVD 的沉积速率通常较高，适合用于快速制造。

材料选择多样：支持金属、陶瓷、氧化物、氮化物等多种材料的沉积。

低热损伤：由于激光能量局限于特定区域，可避免对敏感基材的热损伤。

灵活性高：可加工复杂的三维结构，适用于微电子器件和 MEMS 器件的制造。

（2）缺点

设备成本高：需要高精度的激光器和控制系统。

气体管理复杂：某些前驱体气体可能有毒或易燃，需特殊处理。

局部沉积限制：激光只能作用于特定区域，难以进行大面积均匀沉积。

2.5.6.5 激光化学气相沉积的应用领域

激光化学气相沉积（Laser Chemical Vapor Deposition，LCVD）在诸多高科技领域中展现了独特的价值，特别是在需要精确控制薄膜厚度和化学成分的场景中。以下是其具体应用领域及代表性案例。

（1）半导体制造

①微电子与纳电子器件。

在集成电路（IC）和微处理器制造过程中，LCVD 用于沉积高纯度硅、多晶硅或硅化物，构建导电通路和绝缘层。英特尔（Intel）公司在制造高性能处理器时，利用 LCVD 沉积低电阻的钨（W）或钴（Co）薄膜，改善晶体管的互连性能，提高信号传输速度。

②晶体管栅极氧化物。

LCVD 常用于沉积超薄二氧化硅（SiO_2）或氮化硅（Si_3N_4）栅极绝缘层。这些材料在场效应晶体管（FET）中确保电路性能的稳定性。台积电（TSMC）采用 LCVD 在 5 nm 节点晶体管中制备超薄的绝缘层，实现更高的栅极控制和更低的漏电流。

（2）光学器件

①光学涂层与滤光片。

LCVD 用于制备多层抗反射涂层，提高镜片和光学系统的透光率，降低反射损失。蔡司（Zeiss）公司在高性能显微镜的镜头上，采用 LCVD 沉积抗反射膜，提升透光率和成像质量。

②激光系统中的镜面涂层。

在激光共振腔内，LCVD 沉积高反射涂层，提高激光的反射效率和光束质量。固体激光器制造商 Coherent 在其光纤激光器中使用 LCVD 技术制造反射镜面，确保激光在共振腔内的高效反射。

（3）航空航天与国防

①涡轮发动机的耐高温涂层。

LCVD 广泛用于航空发动机涡轮叶片的保护涂层，沉积碳化硅（SiC）和氧化铝（Al_2O_3）等耐高温材料，增强抗氧化性和耐腐蚀性。通用电气（GE）在涡轮叶片上采用 LCVD 沉积耐热涂层，使其叶片能在高达 1500℃ 的环境中工作。

②隐身材料和红外涂层。

LCVD 技术用于制造军用飞机和舰艇的隐身涂层，这些涂层可吸收电磁波，降低目标的雷达反射。美国洛克希德·马丁公司在 F−35 战斗机上应用 LCVD 技术，沉积特殊的吸波涂层，提升飞机的隐身能力。

（4）生物医疗

①生物传感器与生物芯片。

LCVD 用于制造表面功能化的生物传感器，通过在电极上沉积金属或氧化物薄膜来提高检测灵敏度。LCVD 技术用于制备葡萄糖传感器中的金电极薄膜，实现高灵敏度的血糖监测。

②人工植入物的表面涂层。

在医学植入物如髋关节、牙科植入物的表面，LCVD 沉积生物相容性涂层（如钛氧化物），防止排斥反应和感染。强生（Johnson & Johnson）公司在人工膝关节上使用 LCVD 技术沉积钛氧化物薄膜，延长植入物寿命并减少术后感染风险。

（5）能源与存储

①太阳能电池。

在太阳能电池中，LCVD 用于沉积透明导电氧化物（如氧化铟锡 ITO）和吸光层

（如硒化镓铜 CIGS），提高光电转换效率。First Solar 在薄膜太阳能电池的制造中使用 LCVD 技术，沉积 CIGS 薄膜，显著提升电池效率。

②锂离子电池的电极材料。

LCVD 用于沉积电极材料（如氧化锂钴）和固体电解质，制造高能量密度和长寿命的锂离子电池。特斯拉（Tesla）公司在电池制造中采用 LCVD 工艺，为电池的正极材料沉积高纯度氧化物层，提高电池性能和安全性。

（6）微机电系统（MEMS）

①微机械器件的制造。

LCVD 在 MEMS 器件中用于沉积硅和多晶硅层，制造微传感器和微执行器。博世（Bosch）公司在其加速度传感器的生产中采用 LCVD 技术，确保传感器具有高精度和稳定性。

②微流控芯片的表面改性。

在微流控芯片中，LCVD 用于表面涂层，改变芯片内流体的润湿性和生物相容性。医疗诊断公司 Fluidigm 在微流控芯片上应用 LCVD 技术，实现复杂的表面功能化。

（7）3D 打印与增材制造

①纳米结构制造。

LCVD 用于增材制造领域的纳米级结构构建，尤其是在高精度微打印中具有独特优势。纳诺维度（Nano Dimension）公司采用 LCVD 技术制造纳米级电路板，在电子行业中推动超精细元件的开发。

②光学晶体和功能材料的打印。

LCVD 可以在 3D 打印过程中沉积功能材料，如光学晶体和导电层，实现复杂的器件制造。科研机构利用 LCVD 打印非线性光学晶体，实现先进的光子学器件。

2.6 化学气相沉积的发展趋势

随着材料科学和制造技术的不断进步，化学气相沉积（Chemical Vapor Deposition，CVD）正经历快速发展。以下将详细阐述 CVD 的发展趋势，包括新材料开发、工艺速度与规模的提升、精度和一致性的改进、多领域的扩展应用、智能制造与数字化结合以及绿色制造与可持续发展等方面。

2.6.1 新材料的开发

新材料的研发是 CVD 技术发展的核心之一，未来趋势主要体现在以下几个方向。

2.6.1.1 二维材料和超薄膜材料

随着石墨烯、MoS_2 等二维材料的发现，CVD 技术已成为制备这些材料的重要方法。未来，超薄膜的开发将推动高性能电子器件和传感器的进步。

CVD 方法使纳米级厚度的薄膜沉积成为可能，这在柔性显示器和半导体器件的研发中具有重要应用价值。

2.6.1.2 功能性纳米复合材料

多层复合材料的沉积将拓展 CVD 的应用范围，尤其是在高导电、抗腐蚀、抗磨损涂层领域，如应用于航天和汽车部件中。

CVD 有望用于制备含碳纳米管（CNT）、金属氧化物和多功能复合薄膜，实现更优异的电、热、机械性能。

2.6.1.3 生物相容性材料和新型生物膜

生物医疗领域正在探索 CVD 制备的钛氧化物、羟基磷灰石等材料，以优化植入物和医疗设备的表面性能。

未来，CVD 还将助力生物器件中生物活性涂层的制备，促进组织工程和生物打印技术的创新。

2.6.2 提升 CVD 工艺的速度与规模

2.6.2.1 更高沉积速度的实现

为了满足工业需求，材料学家开发了"快速 CVD"（Rapid Thermal CVD，RTCVD）技术，通过瞬时加热的方式提升工艺速度，从而缩短制造时间。

低压 CVD（LPCVD）和大气压 CVD（APCVD）正在结合，未来可进一步提升沉积速度和薄膜的均匀性。

2.6.2.2 规模化制造与大面积沉积

随着光伏面板、显示屏等大面积电子产品的需求增加，CVD 正向大尺寸基板上的沉积发展。卷对卷（roll-to-roll）CVD 成为一大趋势。

在半导体工业中，CVD 设备朝着多晶圆处理方向发展，可同时处理多片晶圆，提高生产效率。

2.6.2.3 先进的反应器设计

为了满足大规模制造需求，未来 CVD 系统将采用模块化设计，实现灵活扩展和高效生产。气体流动模拟技术和优化气流设计，将使沉积更加均匀，减少工艺中的缺陷率。

2.6.3 精度和一致性的提高

2.6.3.1 纳米级精度控制

CVD 结合"原子层沉积"（ALD）的工艺思想，未来将能够实现更加精确的沉积厚度控制，满足电子元件对极薄膜的需求。

新的传感器和实时监控技术将被集成到 CVD 系统中，实现全流程中的自动化调节。

2.6.3.2 沉积过程的反馈控制

通过集成传感器、摄像头和 AI 算法，CVD 设备能够实时监控沉积过程中的温度、气流和薄膜厚度，并动态调整工艺参数，提高成品一致性。

2.6.3.3 精确气体配比与流动控制

自动化的气体配比系统和模拟仿真技术的使用，将进一步优化气相沉积中的化学反应，提高薄膜的质量和均匀性。

2.6.4 多领域的扩展应用

2.6.4.1 半导体与电子器件领域

随着 5G 和物联网的发展，CVD 技术在新一代半导体器件中的应用越来越广泛，包括 GaN、AlN 等宽禁带半导体材料的沉积。

新型透明导电薄膜的开发推动了 CVD 技术在触控屏、OLED 显示器等领域的应用。

2.6.4.2 航空航天与汽车工业

CVD 用于制造轻量化、耐高温的涂层，如 SiC、TiN 等薄膜，提高飞机和汽车部件的耐久性和燃油效率。

2.6.4.3 能源领域

在光伏产业中，CVD 已成为生产硅太阳能电池的关键工艺，未来将进一步用于钙钛矿太阳能电池和燃料电池的研发。

高性能电极材料和离子交换膜的 CVD 制备，将推动锂电池和氢燃料电池的发展。

2.6.4.4 医疗和生物技术领域

未来，CVD 技术将为医疗设备提供更加生物相容性和抗菌性涂层，帮助减少感染风险。

生物活性涂层将促进骨骼植入物和牙科器械的使用寿命，并改善患者的使用体验。

2.6.5 数字化与智能制造的结合

2.6.5.1 智能化 CVD 系统

未来的 CVD 设备将集成 AI 算法和物联网（IoT）技术，实现自动化调控和远程监控，提高制造效率。

AI 将帮助分析大量生产数据，预测薄膜缺陷，并优化工艺参数。

2.6.5.2　虚拟仿真与数字孪生技术

数字孪生技术的引入将使得工艺设计和设备维护更加高效。通过虚拟仿真可以预判工艺效果，减少生产中的试错环节。

2.6.5.3　CVD 与区块链技术的结合

在未来的制造流程中，区块链技术将被用于 CVD 产品的供应链管理，保证材料和设备来源的透明度和可追溯性。

2.6.6　绿色制造与可持续发展

2.6.6.1　环保型 CVD 工艺的发展

未来，CVD 技术将更多使用绿色前驱体和环保气体，减少挥发性有机化合物（VOC）的排放。

等离子体辅助 CVD（PECVD）等低温工艺将减少能耗，推动低碳制造。

2.6.6.2　循环经济与材料再利用

回收和再利用 CVD 工艺中的材料和副产品，将是未来绿色制造的一大方向。通过优化设备设计和工艺流程，实现资源的闭环使用。

2.6.6.3　降低碳足迹

CVD 系统的能效优化和设备小型化，将减少制造过程中的能源消耗，推动碳中和目标的实现。

参考文献

[1] Deng Bing，Liu Zhongfan，Peng Hailin. Toward mass production of CVD graphene films [J]. Advanced Materials，2019，31：1800996.

[2] Parsons Gregory N，Clark Robert D. Area－selective deposition：fundamentals，applications，and future outlook [J]. Chemistry of Materials，2020，32：4920－4953.

[3] Shah Khurshed A，Tali Bilal A. Synthesis of carbon nanotubes by catalytic chemical vapour deposition：a review on carbon sources，catalysts and substrates [J]. Materials Science in Semiconductor Processing，2016，41：67－82.

[4] Xie L M. Two－dimensional transition metal dichalcogenide alloys：preparation，characterization and applications [J]. Nanoscale，2015，7：18392－18401.

[5] Roy Soumyabrata，Zhang Xiang，Puthirath Anand B，et al. Structure，properties

and applications of two − dimensional hexagonal boron nitride [J]. Advanced Materials, 2021, 33: 2101588.

[6] Yu Xiaowen, Cheng Huhu, Zhang Miao, et al. Graphene−based smart materials [J]. Nature Reviews Materials, 2017, 2: 17046.

[7] Cremers Veronique, Puurunen Riikka L, Dendooven Jolien. Conformality in atomic layer deposition: current status overview of analysis and modelling. Applied Physics Reviews, 2019, 6: 021302.

[8] Verger Louisiane, Xu Chuan, Natu Varun, et al. Overview of the synthesis of MXenes and other ultrathin 2D transition metal carbides and nitrides [J]. Current Opinion in Solid State & Materials Science, 2019, 23: 149−163.

[9] Harish Vancha, Ansari M M, Tewari Devesh, et al. Cutting−edge advances in tailoring size, shape, and functionality of nanoparticles and nanostructures: a review [J]. J. Taiwan Inst. Chem. Eng., 2023, 149: 105010.

[10] Yang Qihao, Xu Qiang, Jiang Hailong. Metal−organic frameworks meet metal nanoparticles: synergistic effect for enhanced catalysis [J]. Chem. Soc. Rev., 2017, 46: 4774−4808.

[11] Ryu UnJin, Jee Seohyeon, Rao Purna Chandra, et al. Recent advances in process engineering and upcoming applications of metal−organic frameworks [J]. Coordination Chemistry Reviews, 2021, 426: 213544.

[12] Mackus A J M, Bol A A, Kessels W M M. The use of atomic layer deposition in advanced nanopatterning [J]. Nanoscale, 2014, 6: 10941−10960.

[13] Tynell Tommi, Karppinen Maarit. Atomic layer deposition of ZnO: a review [J]. Semiconductor Science and Technology, 2014, 29: 43001.

[14] Shepelin Nick A, Tehrani Zahra P, Ohannessian Natacha, et al. A practical guide to pulsed laser deposition [J]. Chem. Soc. Rev., 2023, 52: 2294−2321.

[15] Kumar Rajesh, Singh Rajesh Kumar, Singh Dinesh Pratap, et al. Laser−assisted synthesis, reduction and micro − patterning of graphene: recent progress and applications [J]. Coordination Chemistry Reviews, 2017, 342: 34−79.

3 溶胶-凝胶技术

3.1 溶胶-凝胶技术概述

3.1.1 溶胶概述

溶胶（sol）是指在液体介质（主要是液体）中分散着粒径为 1～100 nm 的粒子（基本单元），且在分散体系中保持固体物质不沉淀的胶体体系。溶胶也是指微小固体颗粒悬浮分散在液相中，并且不停地进行布朗运动的体系。可以通过丁达尔现象判定溶胶（图 3.1）。

图 3.1 溶胶溶液照片

3.1.1.1 溶胶不是物质而是一种"状态"

溶胶中的固体粒子大小常在 1～5 nm，也就是在胶体粒中的最小尺寸，因此比表面积十分大。

3.1.1.2 最简单的溶胶与溶液在某些方面有相似之处

溶质＋溶剂→溶液

分散相＋分散介质→溶胶（分散系）

3.1.1.3　溶胶态的分散系由分散相和分散介质组成

分散介质：气体，即为气溶胶；水，即水溶胶；乙醇等有机试剂，即有机溶胶。图3.2给出了各种溶胶的实物图。

(a)气溶胶—雾　　(b)水溶胶—金属纳米　　(c)有机溶胶—涂料
　　　　　　　　　　溶液粒子

图 3.2　各种溶胶的实物图

分散相：可以是气体、液体或固体。表 3.1 为溶胶态分散系示例。

表 3.1　溶胶态分散系示例

分散相	分散介质	示例
液体	气体	雾
固体	气体	烟
气体	液体	泡沫
液体	液体	牛乳
固体	液体	胶态石墨
液体	固体	矿石中的液态夹杂物
气体	固体	矿石中的气态夹杂物

3.1.1.4　根据分散相对分散介质的亲、疏倾向，将溶胶分成两类

①分散相具有亲近分散介质倾向的：称作亲液（Lyophilic）溶胶或乳胶，即所谓的水乳交融；分散相和分散介质之间有很好的亲和能力和很强的溶剂化作用。因此，将这类大块分散相，放在分散介质中往往会自动散开，成为亲液溶胶。它们的固-液之间没有明显的相界面，如蛋白质、淀粉水溶液及其他高分子溶液等。亲液溶胶虽然具有某些溶胶特性，但本质上与普通溶胶一样属于热力学稳定体系。

②分散相具有疏远分散介质倾向的：称作憎液（Lyophobic）溶胶或悬胶。分散相与分散介质之间亲和力较弱，有明显的相界面，属于热力学不稳定体系。

3.1.2　凝胶概述

凝胶亦称冻胶，是溶胶失去流动性后，一种富含液体的半固态物质，其中液体含量有时可高达 99.5%，固体粒子则呈连续的网络体。凝胶是指胶体颗粒或高聚物分子相互交联，空间网络状结构不断发展，最终使得溶胶液逐步失去流动性，在网状结构的孔

隙中充满液体的非流动半固态的分散体系，它是含有亚微米孔和聚合链的相互连接的坚实的网络。凝胶是一种柔软的半固体，由大量胶束组成三维网络，胶束之间为分散介质的极薄的薄层。所谓"半固体"，是指凝胶表面上是固体而内部仍含液体。后者的一部分可通过凝胶的毛细管作用从其细孔逐渐排出。

图 3.3 展示了淀粉凝胶化机理示意图，并给出凝胶化过程中不同阶段淀粉颗粒的微观形态观察。

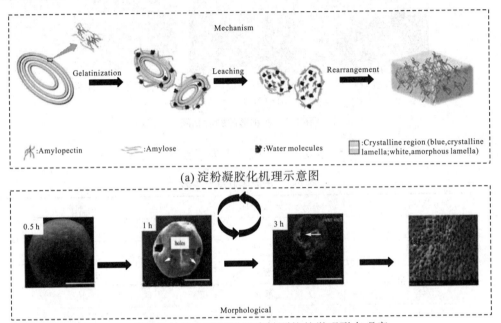

(a) 淀粉凝胶化机理示意图

(b) 凝胶化过程中不同阶段淀粉颗粒的微观形态观察

图 3.3　淀粉凝胶化机理示意图和凝胶化过程中不同阶段淀粉颗粒的微观形态观察

3.1.2.1　根据凝胶组成的分类

有机凝胶（Organic Gels）：由有机聚合物（如明胶、聚乙烯醇）形成的三维网络包裹液体。示例：明胶凝胶、纤维素衍生物凝胶。

无机凝胶（Inorganic Gels）：由金属氧化物（如 SiO_2、TiO_2）等无机物形成的网络。示例：二氧化硅气凝胶。

3.1.2.2　根据网络交联类型的分类

物理凝胶（Physical Gels）：通过氢键、范德瓦尔斯力或静电力形成可逆网络。示例：明胶和琼脂糖凝胶。

化学凝胶（Chemical Gels）：由共价键连接，形成不可逆的三维网络结构。示例：聚丙烯酰胺凝胶。

3.1.2.3　根据凝胶的相态分类

气凝胶（Aerogel）：一种极轻的固体材料，由凝胶中的液体部分被气体取代后形成。它具有极高的孔隙率、低密度和高比表面积，呈现出隔热性好、超轻质、机械强度低、吸附能力强等特点。

干凝胶（Xerogel）：是通过常规干燥技术将凝胶中的液体部分蒸发后形成的固体。其结构较为致密，与气凝胶相比，孔隙率较低，呈现出密度较高、孔隙率低于气凝胶、机械强度较高等特点。

水凝胶（Hydrogel）：是一类极为亲水的三维网络结构凝胶。它能在水中迅速溶胀，并在溶胀状态下可以保持大量水分而不溶解。由于存在交联网络，水凝胶可以溶胀并保有大量水分，其吸水量与交联度密切相关，即交联度越高，吸水量越低。这一特性与软组织颇为相似。

凝胶与溶胶是两种互有联系的状态，具体表现如下：

①溶胶冷却后即可得到凝胶；向悬胶中添加电解质，同样能够得到凝胶。

②部分凝胶具有触变性，即在振摇、超声波或其他能产生内应力的特定作用下，凝胶能转化为溶胶。

③溶胶向凝胶转变的过程，本质上是溶胶粒子聚集成键的聚合过程。

④当上述使凝胶转化为溶胶的作用停止后，凝胶会恢复原状。此外，凝胶和溶胶也可共存，组成更为复杂的胶态体系。

⑤溶胶是否向凝胶转化，取决于胶粒间的作用力能否克服凝聚时的势垒作用。因此，增加胶粒的电荷量、利用位阻效应或溶剂化效应能否等方式，都可以使溶胶更稳定，难以形成凝胶；反之，则更容易形成凝胶。

3.1.3　溶胶－凝胶技术概述

溶胶－凝胶技术是溶胶的凝胶化过程，即液体介质中的基本单元粒子发展为三维网络结构——凝胶的过程。溶胶－凝胶法是一种湿化学工艺，从可水解前体开始，通过水解和缩合来制造氧化物基材料（图3.4）。与水相比，前体通常含有较弱的配体，如卤化物、硝酸盐、硫酸盐、醇盐或羧酸盐。然后，水解后的前体缩合在一起，形成悬浮在称为溶胶的液体中的小胶体纳米颗粒。溶胶颗粒进一步缩聚，形成聚合物氧化物基材料的扩展氧桥网络。通过溶胶－凝胶法获得的凝胶是双相材料，由凝胶网络以及大量液相构成。在环境条件下或高温下对这些凝胶进行干燥，会导致溶剂相排出，形成致密材料。由于该方法使用分子前体，因此它为设计纳米材料提供了极具吸引力的前景，可以在一定程度上控制其结构、成分、尺寸、形态、组织、几何形状和本体结构。

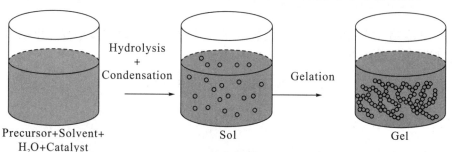

图3.4　常规溶胶－凝胶反应过程

3.2 溶胶－凝胶技术的主要工艺流程

3.2.1 前驱体与溶剂及添加剂的选择

3.2.1.1 前驱体的选择

前驱体是溶胶－凝胶过程的基础，常见的前驱体包括金属醇盐和金属盐。前驱体的类别决定了最终材料的化学成分与性质。

①金属醇盐（如四乙氧基硅烷）：常用于制备硅基材料和玻璃。

②金属盐（如硝酸铝、氯化锌）：常用于金属氧化物的制备。

3.2.1.2 溶剂与添加剂的选择

溶剂用于溶解前驱体和控制溶液的黏度。常用的溶剂包括乙醇、甲醇等醇类溶剂。此外，反应中需要添加催化剂来加速水解和缩合反应。

①催化剂：

酸性催化剂（如盐酸、硝酸）可加速前驱体的水解。

碱性催化剂（如氢氧化钠、氨水）有助于缩合反应的进行。

②表面活性剂：

用于控制材料的孔隙结构，确保材料均匀性。

3.2.2 水解反应与缩合反应

3.2.2.1 水解反应（Hydrolysis）

在溶剂中，前驱体与水发生水解反应，生成金属羟基化合物。这一过程的速度受溶剂种类、温度和催化剂的影响。示例反应：

$$Si(OC_2H_5)_4 + 4H_2O \longrightarrow Si(OH)_4 + 4C_2H_5OH$$

3.2.2.2 缩合反应（Condensation）

羟基化合物继续发生缩合，生成氧桥键（M—O—M）并逐步形成三维网络结构。这一过程决定了材料的初步结构和强度。示例反应：

$$Si(OH)_4 + Si(OH)_4 \longrightarrow Si—O—Si + H_2O$$

3.2.2.3 控制要点

①pH 值：酸性或碱性环境会影响水解和缩合速率。

酸性条件下：在酸性环境（低 pH）中，质子（H^+）能够催化溶胶－凝胶的水解反应。此时，金属醇盐或硅烷醇会被质子化，增强其亲电性，从而促进水解反应的进行。虽然缩合反应也会在酸性条件下发生，但其反应速率相对较慢。这是因为酸性条件下生成的中间体容易被质子化，导致参与缩合反应的带负电的氧活性降低。

碱性条件下：在碱性环境（高 pH）中，羟基离子（OH^-）会催化水解反应。碱性环境提供了较高的亲核性，使得水分子更容易攻击硅氧键或金属氧键，促进水解。通常情况下，缩合反应在碱性条件下的速率更快。这是因为在碱性环境中，生成的硅醇或金属醇去质子化后带有负电荷，更易与其他未反应的羟基或醇的发生缩合，形成稳定的网络结构。

②温度：较高的温度加快反应速度，但可能导致不均匀结构。

③反应时间：决定了溶胶的稳定性和凝胶化时间。

3.2.3　凝胶化过程与老化处理

3.2.3.1　凝胶化过程

凝胶化是溶胶逐渐形成固态网络结构的过程。在此过程中，缩合反应逐步增加分子之间的交联，最终形成具有三维结构的凝胶。凝胶化时间取决于前驱体、溶剂、pH 值和温度等条件。根据反应条件不同，凝胶化时间可能从几分钟到数小时不等。

3.2.3.2　老化处理

凝胶形成后，需要在适当的条件下老化，以增强其力学性能和结构稳定性。

老化时间：凝胶老化数小时到数天不等，期间网络结构进一步强化。

老化过程可降低内应力，减少结构中的缺陷。

3.2.4　干燥过程：常规干燥、超临界干燥及冷冻干燥

3.2.4.1　常规干燥

常规干燥法是用于制备多孔材料的一种传统方法。它通常是通过自然蒸发或加热蒸发将液体溶剂从前体中移除，使液—气界面逐渐移动并引起毛细管力作用。由于毛细管力的存在，样品在干燥过程中会发生收缩和结构变化，可能导致样品体积减小和微观结构坍塌，最终影响多孔材料的整体形态和性能。常规干燥制备多孔材料的过程中，"溶剂蒸发"是调节产物结构的重要步骤。如何控制干燥的速度、环境温度、溶剂的挥发性和溶质的性质等因素都会影响干燥样品的微观形貌和孔隙度。

3.2.4.2　超临界干燥

超临界干燥法是近年来发展起来的一种高效制备三维多孔材料的方法。该方法通过对由液体溶剂和溶质颗粒组成的前体在容器中进行超临界处理，使溶剂在高压高温条件下达到其超临界状态。当溶剂处于超临界状态时，液—气界面消失，毛细管力不复存在，从而使得干燥样品在结构和体积上保持不变，避免了传统干燥中因毛细管力引起的收缩和损坏，进而获得高质量的多孔材料。在超临界干燥制备气凝胶的过程中，"超临

界处理"是调节产物微观结构的关键步骤。如何控制超临界条件下的温度、压力及溶质性质等因素都会影响样品的微观孔隙结构和形貌。

3.2.4.3　冷冻干燥

冷冻干燥法是近几年发展起来的一种非常有效的制备三维多孔材料的方法。它是由液体溶剂和溶质颗粒组成的前体在模具内冷冻为固体，固化的溶剂晶体在低压低温条件下升华，使液-气界面转化为固-气界面，通过消除气液相的差异来减小毛细管力，使干燥样品保持体积和结构不变，从而获得多孔材料的成型方法。在冷冻干燥制备气凝胶的过程中，"冷冻"是调节产物微观结构的关键步骤。如何冷却、降温到何种程度、溶质的性质等因素都会影响冰晶的形成和微观形貌。

3.2.5　热处理与烧结

3.2.5.1　热处理过程

干燥后的凝胶需要经过高温处理，以去除残留的溶剂和有机物。热处理的温度和时间直接影响材料的性能。

3.2.5.2　烧结的作用

提高材料的致密性和机械性能。促进晶体结构的形成，使材料更稳定。

3.2.6　表面修饰与功能化

经过热处理的材料可以进一步进行表面修饰和功能化处理，以增强其应用性能。
表面涂层：在材料表面涂覆疏水分子，提升防水性。
功能性修饰：通过引入活性基团，提高催化性能或生物相容性。
其主要工艺流程如图 3.5 所示。

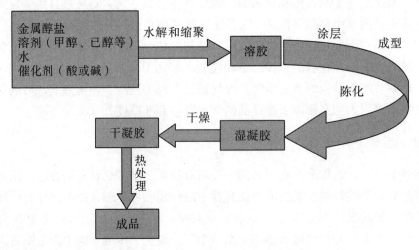

图 3.5　溶胶-凝胶的主要工艺流程

3.3 溶胶－凝胶技术的发展历史

3.3.1 理论提出与技术探索（20 世纪 30 年代至 50 年代）

大约在公元前 2 世纪的西汉时期，中国人制作豆腐可能是最早且卓有成效地应用 Sol－Gel 技术的实践之一。溶胶－凝胶法虽起源于 18 世纪，但由于干燥时间太长而未能引起当时人们的关注。溶胶－凝胶技术的基本概念最早可以追溯至 20 世纪 30 年代，当时科学家首次提出通过湿化学方法制备陶瓷和玻璃材料的想法。这一时期的研究主要集中在理解化学溶液的水解与缩合反应，为后来的溶胶－凝胶技术奠定了理论基础。

20 世纪 50 年代，溶胶－凝胶工艺开始逐渐应用于薄膜材料的制备，并在实验室中完成了初步应用。研究人员发现，通过逐步控制液体到固体的转变过程，可以制备高纯度和均匀性良好的无机材料。这一发现激发了更多领域对溶胶－凝胶工艺的探索。

3.3.2 技术应用的萌芽（20 世纪 60 年代至 70 年代）

20 世纪 60 年代至 70 年代，溶胶－凝胶工艺的应用范围逐步拓展至光学薄膜的制备与陶瓷涂层领域。这一时期的研究解决了凝胶在干燥过程中收缩与开裂的问题。研究人员发现，通过调节反应条件，如控制 pH 值和选择合适的溶剂种类等，可以初步实现对材料孔隙结构的调控。

此外，这一时期还出现了溶胶－凝胶技术在催化剂和吸附材料领域的应用，表明该技术具有广泛的化学加工潜力。然而，由于当时缺乏足够的设备和技术，溶胶－凝胶工艺主要局限于实验室研究，尚未广泛应用于工业生产。

3.3.3 工业应用的初步发展（20 世纪 80 年代）

20 世纪 80 年代，溶胶－凝胶技术迎来了第一次工业化的浪潮。这一时期，随着计算机控制技术和材料科学的发展，溶胶－凝胶工艺在光学器件和功能涂层领域得到了广泛应用。研究人员利用溶胶－凝胶法制备出具有优异光学性能的抗反射涂层和滤光片。

与此同时，陶瓷涂层材料也成为航空航天和汽车制造领域的重要应用对象。高性能陶瓷涂层的出现，提高了设备的耐磨性和抗腐蚀能力。这些早期的工业应用标志着溶胶－凝胶技术从实验室研究逐步走向商业化进程。

3.3.4 技术的成熟与多样化（20 世纪 90 年代）

20 世纪 90 年代是溶胶－凝胶技术发展的关键阶段。这一时期，研究人员开发出多种新型材料，包括纳米颗粒、多孔材料和复合材料。溶胶－凝胶技术的应用领域也从传统的光学和陶瓷涂层扩展到了催化剂载体、生物医用材料和气凝胶等高科技领域。

这一时期，材料科学的进步推动了工艺的多样化。例如，通过超临界干燥工艺，研究人员成功制备出具有极低密度的气凝胶材料，这种材料在隔热和储能领域展现出巨大的应用潜力。此外，溶胶－凝胶工艺在纳米技术的加持下，使得材料的结构可以精确控制在纳米尺度，为催化剂和吸附剂的高效应用奠定了基础。

3.3.5 智能制造与开源创新（21世纪初）

21世纪初，溶胶－凝胶技术与数字化制造和智能控制技术相结合，使其进入了新的发展阶段。这一时期，研究人员开始探索如何将溶胶－凝胶工艺应用于生物材料和再生医学领域。例如，通过溶胶－凝胶工艺制备的骨替代材料，在骨科植入物的研发中取得了重要进展。

这一时期的一个重要突破是气凝胶的广泛应用。气凝胶凭借其极低的密度和良好的隔热性能，成为能源与环境工程领域的重要材料。同时，开源技术和软件的普及，使得更多实验室和企业可以低成本地开发溶胶－凝胶设备和工艺，推动了该技术在科研与工业领域的普及。

3.3.6 高性能材料与广泛应用（21世纪10年代）

进入21世纪10年代，溶胶－凝胶技术在多个行业取得了广泛应用，特别是在航空航天、医疗健康、光电器件和环保领域。溶胶－凝胶法制备的高性能陶瓷材料，如航空发动机和火箭喷嘴，展现了卓越的耐高温和抗腐蚀性能。在医疗领域，通过溶胶－凝胶工艺制造的生物相容性涂层，应用于人工关节和骨骼修复，提高了医疗植入物的使用寿命和稳定性。同时，纳米气凝胶材料被广泛用于储能电池和超级电容器中，提升了能源设备的效率和使用寿命。

2016年，"智能材料"概念的兴起进一步推动了溶胶－凝胶技术的发展。研究人员开始探索如何通过智能化控制，实现材料在外部刺激下的形态或功能变化，为4D打印和智能制造开辟了新的应用前景。

3.3.7 数字化制造与可持续发展（2020年至今）

进入21世纪20年代，溶胶－凝胶技术与工业4.0、物联网、大数据等数字化技术紧密结合，逐渐成为数字化制造的重要组成部分。通过数据分析与智能控制，溶胶－凝胶工艺能够实现高效的大规模定制生产。此外，可持续制造和绿色经济的需求推动了溶胶－凝胶技术的发展。通过减少工艺中的能源消耗和原材料浪费，该技术为绿色制造和循环经济提供了新的解决方案。新的环保材料和功能性纳米材料的开发，使溶胶－凝胶技术在环保、食品和建筑等领域取得了新的突破。例如，气凝胶用于废水处理和空气净化，表现出优异的吸附性能。

未来，随着智能化和绿色化制造的发展，溶胶－凝胶技术将在材料科学、能源、环保和医疗等领域发挥更重要的作用，推动科技和产业的可持续发展。

3.4 溶胶－凝胶技术的特点

溶胶－凝胶技术是现代材料科学中的重要制造工艺，凭借其独特的优势，在多个领域发挥了关键作用。以下将从个性化定制、复杂结构制造、材料多样性、环保节能等多个方面深入阐述其特点。

3.4.1 个性化定制

凝胶工艺支持根据需求调整材料的化学成分、微观结构及宏观性能。通过控制前驱体、催化剂、溶剂和反应条件，可以灵活设计材料的性质，如光学性能、导电性、生物相容性等。例如，在生物医学领域，可以定制生物相容性涂层或人工骨骼材料，以满足患者的特定需求。

这种个性化能力大幅减少了传统工艺中模具和机械加工的限制，使溶胶－凝胶工艺成为制备高精度、高性能材料的重要手段。此外，它在研发新材料过程中大大缩短了试验周期，有助于加速创新。

3.4.2 复杂结构制造

传统制造工艺很难制备内部结构复杂、微观形貌精确控制的材料，而溶胶－凝胶技术通过逐步构建三维网络结构，可以轻松实现复杂多孔材料的制造。例如，多孔气凝胶材料凭借其极低的密度和优异的隔热性能，在航空航天和建筑领域得到了广泛应用。此外，溶胶－凝胶技术在催化剂载体的制备中也具有明显优势，其多孔结构提供了更大的比表面积，能够提高催化效率。这种精准控制材料微观结构的能力，使溶胶－凝胶工艺在电子元器件和传感器开发中也具有不可替代的地位。

3.4.3 材料多样性

溶胶－凝胶技术可以加工多种材料，包括金属氧化物（如二氧化硅、氧化铝、二氧化钛）、玻璃、陶瓷、有机－无机复合材料等。通过不同的前驱体和溶剂组合，能够制备出具有不同功能和性能的材料，满足光学、电子、催化、生物医用等领域的多样化需求。

此外，随着材料科学的发展，新型功能性材料（如导电陶瓷和高温超导材料）也逐渐进入溶胶－凝胶工艺的应用范畴。这种材料的多样性使溶胶－凝胶技术在多个高科技领域具有广泛的应用前景。

3.4.4 环保节能

溶胶－凝胶技术是一种高效、低能耗的工艺，相比传统的高温烧结和机械加工，它在低温下即可完成材料的制备，从而减少了能源消耗。该工艺还具有较高的材料利用率，减少了废弃物的产生。例如，在常规干燥和超临界干燥过程中，未使用的化学物质和溶剂可以回收再利用，进一步降低了生产成本和环境影响。这种绿色环保的制造方式契合了循环经济和可持续发展的理念，为现代工业提供了重要的技术支持。

3.4.5　快速原型制造

溶胶－凝胶工艺可以在短时间内制备出材料样品，帮助研发人员快速验证材料的组成和性能。这种快速原型能力缩短了从设计到产品的周期，使企业能够更灵活地应对市场需求变化。例如，在生物医学领域，研究人员可以通过溶胶－凝胶法快速制造骨替代材料和生物相容性涂层，用于临床测试和试验。同时，这一技术在新材料的研发中也展现了巨大的优势，能够支持不断创新和改进。

3.4.6　小批量生产成本低

传统制造方式往往依赖于大型设备和昂贵的模具，而溶胶－凝胶技术则无需复杂的设备和模具，适合小批量、高定制化的生产模式。尤其是在功能性材料和复合材料的开发中，溶胶－凝胶工艺能够快速切换配方和组成，满足市场对多样化产品的需求。

这种小批量生产的低成本优势，使得溶胶－凝胶技术在科研实验室和初创企业中得到了广泛应用，为新材料和新产品的快速上市提供了支持。

3.4.7　制造灵活性高

溶胶－凝胶工艺的高度灵活性使其能够适应不同材料和产品的制造需求。调整反应条件（如 pH 值、温度、溶剂种类），可以轻松切换生产不同类型的材料。此外，溶胶－凝胶工艺的数字化控制能力也支持更精确的过程调控和质量管理。

这种制造灵活性特别适合复杂多变的市场需求，企业可以在不更换设备的情况下，快速调整产品类型，实现生产线的高效运转。

3.4.8　减少装配工序

溶胶－凝胶技术能够一次性制造出复杂的整体结构材料，减少了零部件的组装环节。例如，多孔陶瓷涂层和气凝胶材料可以通过一次工艺过程直接成型，避免了后续的拼装和加工步骤。这种特性不仅提高了生产效率，还减少了人工成本和时间浪费。

在催化剂载体和电子器件的制造中，这一优势尤为明显，通过溶胶－凝胶工艺制造的整体结构大幅减少了装配复杂性，提高了产品的性能和可靠性。

3.4.9　高精度与均匀性

溶胶－凝胶工艺通过化学反应逐层构建材料结构，能够实现高精度的控制。与传统机械加工不同，该工艺在微观和纳米尺度上都能保证材料的均匀性和一致性。这对于光学材料、传感器和电子元件的制造至关重要。

3.5 溶胶－凝胶技术的分类

溶胶－凝胶（Sol-Gel）技术是一种通过溶液阶段合成无机和有机－无机材料的湿化学方法。它先利用前驱物在溶液中水解和缩合形成三维网络，再通过凝胶化、干燥和热处理来获得固体材料。溶胶－凝胶技术可根据反应路径或工艺条件分类。

3.5.1 根据反应路径分类

3.5.1.1 酸催化溶胶－凝胶法

（1）酸催化溶胶－凝胶法的概念与机理

在酸性条件下，金属有机前驱体（如四乙氧基硅烷）通过与水反应发生水解，生成金属羟基中间体，并进一步通过缩合反应形成网络结构。酸催化条件有助于控制反应速率和网络形成，使其更加致密。

水解反应：$M(OR)_n + H_2O \longrightarrow M(OH)_{n-1} + ROH$

缩合反应（醇缩合/羟基缩合）：$M(OH)_{n-1} + M(OH)_{n-1} \longrightarrow M-O-M + H_2O$

（2）酸催化溶胶－凝胶法的过程

①酸催化剂选择与溶液准备。

常用酸催化剂：盐酸（HCl）、硝酸（HNO_3）和醋酸（CH_3COOH）。

酸的浓度会影响反应速率和结构的致密度。

②溶胶制备。

将金属醇盐（如 TEOS）与乙醇和水混合，控制溶剂比例和 pH 值，以确保均匀的反应环境。

③凝胶化。

溶胶逐步凝胶化形成三维网络。此阶段的温度和时间会影响材料的孔隙结构。

④老化与干燥。

凝胶进一步老化以增强强度。干燥阶段可采用常规干燥（形成 Xerogel）或超临界干燥（形成 Aerogel）。

⑤热处理。

在 200~800℃之间进行热处理以去除残留物，增加材料的稳定性和密度。

其反应过程如图 3.6 所示。

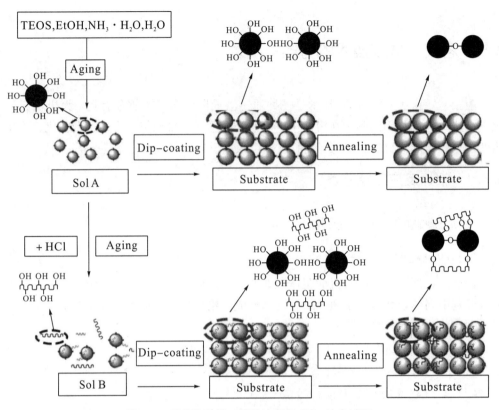

图 3.6　酸催化溶胶－凝胶法制备 SiO_2 的全过程

注：过程包括水解、缩合、凝胶化到干燥和热处理。

（3）酸催化溶胶－凝胶法的主要理论与公式

①反应速率方程。

$$r = k \cdot C_H \cdot C_P$$

式中，r 是反应速率；C_H 是酸催化剂浓度；C_P 是前驱体浓度；k 是速率常数。

②热传导方程。

傅里叶定律描述了热处理阶段的热量传递：

$$q = -k \cdot A \cdot \frac{\mathrm{d}T}{\mathrm{d}x}$$

式中，q 是单位时间内通过材料的热量；k 是材料的热导率；A 是截面积，$\frac{\mathrm{d}T}{\mathrm{d}x}$ 是温度梯度。

③孔隙率控制方程。

通过调节溶剂比例和反应温度，可以控制材料的孔隙率 P：

$$P = \left(1 - \frac{\rho_{\text{bulk}}}{\rho_{\text{theoretical}}}\right) \times 100\%$$

式中，ρ_{bulk}是材料的表观密度；$\rho_{\text{theoretical}}$是材料的理论密度。

（4）酸催化溶胶－凝胶法的主要特点

①优点。

高表面质量：适合制备光滑均匀的薄膜。

化学均匀性好：酸催化条件下反应温和，有利于形成均一的结构。

孔隙结构可控：可通过调整温度和反应时间调节孔隙率。

②缺点。

反应时间较长：凝胶化和老化过程较慢。

设备要求高：部分反应需要在无水环境或严格控制 pH 值的条件下进行。

易收缩与开裂：干燥阶段可能产生收缩，应采用优化的干燥方式。

3.5.1.2 碱催化溶胶－凝胶法

（1）碱催化溶胶－凝胶法的概念与机理

碱催化溶胶－凝胶法是指通过碱性环境下催化金属醇盐（如四乙氧基硅烷，TEOS）的水解与缩合反应，形成溶胶，并进一步转化为多孔的凝胶网络。常用的碱性催化剂包括氨水（NH$_3$）、氢氧化钠（NaOH）、氢氧化钾（KOH）等。与酸催化溶胶－凝胶过程一致。碱催化环境下，水解和缩合速率加快，容易形成多孔结构，因此常用于合成大比表面积的多孔材料和催化剂载体。

（2）碱催化溶胶－凝胶法的过程

①碱催化剂的选择与溶液制备。

常用的碱性催化剂包括氨水、KOH、NaOH，根据具体应用调整浓度。

金属醇盐（如 TEOS）与水、醇类溶剂混合，形成均匀的前驱体溶液。

②水解与缩合反应。

水解过程中，碱催化剂提高了水分子的活性，促使醇盐迅速解离。

缩合反应通过羟基之间的脱水或醇化作用形成网络结构。

③凝胶化与老化。

形成溶胶后，通过溶液的凝胶化实现三维网络结构。老化阶段进一步加强凝胶的机械强度。

④干燥与热处理。

在干燥阶段采用常规干燥或超临界干燥，控制孔隙率。热处理可去除残留物并提升材料的稳定性。

（3）碱催化溶胶－凝胶法的主要理论与公式

水解和缩合反应在碱性条件下遵循二级反应动力学，反应速率与碱催化剂的浓度有关：

$$r = k \cdot [\text{OH}^-] \cdot [\text{M(OR)}_n]$$

式中，r 是反应速率；k 是反应速率常数；$[\text{OH}^-]$ 和 $[\text{M(OR)}_n]$ 分别是碱和金属醇盐的浓度。

（4）碱催化溶胶—凝胶法的主要特点

①孔隙率高、比表面积大。

碱催化溶胶—凝胶法能够制备多孔结构，且孔隙率和比表面积可通过调控碱浓度和干燥条件进行调整。在催化领域，通过该方法制备的氧化铝载体具有大比表面积，提高了催化剂的活性。

②反应速度快。

与酸催化法相比，碱催化反应速度更快，因此适合工业化生产。在大规模的催化剂生产线上，碱催化法常用于制备氧化铝或硅胶载体。

③适合制备多孔材料和吸附剂。

碱催化条件有利于形成具有开放性孔结构的材料。利用碱催化溶胶—凝胶法制备的二氧化硅吸附剂可用于工业废水处理。

④操作相对简单，但需精确控制。

反应条件易于控制，但需要精确控制 pH 值和溶剂比例，以避免凝胶的提前聚集或开裂。

3.5.1.3　非水解溶胶—凝胶法

（1）非水解溶胶—凝胶法的概念与机理

非水解溶胶—凝胶法主要依赖于醇解、醚化、氯化物与醇类的缩合反应来形成金属—氧键。这种反应避免了使用水，从而避免了湿法反应中常见的开裂和收缩问题。

醇解反应：金属氯化物与醇类反应，生成金属醇氧基（M—O—R）。

$$MCl_n + nROH \longrightarrow M(OR)_n + nHCl$$

醚化反应：在无水环境中，金属醇氧基之间发生缩合，形成 M—O—M 结构：

$$M(OR)_n + M(OR)_n \longrightarrow M—O—M + ROH$$

无机前驱体的热解：某些前驱体直接在高温下分解，生成无机金属氧化物或其他化合物。

（2）非水解溶胶—凝胶法的过程

①前驱体制备与溶液混合。

选择适当的金属前驱体，如金属氯化物（$TiCl_4$、$ZrCl_4$）。

将金属前驱体与醇类溶剂（乙醇、甲醇等）混合，避免接触水分。

②无水环境反应。

在无水条件下，利用氩气或氮气保护气体，确保反应体系不受空气中水分影响。

化学反应生成溶胶。

③凝胶化与老化。

在反应完成后，体系逐渐形成凝胶网络，并通过老化增强其结构。

④干燥与热处理。

采用超临界干燥避免开裂。

通过热处理（如 500～1000℃），生成致密的金属氧化物材料。

图 3.7 展示了采用非水解溶胶—凝胶法合成结晶正交 $Al_2W_3O_{12}$ 相的流程。

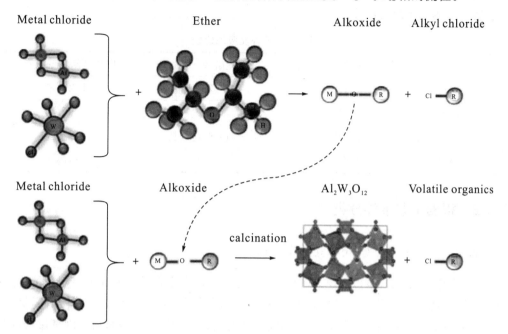

图 3.7　非水解溶胶—凝胶法合成结晶正交 $Al_2W_3O_{12}$ 相的流程

（3）非水解溶胶—凝胶法的主要理论与公式

①醇解与缩合动力学。

醇解反应的速率可用以下公式描述：

$$r = k \cdot [MCl] \cdot [ROH]$$

式中，r 是反应速率；k 是反应速率常数；$[MCl]$ 和 $[ROH]$ 分别是浓度。

②热解与能量平衡。

热解过程中前驱体分解的能量释放遵循热力学平衡方程：

$$Q = mc\Delta T$$

式中，Q 是释放的总能量；m 是质量；c 是比热容；ΔT 是温度变化。

（4）非水解溶胶—凝胶法的主要特点

①控制更好的化学纯度与均匀性。

在非水解条件下，避免了与水反应生成副产物，保证了材料的高纯度和化学均匀性。TiO_2 纳米颗粒常用于光催化，纯度极高的材料可显著提高光催化效率。

②适合合成难溶性金属氧化物与复合材料。

非水解法特别适用于制备锆、钛等金属氧化物，以及难以合成的有机—无机复合材料。ZrO_2 陶瓷材料在医疗植入物中应用广泛，非水解法能确保其结构稳定性。

③避免干燥过程中的开裂。

由于不使用水，因此避免了常规溶胶—凝胶法中因溶剂挥发导致的材料收缩和开裂。超轻气凝胶在航天领域作为隔热材料时，使用非水解法避免了结构坍塌。

表 3.2 为三种反应的比较。

表 3.2　三种反应的比较

特性	酸催化溶胶－凝胶法	碱催化溶胶－凝胶法	非水解溶胶－凝胶法
反应条件	需要酸性环境	需要碱性环境	无水环境
材料纯度	中等	高	高
适用材料	多孔氧化物	吸附剂和催化剂载体	高性能陶瓷
工艺复杂性	较低	中等	较高

3.5.2　根据工艺条件分类

3.5.2.1　湿凝胶法（Wet Gel Method）

湿凝胶法是溶胶－凝胶工艺中的一种常见方法，是指在溶胶形成后不立即进行干燥，而是将其保留在含有溶剂的湿润状态，通过缓慢凝胶化和后续老化获得所需材料。湿凝胶法通常用于制备气凝胶、多孔陶瓷、吸附剂和功能性薄膜等材料，因其过程温和且结构稳定，被广泛应用于生物医药、环保和能源材料等领域。

（1）湿凝胶法的概念与工艺流程

湿凝胶法通过将前驱体（如金属醇盐、硅酸盐等）与溶剂混合，经过水解与缩合反应形成稳定的三维凝胶结构。这一方法的核心在于溶胶－凝胶的老化阶段，其溶剂保持未挥发的状态，避免了快速干燥可能带来的结构收缩和开裂问题。

（2）湿凝胶法的工艺步骤

①溶胶制备。

将金属醇盐（如四乙氧基硅烷）或其他前驱体与溶剂（如乙醇、水）混合。添加酸或碱催化剂以控制水解与缩合反应，形成均匀的溶胶。

②凝胶化。

在一定时间内，溶胶中的粒子逐渐凝聚形成一个三维网络结构，生成初步的湿凝胶。凝胶化时间取决于溶剂的类型、催化剂浓度和反应温度。

③老化。

在湿润状态下，材料的凝胶结构进一步强化，通过更多的缩合反应排出溶剂中的副产物（如醇类或水）。老化过程有助于增强材料的机械强度和热稳定性。

④选择性干燥。

常规干燥：缓慢蒸发溶剂，生成干凝胶（Xerogel），但易造成结构收缩。

超临界干燥：将湿凝胶中的溶剂超临界提取，使其转变为气体，生成气凝胶，避免开裂。

⑤热处理。

通过高温处理提高材料的稳定性、致密度和导电性。该步骤也可用于去除残留的有机物。

（3）湿凝胶法的优势与挑战

①优势。

减少开裂风险：湿润状态的老化过程确保材料的结构稳定。

多样化材料制备：适用于无机材料和杂化材料。

孔隙率可控：通过选择不同的干燥方式，可调节材料的孔隙率和机械性能。

②挑战。

老化时间较长：湿凝胶法需要较长时间完成凝胶化和结构强化。

干燥过程复杂：超临界干燥设备成本高，且操作复杂。

敏感性高：湿凝胶对湿度和温度的变化敏感，需要精确控制环境条件。

3.5.2.2 干凝胶法（Xerogel Method）

干凝胶法是一种将湿凝胶通过常规干燥技术处理后得到固体凝胶的方法。这种工艺主要通过缓慢蒸发湿凝胶中的溶剂来生成干燥的固体材料。由于干燥过程中凝胶结构中的溶剂直接转化为气相排出，材料常会产生一定的收缩和孔隙塌陷，但其机械强度和化学稳定性较高。干凝胶在吸附剂、涂层、催化剂载体、薄膜材料等领域具有广泛应用。

（1）干凝胶法的概念与工艺流程

干凝胶法的关键在于湿凝胶中的溶剂缓慢蒸发，从而形成致密的三维网络结构。与气凝胶法不同，干凝胶法并未使用超临界干燥，因此在干燥过程中容易发生收缩。但这种工艺在某些应用中更具优势，如高机械强度和稳定性要求的材料制备。

（2）干凝胶法的工艺步骤

①湿凝胶制备。

原料选择：选择适当的金属醇盐或无机盐类前驱体，如四乙氧基硅烷或硅酸钠。混合与反应：将前驱体与溶剂混合后，加入适量的酸或碱催化剂，控制体系的水解和缩合反应，形成均匀的溶胶。

②凝胶化。

在溶胶体系中，颗粒逐渐聚集形成三维凝胶网络。凝胶化时间与反应条件（如温度、pH）密切相关。

③老化。

凝胶化完成后，将湿凝胶在溶剂中老化数小时或数天，以进一步强化网络结构。老化期间进行额外的缩合反应，提升凝胶的机械性能。

④常规干燥。

在干燥过程中，湿凝胶中的溶剂缓慢挥发。通常在常温下进行自然干燥，或在减压烘箱中干燥，以加速过程。干燥过程中的毛细作用会导致网络结构的部分收缩，使材料密度增加。

⑤热处理。

在完成干燥后，材料通常需要进行高温热处理，以增强其稳定性和硬度。此外，热处理还能去除残留的有机物，提升材料的物理性能。

（3）干凝胶法的主要理论与公式

毛细作用会在干燥过程中产生拉伸应力，从而增加材料开裂的风险。毛细压力（P_c）由以下公式描述：

$$P_c = 2\gamma\cos\frac{\theta}{r}$$

式中，γ 是液体的表面张力；θ 是接触角；r 是孔隙半径。孔隙越小，干燥时的毛细力越大。

（4）干凝胶法的优势与挑战

①优势。

a. 工艺简便且成本较低。

相比气凝胶法所需的超临界干燥技术，干凝胶法采用常规干燥工艺，因此不需要复杂的设备，降低了生产成本和工艺复杂性。

b. 较高的机械强度与稳定性。

干凝胶材料在干燥后形成较为致密的网络结构，使其在应力下表现出良好的机械强度与稳定性，适用于涂层和催化剂载体。

c. 广泛的材料适用性。

干凝胶法能够处理多种材料，包括氧化物（如 SiO_2、Al_2O_3）、有机－无机杂化材料以及多孔陶瓷，拓展了其应用领域。

d. 多孔结构和吸附性能。

尽管干凝胶的孔隙率不如气凝胶，但其多孔结构依然具备良好的吸附性能，广泛用于吸附剂和催化剂的制备。

e. 适用于常规环境。

干凝胶法不需要超临界条件，可以在常温常压下操作，适用于实验室与工业规模的生产。

f. 热处理后的化学稳定性优异。

热处理后，干凝胶材料的网络结构进一步致密，增强了其在高温、酸碱条件下的稳定性。

②挑战。

a. 孔隙坍塌与收缩问题。

在干燥过程中，溶剂蒸发引发的毛细力会导致孔隙结构的收缩甚至塌陷，影响材料的比表面积和孔隙率，使得干凝胶的吸附性能和功能性可能受限。

b. 开裂风险较高。

在干燥过程中，特别是大尺寸或厚层凝胶，由于毛细作用引发的内应力可能导致材料开裂，降低了其结构完整性。

c. 材料选择的限制。

一些有机－无机杂化材料或特种材料在常规干燥过程中可能出现不可控的收缩或降

解，因此必须仔细优化工艺。

d. 较低的孔隙率与比表面积。

相较于超临界干燥生成的气凝胶，干凝胶的孔隙率和比表面积较低，限制了其在隔热、吸附等领域的性能。

e. 热处理过程中的相变问题。

在高温热处理过程中，部分材料可能发生相变或晶型改变，影响最终材料的性能。例如，SiO_2 可能在高温下由无定形相转变为晶相。

f. 较长的制备时间。

尽管常规干燥工艺简单，但干燥过程通常需要较长时间，尤其是当需要逐步控制蒸发速率以避免开裂时。

3.5.2.3 气凝胶法（Aerogel Method）

气凝胶是一种极轻的固体材料，通过湿凝胶的超临界干燥制备而成。其独特的特性包括超低密度、高孔隙率、高比表面积和优异的隔热性能。气凝胶被广泛应用于航空航天、催化剂载体、隔热材料、吸附剂、能源储存和环境治理等领域。

（1）气凝胶法的概念与工艺流程

气凝胶法的核心在于通过超临界干燥技术去除湿凝胶中的溶剂，避免了材料结构在干燥过程中因毛细力作用而塌陷，从而保留了原始三维网络的孔隙结构。这一工艺生成的气凝胶具有高孔隙率和超低密度，是目前已知最轻的固体材料之一。

（2）气凝胶法的工艺流程

①前驱体制备。

无机前驱体：如四乙氧基硅烷、氧化铝和二氧化钛前驱体。

有机前驱体：聚合物或有机-无机杂化材料。

②溶胶制备与凝胶化。

将前驱体与溶剂混合，添加酸或碱催化剂，通过水解和缩合反应形成溶胶。在适当条件下，溶胶逐渐凝聚成三维凝胶网络。

③老化。

将湿凝胶老化数小时到数天，以增强网络强度，促进进一步缩合反应，使凝胶网络更加稳定。

④超临界干燥。

在超临界状态下，通过升温加压将湿凝胶中的溶剂转变为气体，避免了相变引发的毛细力破坏。

典型超临界流体：二氧化碳（CO_2）或有机溶剂，如乙醇。

⑤热处理（可选）。

对气凝胶进行热处理，去除残留的溶剂或前驱体，赋予材料特定的力学和化学性质。

（3）气凝胶法的优势与挑战

①优势。

超低密度：气凝胶是世界上最轻的固体材料之一，密度低至 $0.001\sim0.5\ \mathrm{g/cm^3}$。

高孔隙率与比表面积：孔隙率高达 90％以上，比表面积可达 800～1000 m²/g，使其具有卓越的吸附性能。

优异的隔热性能：气凝胶的导热系数极低，为 0.01～0.02 W/(m·K)，常用于航空航天和建筑保温。

多功能性：气凝胶可以根据不同的应用需求进行功能化处理，如疏水性和导电性调控。

②挑战。

高成本与复杂工艺：超临界干燥设备昂贵，工艺复杂，限制了大规模生产。

机械强度较低：气凝胶虽然质轻，但其网络结构易脆，在应用中需进行增强处理。

湿敏性与耐久性问题：一些气凝胶材料易吸湿，降低了其长期稳定性。

环境与能耗问题：超临界干燥过程耗能较高，对环境不够友好，未来需开发绿色工艺。

表 3.3 为三种方法的比较。

表 3.3　三种方法的比较

特性	湿凝胶法	干凝胶法	气凝胶法
干燥过程	保持湿润状态	常规干燥	超临界干燥
孔隙率	高	中等	极高
机械强度	中等	高	低
适用材料	医药材料、能源材料	吸附剂、涂层材料	隔热材料
收缩风险	较低	高	低

我们以纤维素干凝胶与气凝胶为例，从微观上说明干凝胶与气凝胶的区别，如图 3.8 所示。

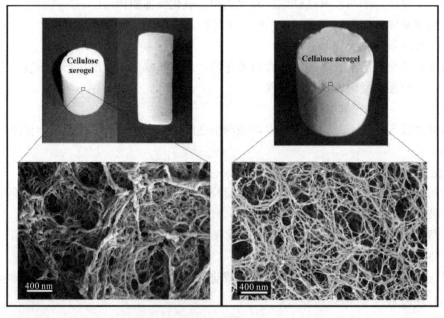

（a）展示纤维素基干凝胶的干凝胶样品和 SEM 图像　（b）展示其气凝胶和 SEM 图像

图 3.8　纤维素干凝胶与气凝胶在孔隙率方面的比较

3.6 溶胶—凝胶技术的应用领域

溶胶—凝胶技术是一种纳米级材料制备方法，通过液相转化为固相的过程生成陶瓷、玻璃和复合材料。这一技术因其低温工艺、形貌可控性及材料的多样性，在多个领域中得到了广泛应用，如图3.9所示。

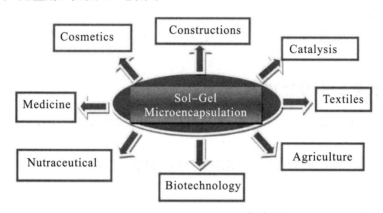

图3.9 溶胶—凝胶技术的广泛应用

3.6.1 光学与光电子领域的应用

溶胶—凝胶法用于制备高质量光学薄膜，如抗反射膜、光波导和光学传感器。这些薄膜常用于显示设备和太阳能电池，提高其光学性能。

光学薄膜：溶胶—凝胶法可用于制备抗反射涂层和光波导元件，提高显示设备和光学传感器的性能。

光伏材料：该技术用于太阳能电池上的透明导电膜，提高光电转化效率。

3.6.2 医学与生物领域的应用

骨植入物：通过溶胶—凝胶法制备的羟基磷灰石，用于生物相容性好的骨修复材料。

药物载体：用于药物控释系统的多孔凝胶，能够缓慢释放药物，提高药物的治疗效果。

3.6.3 环境保护领域的应用

空气净化材料：溶胶—凝胶技术制备的二氧化钛气凝胶具备良好的光催化性能，用于空气和水的净化。

吸附剂：纳米孔结构的干凝胶用于吸附有害气体和工业污染物。

3.6.4　电子与半导体领域的应用

陶瓷绝缘体：溶胶－凝胶法制备的电子材料用于半导体芯片中的电容器和绝缘层。

薄膜晶体管：溶胶－凝胶法制备的电子材料用于塑料基底的柔性显示器。

3.6.5　航空航天领域的应用

轻量结构材料：溶胶－凝胶技术制备的陶瓷复合材料具有轻量化和高强度特性，被用于航天器结构部件。

耐高温涂层：溶胶－凝胶法生成的陶瓷薄膜可用于航空发动机叶片，提高其耐热性和耐腐蚀性。

3.6.6　建筑与工程领域的应用

建筑玻璃：通过溶胶－凝胶工艺，在建筑玻璃上涂覆自清洁和抗反射膜，增强节能和环保特性。

混凝土增强材料：添加纳米级氧化物的溶胶－凝胶复合材料可提高混凝土的强度和耐久性。

3.6.7　教育与科研领域的应用

教学模型：溶胶－凝胶技术制备的透明薄膜和陶瓷样品被用于物理、化学课程的教学。

科研仪器部件：科研人员利用该技术制备实验装置中的高性能材料，用于纳米材料研究和传感器开发。

3.7　溶胶－凝胶技术的发展趋势

随着科学技术的不断进步，溶胶－凝胶技术逐渐从实验室研究走向广泛的工业应用。其低温工艺和多功能性使其在多个领域的材料制备中显示出巨大潜力。未来溶胶－凝胶技术的发展趋势主要体现在高性能材料的开发、工艺优化、绿色制造、规模化生产、数字化制造及多领域应用拓展等方面。

3.7.1　高性能材料的开发

溶胶－凝胶技术的发展需要更加多样化和功能化的材料，以满足日益复杂的工业需求。

3.7.1.1　多功能复合材料

通过引入不同的前驱体，实现有机－无机杂化材料的制备，这种材料结合了陶瓷的强度与聚合物的柔韧性。示例：柔性电子产品中的透明导电膜，航空航天中的耐高温涂层。

3.7.1.2 纳米材料的制备

利用溶胶—凝胶技术能够实现纳米颗粒的精确控制，制备粒径在 $1\sim100$ nm 之间的陶瓷或金属氧化物。示例：纳米级二氧化钛用于光催化材料，氧化锆用于高性能陶瓷。

3.7.1.3 生物材料与生物医学应用

生物相容性材料在骨科植入物、药物载体以及生物传感器中扮演重要角色。利用溶胶—凝胶法，可以将药物嵌入多孔材料中，实现缓释和控释功能。

3.7.1.4 透明和光学材料

制备透明陶瓷和光学涂层成为一项重要发展方向，用于光纤通信、抗反射涂层和光学传感器的薄膜需求日益增长。

3.7.2 工艺优化与自动化

3.7.2.1 干燥与烧结工艺的改进

针对溶胶—凝胶法容易开裂和收缩的问题，未来研究将集中于超临界干燥技术和慢速干燥的优化。

3.7.2.2 自动化与过程控制

使用智能传感器与反馈系统监控溶胶—凝胶工艺中的温度、湿度和化学反应进程，实现自动化控制，确保产品一致性。

3.7.2.3 快速固化与纳米级控制

利用先进的激光固化和等离子处理技术缩短固化时间，并通过精确控制溶胶反应条件实现纳米级结构调控。

3.7.3 绿色制造与可持续发展

3.7.3.1 环保型材料的开发

未来，溶胶—凝胶工艺将更加注重环保前驱和低毒溶剂的使用，减少生产中的污染排放。

3.7.3.2 节能工艺

开发低温烧结技术和节能型干燥工艺，以降低生产过程中能耗，减少碳排放。

3.7.3.3 循环经济与材料回收

材料具备可回收性将成为一大趋势。通过溶胶—凝胶法制备的材料，经过简单处理即可再利用。

3.7.4 规模化生产与工业化应用

3.7.4.1 大规模生产设备的开发

未来溶胶－凝胶法的工业化将依赖于大型自动化设备，以满足建筑材料、涂层和陶瓷等领域的大规模需求。

3.7.4.2 连续化生产工艺

在工业生产中，溶胶－凝胶技术将与连续流反应器结合，减少中间环节，提高生产效率。

3.7.4.3 批量化和定制化生产的结合

在工业 4.0 背景下，溶胶－凝胶技术将支持小批量定制化生产，满足个性化需求，如医疗器械和高端光学产品。

3.7.5 多领域应用的扩展

3.7.5.1 电子与半导体行业

用于制备高介电常数材料和绝缘层的溶胶－凝胶技术，将在半导体和微电子领域发挥重要作用。

3.7.5.2 能源与储能设备

氧化物电极材料和多孔膜将在锂电池、超级电容器等储能设备中得到广泛应用，进一步提升能源转换效率。

3.7.5.3 建筑与环保领域

溶胶－凝胶技术正在革新建筑材料，如自清洁玻璃和隔热涂层，并广泛用于空气和水的污染治理系统。

3.7.5.4 生物医学与制药领域

未来生物溶胶－凝胶技术将在个性化药物递送系统、3D 生物打印和人工器官制造中得到更深入的应用。

3.7.6 数字化与智能制造结合

3.7.6.1 数字化设计与仿真

借助计算机辅助设计（CAD）和分子模拟技术，可以在材料制备前精确模拟反应过程和材料结构。

3.7.6.2 智能工厂与物联网（IoT）集成

智能溶胶－凝胶生产线通过物联网技术实现远程监控与自动调整，提高生产效率和产品一致性。

3.7.6.3 人工智能与机器学习的应用

AI 和机器学习将优化溶胶－凝胶工艺，预测材料性能，发现新的材料组合。

参考文献

[1] Danks A E, Hall S R, Schnepp Z. The evolution of "sol－gel" chemistry as a technique for materials synthesis [J]. Materials Horizons, 2016, 3：91－112.

[2] Owens Gareth J, Singh Rajendra K, Foroutan Farzad, et al. Sol－gel based materials for biomedical applications [J]. Progress in Materials Science, 2016, 77：1－79.

[3] Bai Baojun, Zhou Jia, Yin Mingfei. A comprehensive review of polyacrylamide polymer gels for conformance control [J]. Petroleum Exploration and Development, 2015, 42：525－532.

[4] Kuzina Mariia A, Kartsev Dmitrii D, Stratonovich Alexander V, et al. Organogels versus hydrogels: advantages, challenges, and applications [J]. Advanced Functional Materials, 2023, 33：2301421.

[5] Milian Yanio E, Gutierrez Andrea, Grageda Mario, et al. A review on encapsulation techniques for inorganic phase change materials and the influence on their thermophysical properties [J]. Renewable & Sustainable Energy Reviews, 2017, 73：983－999.

[6] Fichman Galit, Gazit Ehud. Self－assembly of short peptides to form hydrogels: design of building blocks, physical properties and technological applications [J]. Acta Biomaterialia, 2014, 10：1671－1682.

[7] Zhu Daoyi, Bai Baojun, Hou Jirui. Polymer gel systems for water management in high－temperature petroleum reservoirs: a chemical review [J]. Energy & Fuels, 2017, 31：13063－13087.

[8] Mazrouei－Sebdani Zahra, Begum Hasina, Schoenwald Stefan, et al. A review on silica aerogel－based materials for acoustic applications [J]. Journal of Non－Crystalline Solids, 2021, 562：120770.

[9] Niculescu Adelina－Gabriela, Tudorache Dana－Ionela, Bocioaga Maria, et al. An updated overview of silica aerogel－based nanomaterials [J]. Nanomaterials, 2024, 14：469.

[10] Mondal Sanjoy, Das Sujoy, Nandi Arun K. A review on recent advances in

polymer and peptide hydrogels [J]. Soft Matter, 2020, 16: 1404-1454.

[11] Le Xiaoxia, Lu Wei, Zhang Jiawei, et al. Recent progress in biomimetic anisotropic hydrogel actuators [J]. Advanced Science, 2019, 6: 1801584.

[12] Yang Jiahao, Wang Shige. Polysaccharide-based multifunctional hydrogel bio-adhesives for wound healing: a review [J]. Gels. , 2023, 9: 138.

[13] Liu Junjie, Qu Shaoxing, Suo Zhigang, et al. Functional hydrogel coatings [J]. National Science Review, 2021, 8: 151-169.

[14] Kang Shimin, Fu Jinxia, Zhang Gang. From lignocellulosic biomass to levulinic acid: a review on acid-catalyzed hydrolysis [J]. Renewable & Sustainable Energy Reviews, 2018, 94: 340-362.

[15] Wu Lipeng, Moteki Takahiko, Gokhale Amit A, et al. Production of fuels and chemicals from biomass: condensation reactions and beyond [J]. Chem. , 2016, 1: 32-58.

[16] Pravallika Kosana, Chakraborty Snehasis, Singhal Rekha S. Supercritical drying of food products: an insightful review [J]. Journal of Food Engineering, 2023, 343: 111375.

4　水热合成与溶剂热合成

4.1　水热合成与溶剂热合成概述

水热（Hydrothermal）和溶剂热（Solvothermal）是化学和材料科学中常用的合成技术，主要用于制备新材料和纳米结构。它们的核心原理类似，都是通过在高温高压条件下利用溶剂的特性来促进化学反应的进行，但所使用的溶剂类型不同。

4.1.1　水热合成（Hydrothermal Synthesis）概述

水热合成是指在高温高压条件下，以水作为反应介质进行化学反应或材料合成的一种方法。这种方法通常在密闭的反应釜（如高压釜）中进行，使反应物在水中溶解或悬浮，并通过加热来促进化学反应。我们以 WO_3 为例，展示其水热合成示意图（图4.1）。

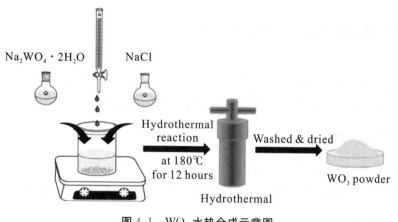

图4.1　WO_3 水热合成示意图

4.1.2　溶剂热合成（Solvothermal Synthesis）概述

溶剂热合成是指在高温高压条件下，以有机溶剂或水以外的其他溶剂作为反应介质进行材料合成的方法。这一过程与水热合成类似，区别在于溶剂合成所使用的溶剂不局限于水。我们以 ZIF-8 为例，展示其溶剂热合成示意图（图4.2）。与水热合成相比，溶剂热合成因有机溶剂的多样性，适用的反应体系更广，能制备更为复杂的材料结构。

在有机溶剂中进行反应，能够有效地抑制产物的氧化过程，避免水中氧的污染；非水溶剂的采用，使得溶剂热合成可选择原料的范围大大扩大，如氟化物、氮化物、硫化合物等均可作为溶剂热反应的原材料。非水溶剂在亚临界或超临界状态下独特的物理化学性质，极大地扩大了所能制备的目标产物的范围；由于有机溶剂的低沸点，在同样的条件下，它们可以达到比水热合成更高的气压，从而有利于产物的结晶；由于较低的反应温度，反应物中结构单元可以保留到产物中，且不受破坏，同时，有机溶剂官能团和反应物或产物作用，生成某些新型在催化和储能方面有潜在应用的材料；非水溶剂的种类繁多，其本身的一些特性，如极性与非极性、配位络合作用、热稳定性等，为我们从反应热力学和动力学的角度去认识化学反应的实质与晶体生长的特性提供了研究线索。

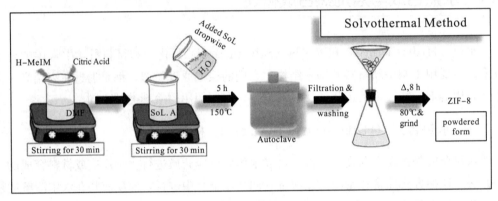

图 4.2　ZIF-8 溶剂热合成示意图

4.2　水热合成和溶剂热合成的流程

水热合成和溶剂热合成的主要流程大体类似，都是通过高温高压条件下的溶液反应进行材料合成。这里我们以水热合成为例对其流程进行描述。

4.2.1　反应物准备

将需要合成的化学反应物溶解或悬浮于去离子水或者有机试剂中。若需要特定的晶相结构或形貌，可以根据需求加入其他助剂（如表面活性剂、晶种、矿化剂等）。

4.2.2　配置溶液

将溶解或悬浮好的混合物放入反应釜中。反应釜通常使用耐高温、耐腐蚀的不锈钢材料，内衬一般为聚四氟乙烯（PTFE）等惰性材料以防止反应物与釜体发生反应。

4.2.3　密封反应釜

反应釜需要紧密密封，以确保在高温下产生的高压环境能够维持。在密封后，通过控制釜体内的压力和温度来保证反应顺利进行。

4.2.4　加热和反应

将反应釜放入烘箱或加热器中，在设定的温度（通常为 100～250℃之间）下进行反应。加热时间可以从数小时到数天不等，具体时间取决于反应体系的性质和所需产物的类型。

在高温高压条件下，水处于亚临界状态，能够增强反应物的溶解性和反应速率，从而有助于材料的形成。

4.2.5　冷却和产物分离

反应完成后，将反应釜从加热设备中取出，并允许其自然冷却至室温。打开釜体，取出反应产物。产物通常为沉淀形式，可以通过过滤、离心等方法进行分离。

4.2.6　洗涤和干燥

将分离出的固体产物用去离子水或其他适当溶剂洗涤数次，去除残余反应物和副产物。洗涤后将产物干燥（如在烘箱中干燥或通过真空干燥），以得到最终的目标材料。

在本章中，我们以 MoS_2 为例，展示常规水热合成制备 MoS_2 的流程（图 4.3）。

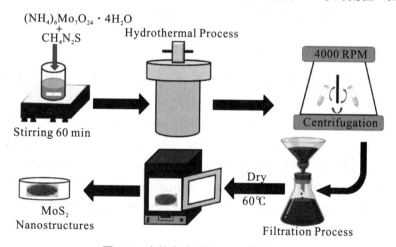

图 4.3　水热合成制备 MoS_2 的流程图

4.3　水热合成和溶剂热合成的发展历史

4.3.1　水热合成的发展历史

水热合成的应用已经跨越了多个世纪，其发展历史涉及多位科学家的贡献和多个研究领域的推动，尤其是地质学和材料科学的进展。

4.3.1.1 早期概念的萌芽：18 世纪末到 19 世纪初

水热合成的概念最早起源于地质学对天然矿物形成过程的研究。地质学家早在 18 世纪末期便注意到，地球内部高温高压环境下的水与岩石或矿物之间会发生复杂的化学反应。

1771 年，瑞士化学家奥拉斯－贝内迪克特·德索叙尔（Horace－Bénédict de Saussure）在其著作中首次提到水在高温下对矿物的分解和生成作用。这一观察被认为是水热反应概念的早期基础。尽管德索叙尔的研究并未形成系统的水热合成方法，但他为之后的研究奠定了理论基础。19 世纪早期，随着地质学研究的深入，水热反应逐渐引起科学界的注意，尤其是在如何解释地质条件下矿物的形成过程。

4.3.1.2 系统化研究的开端：19 世纪末

水热合成作为一种正式的化学合成方法，起源于 19 世纪末。当时，科学家开始认识到，通过模拟地质环境中的高温高压条件，可以在实验室中加速和控制矿物的形成。

1878 年法国化学家 Francois S. d'Arcet 首次在实验室中通过水热合成方法成功制备了石英。这项研究标志着水热合成从自然现象转向人为控制的合成技术。直到 20 世纪初，科学家们才逐步将这种方法用于更多类型的材料合成。

4.3.1.3 水热合成的理论奠基：20 世纪初

20 世纪初，美国地质学家珀西·布里奇曼（Percy Bridgman）对高温高压下的物质行为进行了详细的研究。他的研究对水热化学反应的理论基础产生了深远影响。Bridgman 通过实验发现，在高压环境下，物质的物理和化学性质会发生显著变化，这为水热合成的发展奠定了理论依据。1905 年，Bridgman 提出了关于物质在极端条件下的状态方程，详细阐述了高压对物质结构和性质的影响。他的研究成果极大地推动了高压化学和水热反应的系统化研究。1956 年，Bridgman 因其在高压物理学领域的卓越贡献获得诺贝尔物理学奖。这些研究不仅为理解水热条件下的化学反应机制提供了基础，也促进了高压设备的发展。

4.3.1.4 水热合成的工业应用：20 世纪中期

20 世纪中期，随着工业需求的增长，水热合成在材料合成领域的应用得到了极大推动，特别是在晶体合成方面，水热合成展示出了独特的优势。这一时期的重要进展之一，便是合成大尺寸晶体的需求推动了水热合成技术的发展。

20 世纪 50 年代，美国贝尔实验室（Bell Laboratories）的 R. H. 温托夫（R. H. Wentorf）使用水热合成成功合成了金刚石。这是水热合成在晶体合成领域中的一项重要突破。Wentorf 的研究展示了水热合成不仅可以用于自然矿物的仿制，还可以通过人为控制生成新材料。此后，水热合成逐渐被应用于石英、蓝宝石等工业晶体的合成。随着技术的发展，水热合成逐渐被应用于光学、电子和其他高科技领域所需的材料合成。高温高压反应设备的改进也使得这一技术的适用性大大增强。

4.3.1.5　水热合成的现代发展：20 世纪末至 21 世纪

在 20 世纪末，水热合成在材料科学中的应用开始扩展到更多的新材料和纳米材料的合成。研究人员发现，通过调控水热反应的温度、时间、压力及反应物浓度等参数，可以合成多种复杂的无机材料和功能材料，尤其是在纳米技术的发展进程中，水热合成更是成为合成纳米材料的重要手段之一。

20 世纪 90 年代，水热合成被广泛应用于纳米材料的合成，特别是氧化物纳米颗粒（如氧化锌、二氧化钛等）的制备。研究者利用该技术控制纳米材料的尺寸、形貌和晶体结构，为现代材料的精确设计提供了新思路。21 世纪初至今，水热合成继续应用于制备高性能功能材料，如催化材料、电池材料、光电材料等。通过优化水热条件，可以实现对材料晶相、形貌和尺寸的精确调控，使水热合成成为现代材料科学研究中的一种重要工具。

4.3.2　溶剂热合成的发展历史

溶剂热合成为材料科学带来了更多的灵活性和控制能力，尤其是在合成有机-无机杂化材料和纳米结构时表现出了独特的优势。

4.3.2.1　溶剂热合成的起源：20 世纪初

溶剂热合成的起源可以追溯到 20 世纪初，当时化学家们逐渐认识到，有机溶剂在高温高压下的反应特性可以与水类似，甚至在某些条件下，能够更有效地促进特定化学反应。

20 世纪初，有机化学家开始探索在高温下使用有机溶剂进行化学反应的可能性。尽管这些早期研究并未正式命名为"溶剂热合成"，但它们为后来的研究奠定了基础。20 世纪 30 年代，德国化学家 F. K. 凯斯勒（F. K. Kessler）开发了在有机溶剂中的高温反应，用于合成无机和有机配位化合物。这些研究被认为是现代溶剂热合成的早期雏形。

4.3.2.2　溶剂热合成的理论发展：20 世纪中期

在 20 世纪中期，随着化学合成技术的进步，科学家开始意识到，溶剂热反应可以提供比水热反应更广泛的反应空间。这一时期，溶剂热合成逐渐被应用于合成新的材料类型，特别是在无机材料的合成中，溶剂热合成表现出了独特的优势。

1950 年至 1960 年，溶剂热合成开始被用于纳米材料的合成。这一时期的研究集中于如何通过选择合适的有机溶剂，来影响材料的结晶过程和物理化学性质。研究者发现，在有机溶剂中进行反应，可以更好地控制反应物的扩散速度和反应速率，进而调控材料的形貌和尺寸。

4.3.2.3　溶剂热合成的工业化应用：20 世纪后期

到 20 世纪后期，溶剂热合成的应用领域迅速扩展，尤其是在合成纳米材料和杂化材料方面表现出巨大的潜力。科学家们通过对溶剂热合成的进一步研究，发现了其在控制材料结构和尺寸方面的独特优势。

1970 年，溶剂热合成得益于超临界流体技术的发展，应用进一步拓宽。利用超临界有机溶剂合成复杂材料的技术逐渐成熟，这为后来的工业化应用铺平了道路。1980 年，随着材料科学的快速发展，溶剂热合成被广泛应用于新型催化材料、功能材料和复合材料的合成。研究者通过改变溶剂的类型、反应条件和添加剂的选择，能够合成更复杂的材料。

4.3.2.4 现代溶剂热合成的发展：21 世纪

进入 21 世纪，溶剂热合成成为材料科学中的关键技术之一，特别是在纳米材料和金属有机框架（MOFs）的合成中表现出了独特的优势。通过溶剂热合成，研究者能够以精确的方式控制材料的晶体结构、形貌和尺寸，从而实现对功能材料性能的精确调控。

2000 年左右，溶剂热合成广泛应用于合成纳米颗粒、纳米管、纳米线等多种纳米结构材料。特别是在金属氧化物和金属有机框架材料的合成中，溶剂热合成展示了其高度的可控性。2010 年至今，溶剂热合成继续用于储能材料（如锂离子电池电极材料）、光电材料和催化材料的制备。研究者通过优化反应条件和溶剂类型，能够进一步提高材料的性能和稳定性。

4.4 水热合成

4.4.1 水热合成的分类

根据加热温度与压力的变化，水热合成可以进一步分为亚临界水热合成和超临界水热合成。这两类方法在实验条件、反应机理和应用领域上各具特色。

4.4.1.1 亚临界水热合成（Subcritical Hydrothermal Synthesis）

亚临界水热合成是指在水的临界点以下，即温度低于 374℃、压力低于 22.1 MPa 的条件下进行的水热反应。此时水的性质仍接近于液态，在亚临界状态下，水的扩散性、溶解性和化学反应性得到增强，促进了难溶物质的反应。亚临界水热合成特别适合一些对温度敏感的反应体系，如无机非晶态结构的形成和生物材料的合成。

4.4.1.2 超临界水热合成（Supercritical Hydrothermal Synthesis）

超临界水热合成是指在高于水的临界点（374℃和 22.1 MPa）条件下进行的合成与反应方法。在超临界状态下，水既不呈现传统液体的特性，也不完全是气体状态，而是表现为超临界流体。

超临界水具有极高的扩散性，可以有效溶解有机物和无机物（非极性物质如烃类、戊烷、己烷、苯和甲苯等有机物可完全互溶，O_2、N_2、CO、CO_2 等气体也都能以任意比例溶于超临界水中）。因为水的介电常数在高温下很低，水很难屏蔽掉离子间的静电势能，因此溶解的离子以离子对的形式出现，在这种条件下，水表现得更像一种非极性溶剂。

通常条件下，水的密度不随压力而改变，而超临界水的密度既是温度的函数，又是压力的函数，通过改变温度和压力可以将超临界水控制在气体和液体之间，温度或压力的微小变化就会引起超临界水的密度大大减小。在常温常压下，水的密度为 1.0 g/cm^3，当温度和压强变化不大时，水的密度变化不大。水的介电常数随密度的增加而增大，随压力的升高而增大，随温度的升高而减小。在标准状态（25℃，0.101 MPa）下，由于氢键的作用，介电常数较高，为 78.5。在 400℃，41.5 MPa 时，超临界水的介电常数为 10.5，而在 600℃、24.6 MPa 时为 1.2。介电常数的变化引起超临界水溶解能力的变化，有利于溶解一些低挥发性物质，相应溶质的溶解度可提高 5~10 个数量级，所以超临界水的介电常数与常温、常压下极性有机物的介电常数相当。

为了更加清晰地了解亚临界水热合成和超临界水热合成的概念，图 4.4 分别从相图及特性上针对亚临界水和超临界水做出说明。

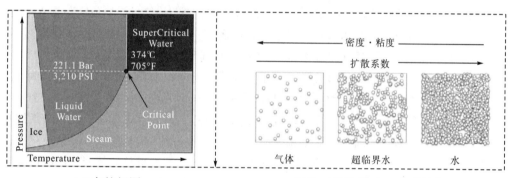

(a) 水的相图　　　　　　　　(b) 气体，超临界水、水的性能变化

图 4.4　水的相图与气体，超临界水、水的性能变化

表 4.1 为亚临界水热合成与超临界水热合成的比较。

表 4.1　亚临界水热合成与超临界水热合成的比较

特性	亚临界水热合成	超临界水热合成
压力范围	< 22.1 MPa	>22.1 MPa
水的状态	液态（部分气液共存）	超临界流体（无液气界面）
反应速率	相对较慢	较快
溶解性	极性降低，适度溶解有机与无机物质	极性大幅降低，可溶解更多物质，包括多种无机物与高分子
能量与设备要求	要求相对较低	需要耐高温高压设备和复杂控制系统

4.4.2　水热合成的工作原理

水热合成常用氧化物或氢氧化物或凝胶体作为前驱物，以一定的填充比进入高压釜，它们在加热过程中，溶解度随温度升高而增大，最终导致溶液过饱和，并逐步形成更稳定的新相。反应过程的驱动力是最后可溶的前驱体或中间产物与最终产物之间的溶解度差，即反应向吉布斯熵减小的方向进行。

目前，水热生长体系中的晶粒形成可分为三种机制类型，即"均匀溶液饱和析出"机制、"溶解-结晶"机制及"原位结晶"机制。

"均匀溶液饱和析出"机制：由于水热反应温度和体系压力的升高，溶质在溶液中溶解度降低并达到饱和，以某种化合物结晶态形式从溶液中析出。当采用金属盐溶液为前驱物，随着水热反应温度和体系压力的增大，溶质（金属阳离子的水合物）通过水解和缩聚反应，生成相应的配位聚集体（可以是单聚体，也可以是多聚体）。当其浓度达到过饱和时就开始析出晶核，最终长大成晶粒。

"溶解-结晶"机制：当选用的前驱体是在常温常压下不可溶的固体粉末、凝胶或沉淀时，在水热条件下，"溶解"是指水热反应初期，前驱物微粒之间的团聚和连接遭到破坏，从而使微粒自身在水热介质中溶解，以离子或离子团的形式进入溶液，进而成核、结晶而形成晶粒。

"原位结晶"机制：选用常温常压下不可溶的固体粉末，凝胶或沉淀为前驱物时，如果前驱物和晶相的溶解度相差不是很大时，或者"溶解-结晶"的动力学速度过慢，则前驱物可以经过脱去羟基（或脱水），原子原位重排而转变为结晶态。

水热条件下，纳米晶粒的形成是一个复杂过程，环境相中物质的相互作用、固-液界面上物质的运动和反应、晶相结构的组成、外延与异化可看作是这一系统的三个子系统。它们之间存在物质与能量的交换，且相互作用强烈。因此，单独研究某一子系统是没有意义的。这就是所谓的"晶体结构—晶体生长条件—晶体生长形态—晶体缺陷"四者关系的研究，即晶体生长习性的研究。此外，水热条件下纳米晶粒的形成过程可分为三个阶段：生长基元与晶核的形成、生长基元在固-液生长界面上的吸附与运动，以及生长基元在界面上的结晶或脱附。

生长基元与晶核的形成：在环境相中，由于物质的相互作用，会动态地形成不同结构形式的生长基元。它们不停地运动，相互转化，随时产生或消灭。当满足线度和几何构型要求时，晶核即生成。

生长基元在固-液生长界面上的吸附与运动：由于对流、热力学无规则运动或者原子吸引力，生长基元运动到固-液生长界面并被吸附，随后在界面上迁移运动。

生长基元在界面上的结晶或脱附：在界面上吸附的生长基元，经过一定距离的运动，可能在界面某一适当位置结晶并长入晶相，使得晶相不断向环境相推移，或者脱附而重新回到环境相中。

4.4.3 水热合成的主要理论与公式

水热合成是一种在高温高压水溶液环境中制备无机材料的技术，特别适用于纳米材料、氧化物材料和晶体材料的制备。其机理涉及溶解、扩散、成核和晶体生长等过程。水热合成的理论基础涵盖了热力学、扩散、成核及结晶生长等多个方面。

4.4.3.1 热力学理论

①吉布斯自由能（Gibbs Free Energy）变化：在水热合成中，材料的形成受热力学控制，体系的自由能变化决定了反应是否自发进行。吉布斯自由能变化公式为：

$$\Delta G = \Delta H - T\Delta S$$

式中，ΔG 是吉布斯自由能变化；ΔH 是反应的焓变；T 是绝对温度（K）；ΔS 是反应的熵变。

当 $\Delta G < 0$ 时，反应能够自发进行。在水热合成中，通过调控温度和压力，可以优化晶体生长条件并促进反应的自发进行。

②溶解度平衡：水热反应的关键在于控制溶解度和过饱和状态。溶解度常数 K_s 描述了固体溶解平衡：

$$K_s = [A^+]^a \cdot [B^-]^b$$

式中，A^+ 和 B^- 分别是溶解的阳离子和阴离子；a 和 b 分别是离子的化学计量系数。

高温高压条件下会改变溶解度，促进物质的溶解和重新结晶。

4.4.3.2 成核与晶体生长理论

①经典成核理论（Classical Nucleation Theory，CNT）。

晶体的生长首先取决于成核阶段，即分子聚集形成稳定核心的过程。经典成核理论将其分为以下两类。

均相成核（Homogeneous Nucleation）：在均匀体系中，由热运动随机聚集的原子或分子形成晶核。

异相成核（Heterogeneous Nucleation）：晶核在不均匀界面（如容器壁或杂质）上形成，通常比均相成核更容易发生。

成核过程中的自由能变化公式如下：

$$\Delta G = \Delta G_v \cdot V + \gamma \cdot A$$

式中，ΔG 是成核自由能变化；ΔG_v 是单位体积的体相自由能变化；V 是晶核体积；γ 是表面能；A 是晶核的表面积。

基本的经典成核理论可被用于粗略地估计新相态在一系列相同成核点的成核速率 R。我们可以通过下述例子来理解成核速率 R。例如，在 $0.1\ m^3$ 的潮湿空气中，每秒形成 100 滴水，则成核速率 $R = 1000/s$。根据现代的经典成核理论，成核速率 R 可以用下式预测：

$$R = N_s Zj \cdot \exp\left(\frac{-\Delta G^*}{k_B T}\right)$$

式中，ΔG^* 是吉布斯能；T 是绝对温度；k_B 是玻尔兹曼常数，其值为 $1.38 \times$

10^{-23} J/k；N_S 是成核点的数量；j 是吸附到核上的分子参与到成核过程中的速率；Z 是泽尔多维奇因子，表示势垒顶部的核继续生成新相态而不分解的概率。这一表达式可以被分为两部分：第一部分表明，在某一成核点形成核的概率正比于 ΔG。因此，若 ΔG 较大且远大于 $k_B T$，成核的概率就较低且成核速度慢。表达式中的另一部分为动力学部分，其中 j 表示的是物质输入的速率，而 Z 表示临界大小（处于能量势垒极大值）的核会继续成长的概率。处于势垒顶部的核，既可能继续成长而形成一种新相态，也可能失去分子而缩小。

②晶体生长机制。

在水热条件下，溶质离子或分子通过扩散逐渐沉积在晶体表面，促进晶体的生长。

晶体生长指的是成核之后的进一步原子堆积过程。根据控制因素不同，晶体生长主要分为扩散控制生长和界面控制生长。

a. 扩散控制生长（Diffusion－Controlled Growth）。

在扩散控制的情况下，晶体生长速率受分子扩散速度的影响。扩散通量 J 可表示为：

$$J = -D \cdot \nabla C$$

式中，J 是扩散通量；D 是扩散系数；∇C 是浓度梯度。

扩散控制下的生长速率 R 可表示为：

$$R = k_d \cdot (C - C_s)$$

式中，k_d 是与扩散系数有关的常数；C 是溶液中的浓度；C_s 是晶体表面处的饱和浓度。

b. 界面控制生长（Surface－Controlled Growth）。

在界面控制生长中，生长速率主要由原子或分子吸附到晶体表面的速度决定。Burton－Cabrera－Frank（BCF）理论提出，表面上台阶状结构会加快晶体的生长。

生长速率可表示为：

$$v = A \cdot \exp\left(-\frac{\Delta G_m}{kT}\right)$$

式中，v 是生长速率；A 是材料常数；ΔG_m 是分子吸附的自由能；k 是玻尔兹曼常数；T 是绝对温度。

4.4.3.3 水热条件对反应的影响

①温度的影响。

温度在水热反应中是最重要的参数之一，直接影响着反应速率和材料的形貌。提高温度后反应变化如下。

溶解度增加：在水热反应中，高温会增强反应物在溶剂中的溶解度，有助于形成均匀的晶核。

扩散速率提高：高温会加快分子或离子的扩散，促进晶体生长。

反应速率加快：高温加速化学反应，减少反应时间。

然而，过高温度也会导致晶体结构缺陷的增加，如位错、空位缺陷等。因此，在水热反应中，优化温度以控制晶体的质量非常关键。

示例：在合成氧化锌（ZnO）纳米材料的水热法中，高温可以加速 Zn^{2+} 离子的扩散与反应，但过高温度可能导致纳米晶体的过度聚集和形貌变化。

②压力的影响。

水热反应通常在封闭容器中进行，压力会随着温度的升高而增加。

高压提高反应物的活性：高压条件下分子间距减小，使反应物更容易发生反应。

稳定亚稳态相结构：在常规条件下无法稳定的晶相，如高温氧化物，在高压条件下可以稳定生成。

示例：某些多晶型材料（如钛酸钡 $BaTiO_3$）需要在高压下合成以获得特定晶相结构。

③溶剂的影响。

在水热法中，溶剂不仅是反应介质，还参与了材料的成核与生长过程。

极性溶剂有助于提高离子的溶解度和迁移速率。

混合溶剂（如水－醇体系）可以调节晶体的形貌和生长速率。

示例：在水热合成二氧化钛（TiO_2）过程中，使用不同溶剂（如乙醇或乙二醇）会导致晶体尺寸、形貌的显著差异。

④pH 值的影响。

pH 值直接决定了离子在溶液中的分布和反应的机理。

碱性条件：通常有利于生成纳米棒状、纳米线等一维结构。

酸性条件：有助于形成颗粒或片状材料。

示例：在水热合成 ZnO 时，碱性条件下更容易形成纳米棒，而酸性条件下则倾向于生成纳米颗粒。

4.4.4 水热合成的优缺点

4.4.4.1 优点

低温制备：水热合成可在较低温度（100～300℃）下进行化学反应，避免高温对材料结构和性能的破坏。这使得它特别适合制备对温度敏感的纳米材料、陶瓷和功能氧化物。

高结晶度与均匀性：水热合成中反应物在高温高压下均匀分布，能够生成高纯度和高结晶度的材料，且粒径和形貌可控。

环境友好：反应过程中使用水或其他绿色溶剂，减少有机溶剂的使用，符合绿色化学的理念。

适用于多种材料体系：水热合成能够广泛处理金属氧化物、无机盐、聚合物、金属纳米粒子等材料，适应性强。

复杂结构的合成：适用于制备多孔材料、核壳结构、纳米棒、纳米线等复杂形貌的材料，广泛应用于光催化、储能、传感器等领域。

较高的反应效率：高温高压条件下，水热合成能够加速反应速率，提高材料的制备效率，缩短生产周期。

4.4.4.2 缺点

设备复杂且成本高：水热反应需要高压釜等专用设备，制造和维护成本较高，并且高压操作对实验室安全要求较高。

材料选择有限：并非所有材料都能在水热条件下稳定存在。部分材料在水热条件下易分解或发生副反应。

反应条件难以精确控制：在高温高压条件下，控制材料的形貌和晶相结构具有一定难度，需要反复实验优化。

规模化生产存在挑战：水热合成适用于实验室和小规模生产，但放大到工业化规模时，设备和能耗问题限制了其应用。

反应时间较长：尽管反应速率较高，但某些材料的水热制备仍需要数小时甚至数天才能达到理想的结果。

高压操作的安全风险：高温高压条件下进行反应有一定的风险，需要严格的安全管理，增加了实验复杂性。

4.5 溶剂热合成

溶剂热合成利用溶剂的高温状态、扩散性和高溶解性，使反应物更易溶解并促使反应物之间发生化学反应或形成晶体。溶剂不仅是反应介质，还能够调控材料的形貌、尺寸和结晶质量。不同的溶剂系统提供了多样的反应环境，使得此法广泛用于制备高比表面积、特殊结构和高性能材料。

4.5.1 溶剂热合成的分类

根据使用的溶剂类型、温度条件和应用需求，溶剂热合成可以细分为多种类型。

4.5.1.1 按溶剂种类分类

醇热合成（Alcoholothermal Synthesis）：使用醇类溶剂（如乙醇、丙醇或甲醇）进行反应，适用于制备多孔材料和纳米氧化物。特点：醇类溶剂可在反应过程中充当还原剂，促进某些金属氧化物的还原反应。

胺热合成（Ammonothermal Synthesis）：在胺类溶剂（如乙二胺、三乙胺）中进行反应，适合制备氮化物、金属有机骨架（MOFs）等材料。特点：胺类溶剂对某些金属盐有特殊的配位能力，有助于合成复杂结构的材料。

非极性溶剂热合成（Non-polar Solvothermal Synthesis）：使用非极性溶剂（如烷烃、芳烃）进行反应，适合制备非极性材料和纳米颗粒。特点：非极性溶剂体系中，材料的形貌和分散性更容易控制。

离子液体溶剂热合成（Ionothermal Synthesis）：采用离子液体作为溶剂，不仅充当介质，还参与反应过程，有助于调控材料的微观结构。特点：可在无压或低压条件下替代传统有机溶剂，有助于控制材料的晶体结构、孔隙特征和形貌。

4.5.1.2　按温度和压力条件分类

亚临界溶剂热合成（Subcritical Solvothermal Synthesis）：在溶剂的临界温度和压力以下进行，常用于制备有机-无机杂化材料、氧化物纳米颗粒等。

超临界溶剂热合成（Supercritical Solvothermal Synthesis）：在溶剂的超临界状态下进行（即高于临界温度和压力），适用于制备高结晶度、多孔材料。

4.5.2　溶剂热合成的工作原理

在溶剂热条件下，溶剂充当反应介质，在高温和高压下促进反应物的溶解与晶体的生长。溶剂的极性、沸点和挥发性直接影响材料的成核与生长过程。一般而言，高温下的溶剂体系促进反应物的溶解和分子迁移，使材料能在高饱和状态下析出晶核，随后通过溶解-结晶机制逐步长大。

溶剂热合成的反应驱动力与过程控制如下。

热力学控制：通过改变温度和压力来实现体系的过饱和状态，控制晶体的生长方向。

动力学因素：溶剂的种类与浓度、温度升高引发的溶剂热降解等影响材料的形貌和结构。

成核与晶体生长机制：采用不同溶剂和条件，可以实现"均相成核"与"异相成核"的调控。

4.5.3　溶剂热合成的优缺点

4.5.3.1　优点

多样化材料制备：溶剂热合成适用于氧化物、氮化物、硫化物等多种无机化合物以及金属有机框架（MOFs）。示例：TiO_2 纳米材料通过乙醇溶剂热法被广泛用于光催化和电池材料中，其在环境光下能有效降解污染物。

绿色环保与可持续性：使用绿色溶剂（如乙醇、离子液体）或低毒溶剂，减少了对环境的危害。此外，与常规合成相比，减少了有机溶剂的消耗。示例：利用离子液体作为溶剂合成的 MOFs 材料，常用于气体吸附，展现出更高的性能和环保优势。

低温低压合成：某些溶剂的低沸点和良好溶解性，使得反应可以在相对较低的温度（<300℃）和压力下进行，避免高温对材料造成的破坏。示例：ZnO 纳米颗粒在 180℃左右合成，保持了其高比表面积，用于 UV 传感器和抗菌材料。

控制性强：通过调控溶剂种类、温度、压力及反应时间，溶剂热合成能够精确控制材料的尺寸、形貌和结构。示例：在不同的醇类溶剂中，制备出的 CuO 纳米粒子可以表现出从纳米线到纳米片的不同形貌，用于电催化中的不同功能。

微观结构保留与纳米材料合成：溶剂的高溶解性和反应条件能保留纳米材料的微观结构，并使其保持较高的比表面积。示例：通过溶剂热法合成的多孔二氧化钛（TiO_2）

用于锂离子电池负极，提高了电池的循环性能。

4.5.3.2 缺点

设备成本较高：溶剂热合成通常需要高压釜或耐高温耐腐蚀的反应器，设备的成本较高，维护也相对复杂。示例：超临界条件下使用有机溶剂进行反应时，需要高压设备来维持稳定状态，增加了实验室和工业成本。

溶剂回收困难与安全问题：某些有机溶剂具有高挥发性，回收困难且易燃易爆，增加了安全管理的难度。示例：在合成硫化物或氮化物材料时，使用的胺类溶剂需要严格控制温度与通风条件，以避免火灾隐患。

反应复杂，参数优化困难：溶剂、温度、时间等多个参数的耦合影响，使得实验优化变得复杂且耗时，需要反复测试才能达到理想结果。示例：在合成 MOFs 时，不同金属和配体的组合对晶体结构影响显著，需多次实验才能找到最佳配比。

难以规模化：尽管溶剂热合成在实验室具有优势，但在工业化过程中由于设备和工艺限制，很难大规模生产。示例：一些特殊形貌的纳米材料，如多壁碳纳米管（MWCNTs），通过溶剂热法合成难以实现稳定批量生产。

对溶剂和材料选择的依赖：某些材料在溶剂热条件下容易分解或变性，适合的材料和溶剂组合受到限制。示例：铂基催化剂需要在特定溶剂热条件下才能形成稳定结构，否则可能导致催化活性下降。

表 4.2 为水热合成和溶剂热合成的比较。

表 4.2 水热合成和溶剂热合成的比较

特性	水热合成	溶剂热合成
主要溶剂	水	有机溶剂
温度范围	$100\sim300℃$	$100\sim500℃$
压力控制	需要局压釜	部分应用需高压控制
应用领域	光催化、储能、医疗材料	功能材料、复合材料、催化剂
优点	环保、低温反应、结晶度高	多样性高、溶解度强、适用于复杂材料
缺点	设备昂贵、难以规模化	溶剂成本高、安全性需控制

4.6 水热合成和溶剂热合成的应用领域

4.6.1 水热合成的应用领域

4.6.1.1 纳米材料制备

（1）光催化材料

水热法是制备光催化剂，如二氧化钛（TiO_2）、氧化锌（ZnO）和 CdS 纳米粒子的常用方法。

这些材料在光解水、空气净化以及污水处理等环境治理领域发挥重要作用。示例：使用水热法合成的 TiO_2 纳米颗粒可以降解水中有机污染物，并作为太阳能电池材料提高能量转化效率。

（2）储能材料

在锂离子电池、超级电容器和固态电池中，水热法常用于制备高性能的电极材料，如 $LiFePO_4$、$NiCo_2O_4$ 和石墨烯复合物。示例：$LiFePO_4$ 纳米颗粒通过水热法合成后用于锂电池正极，大幅提高了电池的充放电性能。

4.6.1.2　电子与半导体材料

（1）压电材料

PZT（铅锆钛酸铅）陶瓷利用水热法制备，广泛用于传感器和执行器，提高其机械和电学性能。示例：通过水热法制备的 ZnO 纳米棒在紫外光传感器中具有良好的灵敏度。

（2）透明导电材料

ZnO 纳米结构和 SnO_2 复合物常通过水热法合成，应用于透明导电薄膜、UV 检测器和智能玻璃。

4.6.1.3　环境与生物材料

（1）污染治理

水热法合成的 TiO_2 常用于光催化降解有机污染物和水体净化，有效处理污水中的有害化合物。

（2）生物医学材料

水热法制备的羟基磷灰石（HAp）广泛用于骨修复和牙科植入物，具有良好的生物相容性和力学强度。

4.6.2　溶剂热合成的应用领域

4.6.2.1　高性能多孔材料

溶剂热法可用于制备 MOFs（金属有机框架）、COFs（共价有机框架）等多孔材料，广泛应用于气体吸附、储能和催化领域。示例：利用溶剂热合成的 MOF−5 结构具有高比表面积和优异的气体吸附性能。

4.6.2.2　导电聚合物与复合材料

溶剂热法合成导电聚吡咯（PPy）、聚苯胺（PANI）和石墨烯复合材料，广泛用于超级电容器和电池。示例：利用溶剂热法合成的 PANI/GO（聚苯胺/氧化石墨烯）复合材料在超级电容器中表现出高达 600 F/g 的比电容，具有优异的电荷传输性能和循环稳定性。

4.6.2.3　量子点合成

溶剂热法用于制备 CdSe、PbS 等半导体量子点，在发光二极管（LED）、光伏和生物成像领域有广泛应用。

4.6.2.4　催化剂开发

溶剂热法可用于合成纳米钯（Pd）、铂（Pt）等贵金属催化剂，提升其在燃料电池和化学反应中的活性。

4.6.2.5　功能涂层材料

通过溶剂热法合成的二氧化硅、氧化铝纳米材料常用于防水、防腐涂层和抗菌材料。示例：使用溶剂热合成的 SiO_2 涂层具有良好的耐磨性和防污性能。

4.6.2.6　光学材料

溶剂热法常用于合成光学玻璃、荧光粉和折射率调控材料，广泛应用于激光器和光通信。

4.6.2.7　药物递送载体

溶剂热法制备的金属氧化物纳米颗粒可以包裹药物，用于靶向递送和控释。

4.6.2.8　传感器材料

通过溶剂热合成的氧化物纳米材料被广泛应用于气体、湿度和温度传感器，提高检测的灵敏度。

4.7　水热合成和溶剂热合成的发展趋势

4.7.1　水热合成的发展趋势

4.7.1.1　技术创新

（1）超临界水热技术的推进

超临界水热技术的研究越来越深入，这种技术在高温高压下具有极高的反应速率和溶解能力。未来的发展将专注于设备改进和自动化控制，以满足新能源领域对材料的严格需求。例如，优化锂电池和催化材料的制备。

（2）绿色水热工艺与环保发展

水热工艺未来将更加注重环保，通过减少有毒溶剂和催化剂的使用，开发以绿色化学为基础的新型材料制备技术。此外，使用生物基前驱体与水热法结合，实现更环保的材料合成工艺。

（3）连续流水热反应系统的研发

传统批量式水热合成效率较低，未来将向连续化工艺转变，发展小型化和连续生产的微反应器技术。这种工艺不仅提高了生产效率，还能更好地控制产品的质量和形貌。

（4）多功能纳米材料的发展

未来的水热技术将用于多功能纳米材料的合成，如集成了导电、磁性、光催化等特性的复合材料。这些材料在柔性电子设备、高效能源存储系统和智能传感器中将发挥关键作用。

4.7.1.2　材料多样化与应用拓展

（1）新能源材料的开发

水热合成已经成功用于开发锂电池电极材料、超级电容器材料和燃料电池催化剂。未来还将用于钠离子电池和固态电池等新型能源系统的材料开发，以应对能源需求的多样性。

（2）高性能陶瓷与复合材料

水热法未来将应用于制备高耐热、高强度的陶瓷和复合材料，用于航空航天、核能和高温结构件。例如，水热合成的氧化锆陶瓷可用于涡轮叶片和喷气发动机。

（3）医疗与生物材料的拓展

水热法在生物陶瓷如羟基磷灰石的制备上展现出极大潜力，未来将在骨科植入物、人工牙齿和生物传感器领域有更广泛的应用。

（4）高端电子器件的应用

水热合成的纳米材料将用于透明导电薄膜、半导体材料和柔性电子器件。未来，水热法制备的氧化物半导体将在柔性显示屏和高效太阳能电池中起到关键作用。

4.7.1.3　智能化与可持续发展

（1）智能控制系统的引入

随着工业4.0的发展，智能化的水热反应系统将实现自动控制和实时监控，提高工艺效率和产品一致性。

（2）可回收与环保材料的开发

水热法将与循环经济结合，促进可回收和可再生材料的发展，如可降解生物塑料和环保建筑材料。

4.7.2 溶剂热合成的发展趋势

4.7.2.1 技术创新与设备升级

(1) 多功能溶剂体系的研究

未来的溶剂热工艺将重点研究不同溶剂组合的协同作用，开发高效复合溶剂体系，以实现复杂多组分材料的合成。

(2) 超临界溶剂热技术的应用

超临界溶剂在材料合成中的应用将进一步拓展，如利用超临界乙醇、二氧化碳等介质合成复杂结构的纳米材料。

(3) 多相反应系统的优化

溶剂热法在多相反应中的应用将更加广泛，通过多相界面的调控实现高效材料合成，并增强材料的功能性。

4.7.2.2 新材料的研发与应用拓展

(1) 功能性纳米材料的开发

溶剂热法可用于制备具有导电、光学和磁性功能的复合材料。未来将在柔性电子、微电子和新能源领域进一步拓展应用。

(2) 金属有机框架（MOFs）的合成

溶剂热法在MOFs材料的合成中将继续发挥重要作用，用于气体吸附、储能和催化。

(3) 可降解与环保材料的应用

通过溶剂热合成制备生物基材料和可降解塑料，以推动绿色化工艺在包装、建筑等领域的应用。

4.7.2.3 智能化与可持续发展

(1) 智能化生产与优化

溶剂热工艺未来将引入数据分析和人工智能技术，实现过程的智能控制与优化，提高材料性能和生产效率。

(2) 绿色化工艺与节能技术的融合

通过发展环保溶剂与低能耗工艺，溶剂热法将进一步降低对环境的影响，推动可持续制造的发展。

4.7.2.4 应用领域的拓展

(1) 催化剂与储能材料

溶剂热法在制备燃料电池催化剂和超级电容器电极材料方面的应用将不断增加。

（2）柔性电子与高性能薄膜

溶剂热法制备的导电聚合物和薄膜材料将应用于柔性显示器、传感器和可穿戴设备。

（3）航空航天与高温材料

溶剂热法可用于制备轻质高强度复合材料，满足航空航天和极端环境应用的需求。

参考文献

［1］ Martin W，Baross J，Kelley D，et al. Hydrothermal vents and the origin of life ［J］. Nature Reviews Microbiology，2008，6：805－814.

［2］ Peterson A A，Vogel F，Lachance R P，et al. Thermochemical biofuel production in hydrothermal media：a review of sub－and supercritical water technologies ［J］. Energy & Environmental Science，2008，1：32－65.

［3］ Sevilla M，Fuertes A B. The production of carbon materials by hydrothermal carbonization of cellulose ［J］. Carbon，2009，47：2281－2289.

［4］ Zhou Y，Bao Q L，Tang L A L，et al. Hydrothermal dehydration for the "green" reduction of exfoliated graphene oxide to graphene and demonstration of tunable optical limiting properties ［J］. Chemistry of Materials，2009，21：2950－2956.

［5］ Pan D Y，Zhang J C，Li Z，et al. Hydrothermal route for cutting graphene sheets into blue－luminescent graphene quantum dots ［J］. Advanced Materials，2010，22：734.

［6］ Xu Y X，Sheng K X，Li C，et al. Self－assembled graphene hydrogel via a one－step hydrothermal process ［J］. ACS Nano，2010，4：4324－4330.

［7］ Toor S S，Rosendahl L，Rudolf A. Hydrothermal liquefaction of biomass：a review of subcritical water technologies ［J］. Energy，2011，36：2328－2342.

［8］ Liu S，Tian J Q，Wang L，et al. Hydrothermal treatment of grass：a low－cost，green route to nitrogen－doped，carbon－rich，photoluminescent polymer nanodots as an effective fluorescent sensing platform for label－free detection of Cu（Ⅱ）ions ［J］. Advanced Materials，2012，24：2037－2041.

［9］ Cheng L，Xiang Q J，Liao Y L，et al. CdS－Based photocatalysts ［J］. Energy & Environmental Science，2018，11：1362－1391.

［10］ Huang N，Wang P，Jiang D L. Covalent organic frameworks：a materials platform for structural and functional designs ［J］. Nature Reviews Materials，2016，1：16068.

［11］ Kolodziejczak－Radzimska A，Jesionowski T. Zinc oxide－from synthesis to application：a review ［J］. Materials，2014，7：2833－2881.

［12］ Kurmoo M. Magnetic metal－organic frameworks ［J］. Chemical Society Reviews，2009，38：1353－1379.

[13] Stock N, Biswas S. Synthesis of metal－organic frameworks（mofs）：routes to various mof topologies, morphologies, and composites [J]. Chemical Reviews, 2012, 112：933－969.

[14] Wang H L, Zhang L S, Chen Z G, et al. Semiconductor heterojunction photocatalysts：design, construction, and photocatalytic performances [J]. Chemical Society Reviews, 2014, 43：5234－5244.

[15] Wang Y, Wang X C, Antonietti M. Polymeric graphitic carbon nitride as a heterogeneous organocatalyst：from photochemistry to multipurpose catalysis to sustainable chemistry [J]. Angewandte Chemie－International Edition, 2012, 51：68－89.

5 高分子制备技术

5.1 高分子制备技术概述

高分子（Macromolecule）也常称聚合物（Polymer），是由许多小的重复单元（称为单体）通过化学键连接而形成的长链分子［如图 5.1（a）所示］。典型的高分子材料包括塑料、橡胶、纤维和一些生物材料，如蛋白质和 DNA。高分子可以是天然存在的（如淀粉、纤维素和橡胶），也可以是通过人工合成的（如聚乙烯、聚苯乙烯和尼龙）。高分子材料目前可以分为橡胶、涂料、塑料、胶黏剂及化纤等几个大类［如图 5.1（b）所示］。高分子材料的性能如强度、弹性、透明度、耐热性等取决于其分子结构、聚合物链的长度以及链之间的相互作用。

(a)高分子材料的结构构型图

图 5.1　高分子材料的结构构型图和分类

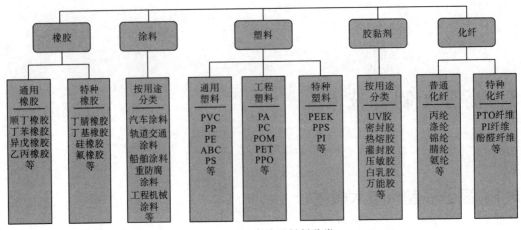

(b)高分子材料分类

图5.1（续）

高分子材料与其他材料（如金属、陶瓷）相比，具有一些显著的特点，这些特点源自高分子链的长链结构及其独特的物理和化学性质。

分子量高：高分子化合物的分子量通常很大，往往达到几万甚至几百万道尔顿，使得高分子具有非常长的分子链，带来独特的物理性能，如韧性和可塑性。

多样的分子结构：高分子可以通过不同的化学反应，形成不同的结构，如线性结构、支链结构或交联结构。这些结构的多样性使得高分子材料可以具备非常广泛的性能，从柔软的橡胶到坚硬的工程塑料。

可调控的性能：通过调整单体的种类、反应条件以及链的长度等，高分子材料的性能可以在广泛的范围内进行调整，这种灵活性使得它们在众多领域具有广泛的应用。

低密度：与金属和陶瓷材料相比，大多数高分子材料具有较低的密度，因此它们具有重量轻的优势，特别是在要求轻量化的应用中（如汽车、航空航天等）。

良好的耐腐蚀性：高分子材料通常对许多化学物质（如酸、碱、盐溶液）具有良好的耐受性，特别适合在苛刻环境中使用，如防腐蚀涂料、管道和密封件。

为了更加清晰地对比材料之间的差别，表5.1列举了高分子材料与金属、陶瓷、玻璃及小分子材料的性能差异。

表5.1　高分子材料与金属、陶瓷、玻璃及小分子材料的性能差异

属性	高分子材料	金属	陶瓷	玻璃	小分子材料
结构	长链分子，由大量重复单元（单体）组成	晶体或非晶结构，金属原子排列紧密	晶体结构，原子通过强共价/离子键连接	非晶结构，原子无规则排列	低分子量化合物，分子量小，结构简单
力学性能	柔韧性好，弹性高，强度较低	强度高，韧性好，硬度高	硬度高，脆性大，抗压强，但抗拉伸性差	硬度高，脆性大，易碎	力学性能较差，柔韧性差

属性	高分子材料	金属	陶瓷	玻璃	小分子材料
导电性	绝缘性好，部分高分子可通过掺杂提高导电性	导电性强，金属自由电子提供导电能力	绝缘性好，通常为绝缘体	绝缘性强，导电性较差	导电性较差，大多数为绝缘体
热性能	热稳定性较低，易受热软化或分解	导热性好，耐高温	耐高温，导热性一般	耐高温，导热性一般	热稳定性差，易挥发或分解
化学稳定性	耐腐蚀性好，易受溶剂和紫外线降解	耐腐蚀性视具体金属种类，部分金属易生锈	耐化学腐蚀，惰性高，不易与化学物质反应	耐腐蚀，化学稳定性强	部分化学性质活跃，易参与化学反应
生物兼容性	部分高分子材料具有良好的生物相容性	生物兼容性依赖金属类型，不锈钢较好	生物相容性好，用于牙科和骨科材料	生物相容性一般，脆性限制生物应用	生物相容性差，多数具有毒性或刺激性
工艺性	易加工，模具加工、注塑、挤出成型等多种方法	可通过铸造、锻造、轧制、焊接等方式加工	难加工，烧结成型，需高温高压	难加工，通常通过熔融冷却或吹制成型	易加工，但热稳定性和化学性质限制应用
密度	密度低，通常为 $0.9\sim2.0$ g/cm²	密度较高，通常为 $7\sim9$ g/cm²	密度高，通常为 $3\sim6$ g/cm²	密度中等，通常为 $2.2\sim2.6$ g/cm²	密度低，视分子种类而定
透明性	可调透明性，部分高分子可制成透明材料	不透明	不透明	通常为透明材料	取决于化学结构，有些是透明的
耐候性	一般耐候性较差，需添加抗氧剂或稳定剂	耐候性好，易腐蚀但可通过涂层保护	耐候性好，不易老化	耐候性好，不易老化	容易降解和老化

高分子制备技术是指通过化学反应或物理方法合成、加工和改性高分子材料的技术手段。由于高分子材料具有多样性，其制备技术也根据不同的反应机制、加工方法、结构特点等形成了多种分类。

5.2 高分子制备技术的发展历史

5.2.1 早期探索阶段（19 世纪初至 20 世纪初）

5.2.1.1 天然高分子的使用

高分子的使用可以追溯到古代，但在 19 世纪初之前，只有天然高分子，如橡胶、纤维素、丝蛋白等（如图 5.2 所示）得到了较为广泛的应用。人们主要通过自然界获取这些材料，并用作衣物、装饰和工具的原料。

(a)橡胶   (b)纤维素   (c)丝蛋白

图5.2   天然高分子的直观照片

5.2.1.2   橡胶的硫化（1839年）

1839年，美国化学家查尔斯·固特异（Charles Goodyear）发明了硫化橡胶的技术（如图5.3所示），这是高分子科学史上的一个重要里程碑。橡胶硫化通过在橡胶中加入硫并加热，使橡胶的弹性和耐久性大大提升。硫化技术使得橡胶材料具有更广泛的应用，标志着高分子材料工程的开端。

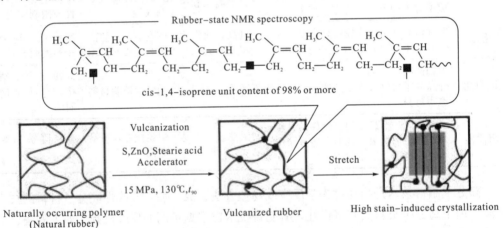

图5.3   橡胶硫化示意图

5.2.1.3   人造纤维素材料的发明（1855年）

1855年，英国化学家亚历山大·帕克斯（Alexander Parkes）用硝酸和溶剂处理纤维素制成了第一种人造硝化纤维素塑料材料（如图5.4所示）取名为帕克西恩（Parkesine）。这是首次通过化学方法改变天然高分子的结构，标志着人类开始合成和改性高分子材料。目前塑料材料帕克西恩产品已经广泛用于社会生活中，如乒乓球、三角板、笔杆、眼镜框架、玩具，日常用品中的伞柄、工具柄、纤维、胶黏剂、涂料及片基原料等。

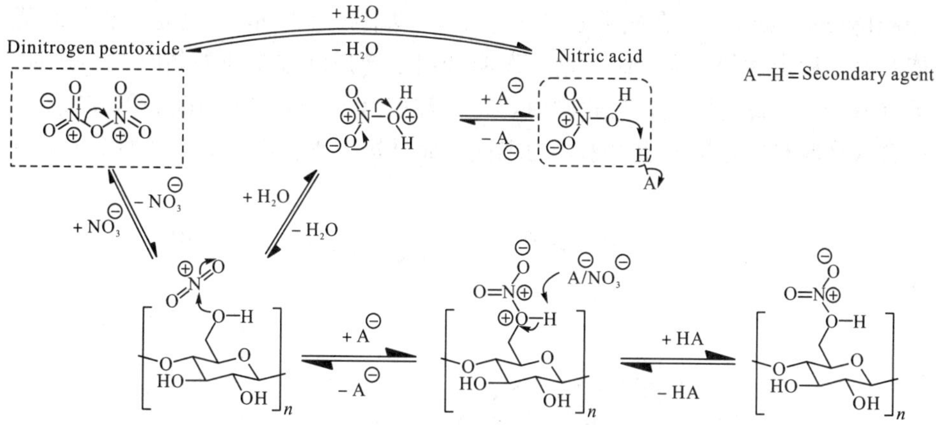

图5.4 常规制备硝化纤维素塑料线路图

5.2.2 合成高分子的兴起（20世纪初至中期）

5.2.2.1 巴克兰德的酚醛树脂（1907年）

1907年，比利时裔美国化学家利奥·巴克兰德（Leo Baekeland）合成了酚醛树脂（Bakelite），这是人类历史上第一个全合成的高分子材料。酚醛树脂不依赖于天然材料，是一种完全人工合成的热固性塑料，标志着合成高分子时代的到来。苯酚甲醛型线性酚醛树脂的反应历程如图5.5所示。

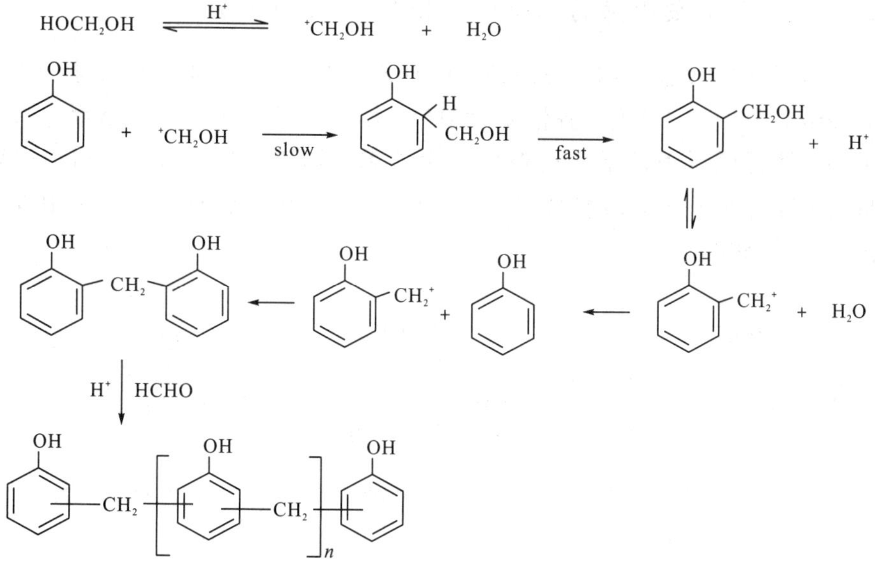

图5.5 苯酚甲醛型线性酚醛树脂的反应历程

5.2.2.2 尼龙和丁苯橡胶的发明（20世纪30—40年代）

20世纪30年代，杜邦公司的科学家卡罗瑟斯（Wallace Carothers）在聚合物化学领域取得了多项突破。他领导的团队利用乙二酸（adipic acid）和己二胺

(hexamethylene diamine) 合成了尼龙（nylon）（如图 5.6 所示），这是一种具有优异力学性能和化学稳定性的合成纤维。这一发明开启了合成纤维工业的新时代，并对纺织、军事等领域产生了深远影响。与此同时，丁苯橡胶（Styrene Butadiene Rubber，SBR）等其他合成橡胶材料也被发明出来，为现代合成材料工业奠定了基础（如图 5.7 所示）。

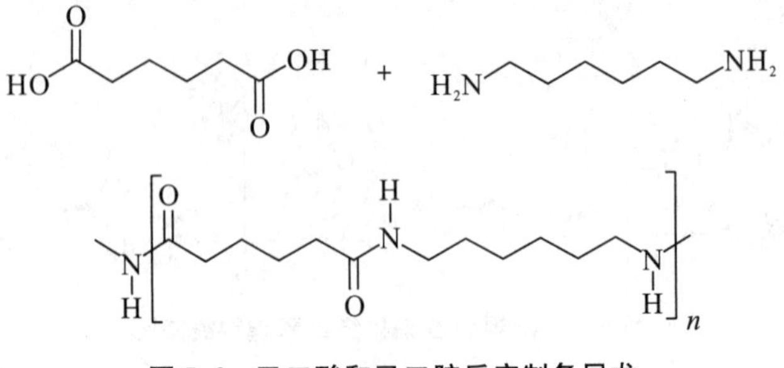

图 5.6　乙二酸和己二胺反应制备尼龙

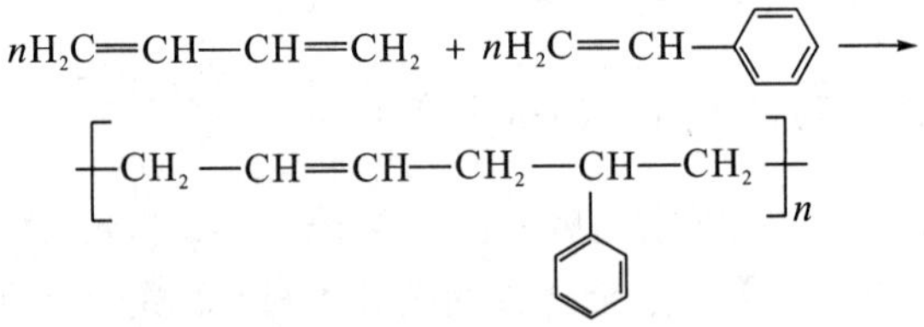

图 5.7　丁二烯和苯乙烯反应制备丁苯橡胶

5.2.2.3　聚乙烯和聚丙烯的工业化（20 世纪 50 年代）

1953 年，德国化学家卡尔·齐格勒（Karl Ziegler）与意大利化学家朱利奥·纳塔（Giulio Natta）分别独立开发了齐格勒－纳塔催化剂（三氯化钛－三乙基铝 $[TiCl_3 - Al(C_2H_5)_3]$），使得低压条件下大规模生产聚乙烯（PE）（如图 5.8 所示）和聚丙烯（PP）成为可能。这些高分子材料以其低成本、易加工和优良的物理性能，在塑料工业中迅速占据了主导地位。

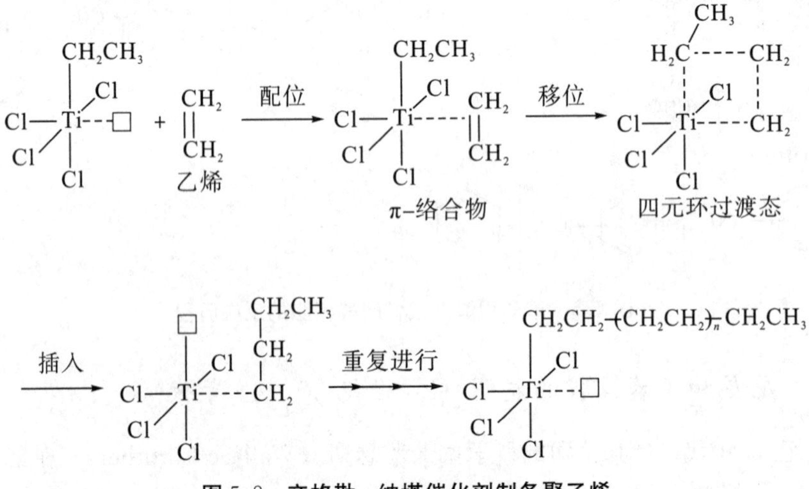

图 5.8　齐格勒－纳塔催化剂制备聚乙烯

5.2.3 现代高分子科学的形成（20 世纪中期至末期）

5.2.3.1 分子量和链结构的精确控制（20 世纪 40—60 年代）

20 世纪 40—60 年代，美国化学家保罗·弗洛里（Paul J. Flory）在高分子物理化学方面作出了开创性的贡献，研究了高分子链的结构、分子量分布以及它们的物理性质。他的工作奠定了高分子科学的理论基础，并在 1974 年获得了诺贝尔化学奖。

5.2.3.2 超高分子量聚合物与高性能材料（20 世纪 70 年代）

1976 年，在美国化学家艾伦·麦克德尔米德（Alan McDiarmid）与物理学家艾伦·黑格（Alan Heeger）的邀请之下，日本科学家白川英树（Shirakawa Hideki）到美国宾州大学进行访问。他们利用碘蒸气来氧化聚乙炔，之后量测掺碘的反式聚乙炔，发现其导电度增高了十亿倍。以碘或其他强氧化剂如五氟化砷部分氧化聚乙炔可大大增强其导电性，聚合物会失去电子，生成具有不完全离域的正离子自由基"极化子"，此过程可被称为 p 型掺杂。此外，氧化作用亦可令聚乙炔生成"双极化子"（只能在一个单位上移动的二-正离子）及"孤立子"（两个可分别移动的正离子自由基）。"极化子"及"孤立子"使聚乙炔能够导电，他们因此于 2000 年共同获得诺贝尔化学奖。

5.2.3.3 高分子材料的应用扩展（20 世纪 80 年代至今）

随着聚合物科学技术的不断进步，高分子材料在众多新兴领域得到了广泛应用。比如，生物降解塑料、智能高分子材料、纳米复合材料等技术的研发，进一步拓宽了高分子材料在环境保护、医疗、电子等领域的应用潜力。

5.3 高分子制备技术的主要流程

5.3.1 单体的选择与准备

5.3.3.1 单体的选择

高分子的制备首先需要选择合适的单体。单体是构成聚合物的基础单位，一般是一些能够通过化学反应相互连接的小分子。根据最终目标高分子的性质，选择的单体可以是乙烯基单体（如乙烯、苯乙烯、丙烯等）或是缩聚反应单体（如二元酸与二元醇用于制备聚酯）。

5.3.3.2 单体的纯化与处理

在高分子合成前，单体通常需要经过纯化和处理，以确保反应能够顺利进行。例如，某些单体可能含有抑制剂，这些化合物可以防止单体自发聚合，但在合成过程中需要移除。此外，单体中的水分、氧气或杂质也可能影响聚合反应的质量，因此需要通过蒸馏、过滤或惰性气体吹扫来进行纯化。

5.3.2 聚合反应

聚合反应是高分子制备的核心步骤。根据不同的聚合机制，聚合反应可以分为链式聚合（如自由基聚合、离子型聚合、配位聚合）和逐步聚合（如缩聚反应）。以下是几种常见聚合反应的过程说明。

5.3.2.1 自由基聚合

自由基聚合是制备乙烯基高分子最常见的方法之一，适用于如聚乙烯、聚苯乙烯等的合成。该反应一般通过引发、链增长和终止三个步骤完成。

引发：通过热分解或光分解引发剂（如过氧化物）生成自由基。

链增长：自由基与单体反应，形成活性中心，并连续与其他单体加成，生成高分子链。

终止：当两个自由基相遇时，反应停止，最终形成高分子链。

5.3.2.2 配位聚合（齐格勒－纳塔聚合）

配位聚合用于制备立构规整聚合物，如聚丙烯。反应通过使用齐格勒－纳塔催化剂，催化烯烃单体按一定立体规则聚合。其优点是能够精确控制聚合物的立构和分子量分布。

5.3.2.3 缩聚反应

缩聚反应是逐步聚合的一种，通过小分子（如水或醇）的释放生成高分子材料。常见的缩聚反应包括酯化反应（如制备聚酯）、酰胺化反应（如制备尼龙）。虽然其反应速率较慢，但产物具有较高的分子量。

5.3.3 反应条件的控制

5.3.3.1 温度控制

温度是影响聚合反应速率和高分子链增长的一个关键因素。在大多数反应中，较高的温度可以加快聚合反应，但过高的温度可能导致不良副反应或使产物降解。因此，精确控制反应温度对制备高质量的聚合物至关重要。

5.3.3.2 压力控制

某些聚合反应，如聚乙烯的高压法制备，要求在高压下进行，以增加反应速率和单体转化率。压力的调整在工业制备中尤为重要，影响到反应设备的选择和操作条件。

5.3.3.3　催化剂与引发剂

催化剂和引发剂在聚合反应中扮演着关键角色。例如，齐格勒－纳塔催化剂用于立体选择性烯烃聚合，自由基聚合需要引发剂来启动反应。选择合适的催化剂或引发剂、控制其浓度和反应时间，能够显著影响高分子的结构和性能。

5.3.4　后处理

聚合反应结束后，产物通常需要经过后处理来得到最终的高分子材料。以下是常见的后处理步骤。

5.3.4.1　除去未反应单体和溶剂

反应结束后，高分子溶液中可能残留未反应的单体和溶剂，这些物质需要通过蒸馏、沉淀或过滤等手段进行分离。例如，通过将聚合物溶液倒入不溶性溶剂中进行沉淀，可以得到纯净的高分子。

5.3.4.2　凝胶过滤与干燥

凝胶过滤可用于除去分子量较小的低聚物或残余引发剂。随后，产物需要经过干燥，以去除残余的水分和溶剂，通常采用真空干燥或加热干燥的方法。

5.3.5　成型与加工

处理后的高分子可以通过不同的成型技术加工成各种产品。常见的成型方法有以下几种。

5.3.5.1　挤出成型

挤出成型是高分子材料生产中最常见的方法之一。熔融的聚合物通过挤出机的模头被挤出成型，如管材、板材、薄膜等。

5.3.5.2　注塑成型

注塑成型适用于生产复杂形状的高分子产品。该方法通过将熔融的聚合物注入模具中，并在冷却后得到固化的成型件，常用于制造塑料部件、家电外壳等。

5.3.5.3　吹塑成型

吹塑成型常用于生产空心容器，如塑料瓶。通过将熔融的聚合物挤出并吹气成型，得到所需的中空制品。

5.3.5.4　纺丝

纺丝技术主要用于合成纤维的生产。聚合物熔融后通过喷丝头挤出，随后通过冷却或化学方法得到纤维，如尼龙、涤纶等。

高分子制备是一个复杂且多步骤的过程，涉及单体的选择、聚合反应的控制、后处理、成型和性能评估等多个环节。每个步骤的优化和控制对制备出符合特定要求的高分子材料至关重要。这些技术的不断进步不仅提高了生产效率，还推动了新型高分子材料的开发和应用。

5.4　高分子制备技术的分类

高分子（又称聚合物）的制备分为多种方法，主要可以分为聚合反应和聚合物改性两大类。在聚合反应的分类中，常见的制备方法包括加成聚合和缩合聚合，它们是根据单体反应机理的不同而分类的。此外，聚合反应还可以根据反应方式进一步划分为自由基聚合、离子聚合、配位聚合等。以下是对各类高分子制备方法的详细阐述，包括它们的具体过程和相关理论、公式。

5.4.1　加成聚合（Addition Polymerization）

加成聚合通常发生在具有双键或三键的单体上，这类反应不伴随副产物生成。聚合过程中单体通过加成反应直接连接形成高分子链，常见的例子有乙烯类单体的聚合（如聚乙烯、聚丙烯等）。

5.4.1.1　自由基聚合（Free Radical Polymerization）

自由基聚合是一种通过自由基引发的链式反应，用于制备高分子聚合物。自由基是一种具有未配对电子的高活性化学物种，容易与其他分子发生反应。自由基聚合通常用于聚合乙烯类单体，如乙烯、丙烯、苯乙烯等。其主要特点是通过自由基的连续加成反应，使单体不断加入生成长链高分子聚合物。

（1）反应过程

自由基聚合通常包括三个基本阶段：引发、链增长和终止。此外，有时还会有链转移等副反应影响反应的进行和最终的聚合物分子量。

①引发阶段（Initiation）。

引发阶段是自由基聚合反应的第一步，目的是生成活性自由基。这个过程一般由引发剂（例如过氧化物或偶氮化合物）分解生成自由基，这些自由基会与单体分子发生反应，形成活性链自由基。

引发剂分解：引发剂通过热解、光解或化学反应产生自由基。常见的引发剂包括：

过氧化物类（如过氧化苯甲酰，C_6H_5CO—O—O—COC_6H_5），通过加热分解为 $C_6H_5CO \cdot$ 自由基。

偶氮化合物［如偶氮二异丁腈，AIBN，$(CH_3)_2C(CN)$—N＝N—$C(CN)(CH_3)_2$］通过加热分解为 $(CH_3)_2C(CN)\cdot + N_2$

引发单体：生成的自由基会与单体分子反应，引发聚合。以乙烯为例，自由基与乙烯反应生成链增长的活性中心：

$$R \cdot + CH_2 = CH_2 \longrightarrow R—CH_2—CH_2 \cdot$$

②链增长阶段（Propagation）

链增长阶段是自由基聚合的主要过程。活性链自由基会不断与单体反应，每次反应都使聚合物链增长一个单体单位，同时生成新的链端自由基。这个过程会持续进行，直到自由基被终止。

链增长反应（以乙烯为例）：

$$R—CH_2—CH_2 \cdot + CH_2 = CH_2 \longrightarrow R—CH_2—CH_2—CH_2—CH_2 \cdot$$

该反应是链式反应，每次增加一个单体，反应速度非常快，且持续进行。

③终止阶段（Termination）。

终止阶段是自由基聚合的最后一步，即通过两条活性自由基之间的反应消耗掉自由基，停止链的增长。终止可以通过结合或歧化两种方式完成。

结合终止：两条链自由基直接结合，生成一个稳定的非活性聚合物：

$$R—CH_2—CH_2 \cdot + R'—CH_2—CH_2 \cdot \longrightarrow R—CH_2—CH_2—CH_2—CH_2—R'$$

歧化终止：一个自由基从另一条链上夺取一个氢原子，生成两个不饱和的聚合物链：

$$R—CH_2—CH_2 \cdot + R'—CH_2—CH_2 \cdot \longrightarrow R—CH_2—CH_2 + R'—CH = CH_2$$

④链转移（Chain Transfer）。

链转移是一种副反应，发生在链增长过程中。链转移会导致活性自由基从一个链转移到另一个链，终止了原链的增长，但生成了一个新的自由基，开始新的链增长。链转移反应影响聚合物的分子量。

例如，链转移到溶剂（S）：

$$R—CH_2—CH_2 \cdot + S—H \longrightarrow R—CH_2—CH_3 + S \cdot$$

生成了一个新的自由基 $S \cdot$，可以继续参与聚合。

（2）自由基聚合的相关理论

自由基聚合的理论基础涵盖了反应速率、分子量分布、聚合度等方面。以下是几个关键理论和公式。

①聚合反应速率。

自由基聚合的总反应速率（R_p）是单体浓度和活性自由基浓度的乘积。具体为：

$$R_p = k_p [M][R \cdot]$$

式中，R_p 是聚合速率；k_p 是链增长速率常数；$[M]$ 是单体浓度；$[R \cdot]$ 是自由基浓度。

引发剂的分解速率常数 k_d、引发效率 f、引发剂的浓度 $[I]$、终止速率常数 k_t 等共同决定了活性自由基的浓度 $[R \cdot]$，它可以通过以下公式估算：

$$[R \cdot] = \sqrt{\frac{2fk_d[I]}{k_t}}$$

②分子量。

聚合物的平均分子量和聚合度受终止方式、链转移反应以及引发剂浓度等因素影响。常用的两个分子量指标如下。

数均分子量（M_n）：

$$M_n = \frac{\sum N_i M_i}{\sum N_i}$$

式中，N_i 是分子量为 M_i 的分子的数量；M_i 是分子量。

重量均分子量（M_w）：

$$M_w = \frac{\sum N_i M_i{}^2}{\sum N_i M_i}$$

③自动加速效应（Gel Effect）。

在自由基聚合的过程中，当反应温度较高或反应物浓度较高时，聚合速率突然加快的现象被称为自动加速效应或特罗姆斯多夫（Trommsdorff）效应。这是由于在反应体系中，高分子量聚合物增加了黏度，阻碍了自由基的扩散，减缓了终止反应的进行，从而使活性自由基数量增加，链增长速率加快。

5.4.1.2　离子聚合（Ionic Polymerization）

离子聚合是通过离子（阳离子或阴离子）作为反应活性中心来引发和传播的链式聚合反应。与自由基聚合不同，离子聚合反应中的活性中心是带电的正离子或负离子。这类聚合反应特别适合用于聚合带有电子富或电子缺陷的单体。离子聚合分为两种主要类型，即阳离子聚合和阴离子聚合。

离子聚合与自由基聚合的最大区别在于其反应活性中心的性质。由于离子相较于自由基更加稳定和可控，因此离子聚合通常表现出更高的反应速率和更低的链转移与终止概率。

（1）阳离子聚合（Cationic Polymerization）

阳离子聚合是由阳离子引发的链式反应，适用于具有电子供体性质的单体，如异丁烯、乙烯基醚等。常见的引发剂是路易斯酸（如 $AlCl_3$）或质子酸（如 H_2SO_4）。

阳离子聚合过程可以分为引发、链增长、终止和链转移 4 个阶段。

①引发阶段（Initiation）：引发剂与单体反应，生成活性阳离子。

例如，异丁烯 $[CH_2{=}C(CH_3)_2]$ 在酸性环境下会生成碳正离子：

$$CH_2{=}C(CH_3)_2 + H^+ \longrightarrow CH_3{-}C^+(CH_3)_2$$

生成的阳离子与单体反应，形成活性中心。

②链增长阶段（Propagation）：活性炭正离子会继续与其他单体发生反应，使聚合物链延长。

$$CH_3—C^+(CH_3)_2+CH_2=C(CH_3)_2 \longrightarrow CH_3—C(CH_3)_2—CH_2—C^+(CH_3)_2$$

链增长过程非常迅速，通常持续到链终止。

③终止阶段（Termination）：阳离子聚合的终止方式有以下两种。

a. 歧化反应：碳正离子从相邻链上的氢原子夺取一个电子形成双键，停止聚合反应。

b. 反应与溶剂或其他分子的负离子：形成稳定的终止产物。

④链转移阶段（Chain Transfer）：链转移是阳离子聚合中常见的副反应。当活性链中的正离子转移到溶剂或其他分子上时，链增长过程就会停止，生成新的活性中心。

$$R^+ +S \longrightarrow R—S^+ +H$$

（2）阴离子聚合（Anionic Polymerization）

阴离子聚合是由阴离子引发的聚合反应，常用于聚合电子缺乏的单体，如苯乙烯、丁二烯、甲基丙烯酸甲酯（MMA）等。常见的引发剂是强碱，如丁基锂（n-BuLi）。

阴离子聚合与阳离子聚合类似，也分为引发、链增长、终止和链转移四个主要阶段，但由于活性阴离子在很多体系中非常稳定，通常不会发生终止反应，因此能生成活性长链聚合物。

①引发阶段：引发剂通常是强碱，如丁基锂（n-BuLi），它与单体（如苯乙烯）反应生成阴离子。

$$C_6H_5CH=CH_2+BuLi \longrightarrow C_6H_5CH^-—CH_2-Bu+Li^+$$

②链增长阶段：活性阴离子继续与其他单体发生反应，生成新的聚合物链：

$$C_6H_5CH—CH_2+CH_2=CH_2 \longrightarrow C_6H_5CH—CH_2—CH_2—CH_2$$

链增长过程持续进行，直到终止。

③终止阶段：阴离子聚合可以通过以下几种方式终止。

a. 与质子源反应：当聚合物链末端的阴离子与质子供体（如水、醇等）反应时，聚合停止。

$$R^-Li^+ +H_2O \longrightarrow R—H+LiOH$$

b. 添加终止剂：可以通过添加弱酸等终止剂来中和阴离子，停止反应。

④链转移阶段：链转移同样会影响阴离子聚合的分子量分布。例如，链转移到单体上会生成新的活性中心，产生不同的聚合物链。

（3）"活性"离子聚合（Living Polymerization）

离子聚合的一个显著优势是许多体系中可以生成"活性"聚合物，即在链增长结束后不发生终止和链转移反应。这种现象被称为"活性"离子聚合，它使得聚合物的分子量更可控，且可以合成嵌段共聚物等复杂结构。

5.4.2 缩合聚合 （Condensation Polymerization）

缩合聚合是一种形成高分子材料的化学过程，涉及单体之间的化学反应，通常伴随着小分子（如水、氨或氯化氢）的脱离。在缩合聚合过程中，单体的官能团相互反应，生成化学键的同时伴随生成小分子副产物。与加成聚合不同，加成聚合不会生成副产物，缩合聚合则几乎总是伴随副产物的产生。常见的缩合聚合单体具有两个或多个官能团，如羧酸基团（—COOH）、氨基（—NH$_2$）、羟基（—OH）或卤素（—X）。这些官能团通过化学反应生成共价键连接，形成长链的聚合物。

缩合聚合可以根据不同的标准进行分类，常见的分类方式包括根据单体的种类。下面是两种常见的缩合聚合的分类方式。

5.4.2.1 均缩合聚合 （Homopolycondensation）

均缩合聚合是缩合聚合的一种类型，指的是由一种具有两种或更多官能团的单体，通过逐步聚合反应生成聚合物的过程。这类聚合物是通过单一类型的单体相互缩合而成，而在反应过程中通常伴随着小分子副产物的生成，如水、氨、醇。均缩合聚合的核心特征是反应中仅涉及一种单体，并且该单体含有两个或多个化学官能团（如羧基、羟基或氨基）。这些官能团彼此反应，形成聚合物链，同时释放出副产物。这一过程会逐步生成更大的聚合物分子，通常是线性或交联结构。常见的均缩合聚合例子包括己内酰胺开环聚合生成尼龙－6，或者己二酸酐自缩合生成聚酯。均缩合聚合不同于共缩合聚合（Copolycondensation），后者涉及多种不同的单体。

（1）均缩合聚合的过程

均缩合聚合通常按照以下步骤进行。

①单体反应：单体分子具有两个或多个可反应的官能团，它们通过缩合反应生成聚合物链。反应生成新化学键的同时，产生小分子副产物。

例如，己内酰胺在开环后，其羧基和氨基之间发生缩合反应，形成尼龙－6，释放水作为副产物：

$$(CH_2)_5CO—NH \xrightarrow{\text{开环聚合}} [—NH—(CH_2)_5—CO—]_n + nH_2O$$

②逐步增长：单体分子或短链的寡聚体通过化学键继续增长。随着聚合反应的继续进行，链段变得更长，分子量逐渐增加。此时，单体间的反应可继续进行，生成更长的链。

③副产物脱除：在聚合反应过程中，副产物（如水、醇、氨等）逐渐被脱除。及时清除副产物对于维持反应的平衡和驱动反应向生成聚合物的方向进行至关重要。

④聚合物形成：当所有的反应官能团都反应完毕后，生成的聚合物具有较高的分子量，并且大部分产物都通过缩合生成了长链分子。产物的分子量分布可能较宽，具体取决于反应的控制条件。

（2）均缩合聚合的相关理论

均缩合聚合可以通过以下几个理论框架和概念进行描述。

①逐步聚合反应动力学（Step-Growth Polymerization Kinetics）。

均缩合聚合属于逐步聚合反应，其特点是所有官能团可以相互反应，不存在单一活性中心。反应速率通常较慢，且随着反应的进行，生成聚合物的分子量逐渐增加。反应遵循二级动力学规律，聚合物链的生长过程逐步进行：

$$r = k[M]^2$$

式中，r 是反应速率；k 反应速率常数；M 单体的浓度。反应速率与单体浓度的平方成正比。

②Carothers 方程（Carothers Equation）。

Carothers 方程是描述逐步聚合中平均聚合度与单体转化率之间关系的重要公式。在均缩合聚合中，随着反应的进行，单体逐渐被消耗，生成更大的聚合物。Carothers 方程如下：

$$DP = \frac{1}{1-p}$$

式中，DP 是平均聚合度；p 是单体的转化率。随着转化率 p 的增加，聚合物的平均链长（即聚合度）急剧增加。当反应接近完全时，聚合物的分子量迅速增长。

③官能度理论（Functionality Theory）。

均缩合聚合中，单体的官能度（即每个单体分子中能够参与反应的官能团数量）对最终生成的聚合物结构有重要影响。若单体的官能度为 2，则通常生成线性聚合物；若官能度大于 2，可能会形成交联聚合物。单体的官能度直接决定了聚合物的分子形态和性质。例如，己内酰胺（官能度为 2）在开环后形成线性聚酰胺，而如果反应单体具有更高官能度（如多羟基或多羧酸单体），则可能形成三维网络结构的交联聚合物。

④凝胶化理论（Gelation Theory）。

如果单体的官能度大于 2，均缩合聚合有可能形成交联结构，导致体系凝胶化。凝胶化点是指反应达到一定程度，体系中出现不溶的三维交联结构的时刻。这时，聚合物分子量急剧增大，形成的网状结构不能被溶解或熔融，这种反应通常发生在多官能单体的缩合聚合中。

5.4.2.2 共缩合聚合（Copolycondensation）

共缩合聚合是指两种或多种不同的单体分子通过缩合反应形成共聚物的过程。与缩合聚合类似，反应过程中伴随着小分子的释放（如水、氨、甲醇等）。不同的是，在共缩合聚合中，参与聚合的单体至少有两种不同类型，且各自含有不同的反应性官能团，生成交替或随机排列的聚合物链。单体类型的多样性使得共聚物具备不同于均聚物的物理、化学性质，如更高的机械强度、耐热性、耐化学性等。例如，聚酯的生产通常是通过对苯二甲酸（或其衍生物）与乙二醇反应制得聚对苯二甲酸乙二醇酯（PET）：

$$HOCH_2CH_2OH + HOOC-C_6H_4-COOH \longrightarrow [-O-CH_2-OOC-C_6H_4-CO-]_n + nH_2O$$

（1）共缩合聚合的过程

在共缩合聚合过程中，两种或多种不同单体相互作用，发生缩聚反应。主要步骤如下。

①起始阶段：两个或多个不同单体混合，具备反应性官能团的单体相互反应，形成短链的低聚物，同时释放出小分子副产物（如水、氨等）。

②链增长阶段：低聚物继续与其他低聚物或单体反应，聚合物链逐渐增长，同时小分子继续被释放。

③终止阶段：当所有反应性官能团都消耗殆尽或反应条件不再适合继续进行时，反应终止，最终形成高分子量的共聚物。

在这个过程中，通过控制单体的种类、比例、反应条件（如温度、催化剂等），可以调节共聚物的结构与性能。

（2）共缩合聚合相关理论

共缩合聚合的理论主要基于缩聚反应的机理以及统计共聚合的原理，核心概念如下。

①缩聚反应机理：缩聚反应涉及单体的逐步反应，通常伴随着小分子的释放。单体通常具有两个或更多的反应性官能团，如羧基、羟基、胺基等。这些官能团在反应中发生脱水、脱氨等化学变化，生成共聚物链。

②共聚理论（Copolymerization Theory）：理论预测了不同类型单体在共聚过程中如何分布、排列。对于共缩合聚合，通常有以下 3 种共聚类型。

无规共聚（Random Copolymer）：两种或多种单体随机排列。

交替共聚（Alternating Copolymer）：不同单体严格交替排列。

嵌段共聚（Block Copolymer）：不同单体形成长链块状结构。

③单体比例的影响：在共缩合聚合中，单体比例直接影响共聚物的结构和性质。通过调控单体比例，可以改变共聚物的组成和最终性能。例如，提高其中一种单体的比例，可以增强特定物理性质，如韧性或耐热性。

④分子量分布与聚合度：聚合过程中形成的聚合物的分子量分布是决定材料性能的关键因素之一。通常情况下，共缩合聚合生成的聚合物具有宽广的分子量分布，聚合度（即平均分子量）较高的聚合物往往具有更好的力学性能。

5.5 高分子制备技术的应用领域

高分子材料的制备技术在现代工业中有着至关重要的作用，随着技术的发展，高分子材料的应用领域不断扩展和深化。高分子材料的独特性能，如轻质、高强度、可加工性、耐腐蚀性等，使得它们成为工业、医疗、环保、电子、航空航天等领域的核心材料。本节将详细探讨高分子制备技术在多个领域的应用，涵盖医疗健康、电子器件、汽车工业、航空航天、建筑与基础设施、环保以及消费品等方面。

5.5.1 医疗健康领域

5.5.1.1 生物医用高分子材料

在医疗健康领域，高分子材料在生物医学工程中的应用尤为广泛，尤其是制备生物相容性和生物可降解性材料。这些材料被广泛用于组织工程、药物输送系统和医疗植入物等。

组织工程：如聚乳酸（PLA）、聚乙醇酸（PGA）、聚己内酯（PCL）等可生物降解的高分子材料已经被广泛应用于组织工程支架的制备。支架为细胞的增殖和分化提供了三维结构，从而帮助受损组织的修复和再生。快速制备技术，如 3D 打印技术，也在提高组织工程支架的精度和个性化定制方面起到了至关重要的作用。

药物输送系统：药物输送载体材料要求具备控制释放、靶向性和生物相容性。聚乳酸－羟基乙酸共聚物（PLGA）等材料常用于微球、纳米颗粒、膜等载体的制备，通过精确调控其降解速率来实现药物的缓释。这类高分子的快速制备技术可通过微流控技术或超临界流体技术来优化载药系统的生产过程。

医疗植入物：高分子材料在医疗器械中被广泛应用，包括心血管支架、人工关节、缝合线等。比如，聚氨酯材料因其优异的弹性和耐磨性，常被用于人工血管或导管的制造。快速制备技术在这些应用中，帮助提高生产效率并确保产品一致性和高性能。

5.5.1.2 体外诊断与医用耗材

体外诊断设备，如试管、吸头、微流控芯片等，十分依赖高分子材料。聚苯乙烯、聚丙烯等材料因其透明性和化学稳定性被广泛用于实验室耗材。借助注塑成型等快速成型技术，这些材料能够快速、大批量生产，满足医疗行业的高需求。

5.5.2 电子器件与微电子领域

5.5.2.1 高分子在柔性电子器件中的应用

柔性电子器件需要使用柔性且具有导电性的高分子材料，如导电聚合物（如聚吡咯、聚苯胺）和复合材料（如掺杂碳纳米管或石墨烯的聚合物）。这些材料广泛用于可穿戴设备、柔性显示屏、电子皮肤等领域。通过高效的制备技术，如电纺丝、印刷技术等，可以快速制备出薄膜材料并集成到柔性电子器件中。

5.5.2.2 光刻胶与电子封装材料

在微电子工业中，光刻胶是光刻工艺中的关键材料，它需要具有对光的高灵敏度、化学稳定性和良好的机械性能。高分子材料（如丙烯酸类聚合物）被广泛应用于光刻胶的制备，通过化学气相沉积（CVD）等快速制备技术，能够制备纳米级高精度的光刻图案。此外，环氧树脂等高分子材料也被广泛用于电子封装中，以保护微电子器件免受环境和机械损伤。

5.2.3 汽车工业

高分子材料在汽车工业中的应用已成为轻量化设计的重要组成部分。通过替代传统金属材料，能够有效降低车辆重量，减少油耗，并提高燃油效率和减少碳排放。

5.5.3.1 车身与内饰材料

聚丙烯、聚碳酸酯、ABS 等高分子材料被广泛应用于汽车的内饰件、保险杠、仪表盘等部件中。注塑成型等高效制备技术使得这些部件能够大批量生产，且能保证零部件的轻质和高强度。

5.5.3.2 复合材料在车身结构中的应用

碳纤维增强聚合物（CFRP）和玻璃纤维增强聚合物（GFRP）等复合材料已经在汽车工业中取得了广泛应用，尤其是在电动汽车和高性能车辆的车身制造中。与传统钢铁材料相比，复合材料的重量显著降低，但强度和刚性却保持较高水平。随着树脂传递模塑（RTM）和真空辅助树脂注入（VARI）等先进成型技术的发展，复合材料的生产速度和质量进一步提升，使其在汽车工业中的应用愈加广泛。

5.5.3.3 涂层与黏合剂技术

在汽车制造中，高分子基涂层和黏合剂材料被广泛用于防腐、密封、减震和黏接等操作中。聚氨酯、丙烯酸酯等材料用于车体表面的涂层，可提供良好的耐腐蚀性、抗紫外线性和美观性。快速固化技术，如紫外线固化（UV Curing），在提高涂层和黏合剂的生产效率方面发挥了重要作用。

5.5.4 航空航天领域

高分子材料在航空航天工业中的应用主要体现在轻量化、耐高温、抗疲劳和抗腐蚀等方面，尤其是复合材料的使用，可显著减轻航空器和航天器的重量。

5.5.4.1 先进复合材料

碳纤维增强聚合物（CFRP）和芳纶纤维增强聚合物（AFRP）等高分子基复合材料由于其高强度、低密度和耐腐蚀性，广泛应用于飞机机身、机翼、尾翼等关键部件中。快速树脂传递模塑（RTM）技术、自动铺丝技术（AFP）等先进的制备技术使得这些复杂结构能够高效制造，从而降低生产成本和周期。

5.5.4.2 耐高温聚合物材料

航空航天中使用的高分子材料还需要具备耐高温性能，以应对飞机高速飞行或航天器进入大气层时的极端环境。例如，聚酰亚胺（PI）因其卓越的耐高温性能和机械性能，被用作航天器的隔热层材料。快速固化和成型技术在高温聚合物材料的制备中，提升了生产效率和材料性能的一致性。

5.5.4.3 隔热与密封材料

航空航天器还需要大量的高分子材料用于隔热、防火和密封。硅橡胶、氟橡胶等材料被用于航天器的隔热层、发动机密封件等。快速制备技术如注塑成型、热压成型能够确保这些关键部件的高效生产和精密加工。

5.5.5 建筑与基础设施领域

在建筑与基础设施领域，高分子材料的耐用性、轻质性和可塑性使其成为不可或缺的材料。

5.5.5.1 保温隔热材料

聚氨酯泡沫、聚苯乙烯泡沫（EPS）等高分子材料由于其优异的保温性能和防火性能，被广泛用于建筑物的保温隔热系统。通过注塑成型和挤出成型等快速制备技术，能够快速生产出大批量、规格一致的保温材料，为现代建筑节能提供了有效解决方案。

5.5.5.2 管道与防水材料

聚乙烯（PE）、聚氯乙烯（PVC）等高分子材料因其良好的化学稳定性和耐腐蚀性，被广泛应用于建筑给排水管道、供热管道等部件的制作。防水卷材、密封胶等防水材料也大量使用高分子材料，如聚氨酯、丁基橡胶等。通过共挤出技术和膜片成型技术，这些材料能够快速成型并应用于现代建筑施工中。

5.5.5.3 结构增强复合材料

在桥梁、隧道等基础设施的建设中，碳纤维增强聚合物（CFRP）和玻璃纤维增强聚合物（GFRP）等复合材料被用于结构加固和修复。这些高分子复合材料因其高强度和轻质性，能够显著提高结构的耐用性和抗震性能。RTM 和拉挤成型技术加速了这些复合材料的生产应用。

5.5.6 环保与可持续发展

高分子材料在环境保护与可持续发展方面同样发挥了重要作用，尤其是在可降解材料和废物处理方面。

5.5.6.1 可降解高分子材料

随着环保意识的提升，生物可降解高分子材料（如聚乳酸、聚羟基脂肪酸酯等）在包装、农业、医疗等领域的应用越来越广泛。可降解塑料袋、食品包装、农用地膜等制品已逐渐替代传统的石化基塑料。通过 3D 打印等先进制备技术，这些材料能够快速成型并适应不同的使用环境。

5.5.6.2 水处理与空气净化

高分子材料在水处理和空气净化中扮演着重要角色。超滤膜、反渗透膜等基于高分子的过滤材料广泛应用于废水处理、海水淡化等工程中。通过电纺丝、溶液浇铸等技术，能够制备出纳米纤维膜和多孔结构，提高过滤效率。

5.6 高分子技术的发展趋势

高分子材料是现代社会各行各业的基础，广泛应用于医疗、电子、能源、汽车、航空航天等领域。随着技术的进步和需求的不断变化，高分子材料的制备技术也在不断创新与发展。高分子制备技术的发展不仅包括材料化学的进步，还涵盖了工艺技术、可持续发展和数字化技术的结合。本节将详细探讨高分子制备技术的发展趋势，涵盖可持续性、智能化、高性能材料的制备、先进的加工工艺及其他相关领域的技术创新。

5.6.1 可持续性与绿色化制备

在全球环境压力和资源短缺的背景下，高分子材料制备的可持续性和环保性成为发展方向的关键议题。传统的高分子材料（如塑料）在被废弃后通常难以降解，导致环境污染问题。为了应对这一挑战，研发可降解高分子材料和绿色制备技术成为一个重要趋势。

5.6.1.1 可再生资源基高分子材料

随着化石燃料资源的减少，可再生资源（如生物质）制备高分子材料的研究正在快速发展。生物基高分子材料（如聚乳酸 PLA、聚羟基脂肪酸酯 PHA）以可再生植物或微生物为原料来源，通过生物发酵或化学转化制备。这些材料具有优良的生物降解性，且可以替代传统的石油基塑料，减少对环境的影响。

聚乳酸（PLA）是一种典型的生物基聚合物，由玉米、甘蔗等可再生资源中的乳酸聚合而成。PLA 具有较好的机械性能和生物相容性，广泛应用于医疗、包装和 3D 打印等领域。未来，随着发酵工艺的改进和催化剂的优化，PLA 的合成效率和成本将进一步降低，使其在更多领域得到应用。

5.6.1.2 可降解材料的开发

生物降解性高分子材料的研究是高分子制备技术绿色化的重要方面。为了减少塑料垃圾的累积，开发能够在自然环境中快速降解的高分子材料至关重要。可降解材料能够在短时间内被微生物或环境中的化学反应降解为无害的小分子物质，如水、二氧化碳等。

聚羟基脂肪酸酯（PHA）是一类由微生物合成的可完全生物降解的高分子材料，在废水处理、农业和食品包装中展现出巨大的应用潜力。PHA 的制备技术发展主要集中在发酵工艺的优化和合成微生物的改良，以提高其生产效率和经济性。

其他可降解材料：如聚己内酯（PCL）、聚乙醇酸（PGA）等，常用于组织工程支架和药物输送系统中。这些材料的快速制备技术（如超临界流体技术和电纺丝技术）正在不断完善，推动其在医疗和环境保护领域的应用。

5.6.1.3　绿色合成与加工技术

在合成过程中，使用绿色化学方法和减少能源消耗是高分子材料制备的另一重要方向。传统的高分子合成通常依赖高温、高压和有毒溶剂，然而现代技术的发展使得更环保的制备工艺成为可能。

无溶剂合成：通过无溶剂条件下的聚合反应，可以避免有机溶剂的使用，减少环境污染和后处理成本。例如，原子转移自由基聚合（ATRP）等技术在无溶剂条件下已经取得了显著进展。

水相聚合技术：水作为溶剂在高分子合成中具有无毒、无害和环保的优点。乳液聚合、悬浮聚合和微乳液聚合等水相聚合技术近年来取得了长足发展，能够在水中实现高效的聚合反应，广泛应用于涂料、胶黏剂和纳米材料的制备。

低能耗与高效催化剂开发：通过开发高效、选择性的催化剂来降低反应温度和压力，从而减少能耗。例如，金属有机框架（MOFs）和有机小分子催化剂在聚合反应中的应用，能够显著提高聚合效率并减少副产物的生成。

5.6.2　智能高分子材料制备

智能高分子材料（Smart Polymers）是指能够对外界刺激（如光、热、pH、电场或磁场）产生响应，并发生可逆的物理或化学性质变化的高分子材料。这类材料在生物医学、柔性电子、传感器和智能包装等领域有着广泛的应用前景。

5.6.2.1　温度响应型高分子材料

温度响应型高分子材料可以在特定温度下发生物理或化学变化，如相分离、溶胀或收缩。这类材料常用于药物控释系统和智能涂层。

聚（N-异丙基丙烯酰胺）（PNIPAM）是一种典型的温度响应型高分子材料，其在32℃左右的温度下会发生相转变，在低温时溶胀而在高温时收缩。未来的研究趋势集中在通过共聚或改性的方法调整相转变温度及其响应速率，以满足不同领域的需求。

5.6.2.2　pH 响应型高分子材料

pH 响应型高分子材料在 pH 环境变化时会发生电离或结构变化，常用于药物释放、传感器和智能包装领域。例如，壳聚糖、聚丙烯酸等材料，能够在不同的 pH 值下调节其溶胀性或渗透性。

聚电解质复合材料：通过将不同电解质（如聚丙烯酸和聚乙烯亚胺）进行复合，可以制备对 pH 敏感的智能薄膜或水凝胶，这些材料在药物控制释放和生物传感器中具有广泛的应用前景。

5.6.2.3　光响应型高分子材料

光响应型材料在接受光照后能发生形状变化、颜色变化或化学反应。此类材料在智能窗、光驱动器件和光控药物输送系统中有着广泛的应用。

含光致变色基团的聚合物：通过将偶氮苯、螺吡喃（Spiropyran）等光致变色基团引入高分子结构中，可以实现对光的响应控制。这些材料在未来的柔性显示屏和智能涂层领域具有巨大的应用潜力。

5.6.2.4　多重响应型高分子材料

多重响应型高分子材料能够对多种外界刺激（如光、热、pH、电场等）产生响应。这类材料通过将不同响应基团引入同一高分子结构，能够实现更加复杂的功能。

自修复材料：自修复材料是一种典型的多重响应型材料，它能够在受到损伤时自行修复其结构和功能。通过在高分子材料中引入氢键、离子键或动态共价键，可以实现材料在外界刺激下的自愈合能力。这类材料在柔性电子、涂料和结构材料中有广泛的应用前景。

5.6.3　高性能高分子材料制备

随着高技术产业对材料性能要求的提升，高分子材料的制备技术正朝着高强度、高韧性、耐高温、耐腐蚀等方向发展，以满足电子、航空航天、能源等领域的需求。

5.6.3.1　高强度和高韧性材料

传统高分子材料虽然轻便，但在强度和韧性上往往无法满足某些极端条件下的要求。通过分子设计和复合材料技术，研究人员能够制备出具有超高强度和韧性的高分子材料。

纳米复合材料：将纳米填料（如碳纳米管、石墨烯、纳米纤维素等）与高分子基体复合，能够显著提高材料的力学性能。例如，石墨烯增强的聚合物纳米复合材料，展现出极高的强度和导电性，适用于结构材料和电子器件。

双网络结构材料：通过构建双网络结构（如硬质相与柔性相共存），可以在提高材料强度的同时保持其良好的韧性。这类材料广泛应用于软机器人、医疗植入物和结构件中。

5.6.3.2　高耐热与耐腐蚀材料

在航空航天、能源等领域，高分子材料必须能够在高温、强腐蚀环境下保持其性能。为了应对这些挑战，研究人员开发了许多高耐热、耐腐蚀的高分子材料。

聚酰亚胺（PI）：聚酰亚胺是一种耐高温的高分子材料，能够在400℃以上的高温下保持稳定性。它在航空航天、微电子和高温过滤等领域有广泛应用。未来的发展趋势包括提高其制备效率和降低成本，以满足大规模工业化生产的需求。

氟聚合物：如聚偏氟乙烯（PVDF）、聚四氟乙烯（PTFE）等材料，因其优异的耐腐蚀性和耐候性，被广泛应用于化工、能源和环保等领域。通过分子改性和加工工艺的改进，这些材料的性能和应用范围将进一步拓展。

5.6.4 先进加工技术的发展

高分子材料的加工技术在过去几十年里取得了显著进步，从传统的注塑、挤出等工艺发展到如今的增材制造（3D打印）、纳米加工技术、高性能加工和智能制造系统。

5.6.4.1 增材制造（3D打印）技术

增材制造（Additive Manufacturing，AM），特别是3D打印技术，是近年来高分子材料加工技术的一个重要突破。通过逐层沉积材料，3D打印能够制造出复杂的几何结构，这种特性为个性化定制、小批量生产和快速原型制造提供了巨大便利。

材料多样性：3D打印技术逐步从单一的热塑性塑料扩展到多种高分子材料，包括光敏树脂、热固性聚合物以及高分子复合材料。

应用领域：3D打印技术在航空航天、医疗、汽车、电子等领域广泛应用，特别是在生物医学领域，3D打印能够用生物相容性高分子材料制造定制化医疗器械和组织支架。

技术发展：当前的3D打印技术正在向多材料打印、功能性打印和高分子复合材料打印方向发展。通过不断改进打印精度和材料性能，未来可制造出更高强度和功能更复杂的高分子制品。

5.6.4.2 纳米加工技术

纳米技术的发展为高分子材料的性能提升和功能化提供了新的手段。纳米加工技术能够将高分子材料加工成纳米级结构，如纳米纤维、纳米粒子、纳米膜等，这使得高分子材料在性能和应用领域上得到了大幅扩展。

电纺丝技术：电纺丝是一种制备纳米纤维的技术，能够将高分子材料拉伸成直径在纳米级的纤维。这种纳米纤维具有高比表面积和优异的力学性能，广泛应用于过滤材料、组织工程、传感器等领域。

纳米复合材料制备：通过将纳米级填料（如碳纳米管、石墨烯、纳米二氧化硅）分散到高分子基体中，可以显著提高材料的机械强度、导电性和热导率。这类纳米复合材料在航空航天、电子元件和导电材料领域具有重要应用。

5.6.4.3 高性能加工技术

高分子材料的性能与其加工技术密切相关。为了应对极端环境（如高温、高压、强腐蚀等）下的应用需求，先进的加工技术能够赋予高分子材料更优异的性能。

反应注射成型（RIM）：该技术通过将反应性单体直接注射到模具中进行聚合反应，能够快速制备高性能聚合物部件。RIM技术广泛应用于汽车零部件的制造，特别是对于大型和结构复杂的部件具有优势。

多组分注塑成型：这种技术通过将两种或多种材料在同一模具中同时成型，能够制备具有多功能性的复合材料。典型应用包括双硬度材料的汽车零件、消费电子产品的外壳等。

5.6.4.4　智能制造与自动化

随着工业 4.0 和智能制造概念的提出，高分子材料的加工技术也开始向智能化和自动化方向发展。智能制造系统可以通过传感器、数据分析和控制技术实时监控和优化生产过程，确保高效生产并提高产品质量。

数字化加工技术：利用大数据、人工智能和机器学习技术，能够实现对高分子加工流程的智能控制。这种技术不仅能提高生产效率，还能够减少能源消耗和材料浪费。

自动化生产线：在高分子加工领域，自动化生产线已经在大规模制造中广泛应用，如汽车工业中的自动化注塑线、薄膜挤出和吹塑等，显著提高了生产效率和一致性。

参考文献

[1] Gasperini L, Mano J F, Reis R L. Natural polymers for the microencapsulation of cells [J]. Journal of the Royal Society Interface, 2014, 11: 20140817.

[2] Thakur V K, Thakur M K. Processing and characterization of natural cellulose fibers/thermoset polymer composites [J]. Carbohydrate Polymers, 2014, 109: 102−117.

[3] Thakur V K, Thakur M K, Gupta R K. Review: raw natural fiber−based polymer composites [J]. International Journal of Polymer Analysis and Characterization, 2014, 19: 256−271.

[4] Tong X Q, Pan W H, Su T, et al. Recent advances in natural polymer−based drug delivery systems [J]. Reactive & Functional Polymers, 2020, 148: 104501.

[5] Guo L Q, Liang Z H, Yang L, et al. The role of natural polymers in bone tissue engineering [J]. Journal of Controlled Release, 2021, 338: 571−582.

[6] Das O, Babu K, Shanmugam V, et al. Natural and industrial wastes for sustainable and renewable polymer composites [J]. Renewable & Sustainable Energy Reviews, 2022, 158: 112054.

[7] Jiang Z F, Song Z M, Cao C, et al. Multiple natural polymers in drug and gene delivery systems [J]. Current Medicinal Chemistry, 2024, 31: 1691−1715.

[8] Zhang H, Lin X, Cao X Y, et al. Developing natural polymers for skin wound healing [J]. Bioactive Materials, 2024, 33: 355−376.

[9] Da L Sacco, Masotti A. Chitin and chitosan as multipurpose natural polymers for groundwater arsenic removal and As_2O_3 delivery in tumor therapy [J]. Marine Drugs, 2010, 8: 1518−1525.

[10] Sell S A, Wolfe P S, Garg K, et al. The use of natural polymers in tissue engineering: a focus on electrospun extracellular matrix analogues [J]. Polymers, 2010, 2: 522−553.

［11］ Silva S S, Mano J F, Reis R L. Potential applications of natural origin polymer—based systems in soft tissue regeneration ［J］. Critical Reviews in Biotechnology, 2010, 30: 200−221.

［12］ Swetha M, Sahithi K, Moorthi A, et al. Biocomposites containing natural polymers and hydroxyapatite for bone tissue engineering ［J］. International Journal of Biological Macromolecules, 2010, 47: 1−4.

［13］ Varshney P K, Gupta S. Natural polymer—based electrolytes for electrochemical devices: a review ［J］. Ionics, 2011, 17: 479−483.

［14］ Goh C H, Heng P W S, Chan L W. Alginates as a useful natural polymer for microencapsulation and therapeutic applications ［J］. Carbohydrate Polymers, 2012, 88: 1−12.

［15］ Forrest M. The composition and nature of vulcanisation fumes in the rubber industry—a technical review ［J］. Progress in Rubber Plastics and Recycling Technology, 2015, 31: 219−264.

［16］ Li L F, Bai Y N, Lei M, et al. Progress in rubber vulcanization accelerator ［J］. Progress in Chemistry, 2015, 27: 1500−1508.

［17］ Ghoreishy M H R. A state—of—the—art review on the mathematical modeling and computer simulation of rubber vulcanization process ［J］. Iranian Polymer Journal, 2016, 25: 89−109.

［18］ Kruzelák J, Sykora R, Hudec I. Sulphur and peroxide vulcanisation of rubber compounds—overview ［J］. Chemical Papers, 2016, 70: 1533−1555.

［19］ Mostoni S, Milana P, Di Credico B, et al. Zinc—Based curing activators: new trends for reducing zinc content in rubber vulcanization process ［J］. Catalysts, 2019, 9: 664.

［20］ Eslami A, Hosseini S G, Asadi V. The effect of microencapsulation with nitrocellulose on thermal properties of sodium azide particles ［J］. Progress in Organic Coatings, 2009, 65: 269−274.

［21］ De la Ossa M A F, López—López M, Torre M, et al. Analytical techniques in the study of highly − nitrated nitrocellulose ［J］. TRAC − Trends in Analytical Chemistry, 2011, 30: 1740−1755.

［22］ Morris E, Pulham C R, Morrison C A. Structure and properties of nitrocellulose: approaching 200 years of research ［J］. Rsc Advances, 2023, 13: 32321−32333.

［23］ Rahim K, Samsuri A B, Jamal S H B, et al. Redefining biofuels: investigating oil palm biomass as a promising cellulose feedstock for nitrocellulose − based propellant production ［J］. Defence Technology, 2024, 37: 111−132.

［24］ Effendi A, Gerhauser H, Bridgwater A V. Production of renewable phenolic resins by thermochemical conversion of biomass: a review ［J］. Renewable & Sustainable Energy Reviews, 2008, 12: 2092−2116.

［25］ Konishi G. Precision polymerization of designed phenol：new aspects of phenolic resin chemistry ［J］. Journal of Synthetic Organic Chemistry Japan，2008，66：705－713.

［26］ Takeichi T，Kawauchi T，Agag T. High performance polybenzoxazines as a novel type of phenolic resin ［J］. Polymer Journal，2008，40：1121－1131.

［27］ Geraut C，Tripodi D，Brunet－Courtois B，et al. Occupational dermatitis to epoxydic and phenolic resins ［J］. European Journal of Dermatology，2009，19：205－213.

［28］ Takeichi T，Kawauchi T. Molecular design of polybenzoxazines：a novel phenolic resin ［J］. Journal of Synthetic Organic Chemistry Japan，2010，68：136－142.

［29］ Hadimani P，Murthy H N N，Mudbidre R. Thermal and mechanical properties of glass fibre reinforced polyphenylene ether/polystyrene/nylon－6 ternary blends ［J］. Polymers & Polymer Composites，2021，29：1075－1088.

［30］ Li G H，Huang D X，Sui X，et al. Advances in microbial production of medium－chain dicarboxylic acids for nylon materials ［J］. Reaction Chemistry & Engineering，2020，5：221－238.

［31］ Choi Y S，Kar－Narayan S. Nylon－11 nanowires for triboelectric energy harvesting ［J］. Ecomat，2020，2：e12063.

［32］ Chen Y，Lu J，Guo Q，et al. 3D printing of CF/nylon composite mold for CF/epoxy parabolic antenna ［J］. Journal of Engineered Fibers and Fabrics，2020，15：1－7.

［33］ Mohammadi M，Ahmadi S，Ghasemi I，et al. Anionic copolymerization of nylon 6/12：a comprehensive review ［J］. Polymer Engineering and Science，2019，59：1529－1543.

［34］ Aparna S，Purnima D，Adusumalli R B. Review on various compatibilizers and its effect on mechanical properties of compatibilized nylon blends ［J］. Polymer－Plastics Technology and Engineering，2017，56：617－634.

［35］ Zhang H T，Li S B，White C J B，et al. Studies on electrospun nylon－6/chitosan complex nanofiber interactions ［J］. Electrochimica Acta，2009，54：5739－5745.

［36］ Xiong Z，Tang Z X，He S H，et al. Analysis of mechanical properties of rubberised mortar and influence of styrene－butadiene latex on interfacial behaviour of rubber－cement matrix ［J］. Construction and Building Materials，2021，20：1－18.

［37］ Federico C E，Padmanathan H R，Kotecky O，et al. Cavitation micro－mechanisms in silica－filled styrene－butadiene rubber upon fatigue and cyclic tensile testing ［J］. Fatigue Crack Growth in Rubber Materials：Experiments and Modelling，2021：109－129.

［38］ Dhanorkar R J，Mohanty S，Gupta V K. Synthesis of functionalized styrene butadiene rubber and its applications in sbr — silica composites for high performance tire applications [J]. Industrial & Engineering Chemistry Research, 2021, 60: 4517−4535.

[39] Haar C M, Stern C L, Marks T J. Coordinative unsaturation in chiral organolanthanides. Synthetic and asymmetric catalytic mechanistic study of organoyttrium and−lutetium complexes having pseudo−meso Me$_2$ (η^5−RC$_5$H$_3$) (η^5−R*C$_5$H$_3$) ancillary ligation [J]. Organometallics, 1996, 15: 1765−1784.

[40] Diamond G M, Jordan R F, Petersen J L. Efficient synthesis of chiral ansa−metallocenes by amine elimination. Synthesis, structure, and reactivity of rac−(EBI) Zr (NMe$_2$)$_2$ [J]. Journal of the American Chemical Society, 1996, 118: 8024−8033.

[41] Mashima K, Fujikawa S, Tanaka Y, et al. Living polymerization of ethylene catalyzed by diene complexes of niobium and tantalum, M (η^5−C$_5$Me$_5$) (η^4−diene X$_2$) and M (η^5−C$_5$Me$_5$) (η^4−diene)$_2$ (M=Nb and Ta), in the presence of methylaluminoxane [J]. Organometallics, 1995, 14: 2633−2640.

[42] Giardello M A, Eisen M S, Stern C L, et al. Chiral C−1−symmetrical group−4 metallocenes as catalysts for stereoregular alpha−olefin polymerization−metal, ancillary ligand, and counteranion effects [J]. Journal of the American Chemical Society, 1995, 117: 12114−12129.

[43] Pintauer T, Matyjaszewski K. Atom transfer radical addition and polymerization reactions catalyzed by ppm amounts of copper complexes [J]. Chemical Society Reviews, 2008, 37: 1087−1097.

[44] Makovetskii K L. Catalytic addition polymerization of norbornene and its derivatives and copolymerization of norbornene with olefins [J]. Polymer Science Series C, 2008, 50: 22−38.

[45] Nelkenbaum E, Kapon M, Eisen M S. Synthesis and molecular structures of neutral nickel complexes. Catalytic activity of (benzamidinato) (acetylacetonato) nickel for the addition polymerization of norbornene, the oligomerization of ethylene, and the dimerization of propylene [J]. Organometallics, 2005, 24: 2645−2659.

[46] Lozan V, Lassahn P G, Zhang C G, et al. Dinuclear nickel (Ⅱ) and palladium (Ⅱ) complexes in combination with different co − catalysts as highly active catalysts for the vinyl/addition polymerization of norbornene [J]. Zeitschrift Fur Naturforschung Section B − a Journal of Chemical Sciences, 2003, 38 (12): 1152−1164.

[47] Coote M L. Quantum−chemical modeling of free−radical polymerization [J]. Macromolecular Theory and Simulations, 2009, 18: 388−400.

[48] Braun D. Origins and development of initiation of free radical polymerization

processes [J]. International Journal of Polymer Science, 2009, 2009: 893234.

[49] Sang Y H, Qin K X, Tang R K, et al. Inorganic ionic polymerization: from biomineralization to materials manufacturing [J]. Nano Research, 2024, 17: 550−569.

[50] Zhao W R, Hu X, Zhu N, et al. Ionic polymerizations in continuous flow [J]. Progress in Chemistry, 2018, 30: 1330−1340.

[51] Zhu Y, Yu Z P, Liu R F, et al. Recent advances in green cationic polymerization [J]. Journal of Polymer Science, 2024, 62: 2549−2573.

[52] Berezianko I A, Kostjuk S. Ionic liquids in cationic polymerization: a review [J]. Journal of Molecular Liquids, 2024, 397: 124037.

[53] Brocas A L, Mantzaridis C, Tunc D, et al. Polyether synthesis: from activated or metal−free anionic ring−opening polymerization of epoxides to functionalization [J]. Progress in Polymer Science, 2013, 38: 845−873.

[54] Higashihara T, Hayashi M, Hirao A. Synthesis of well−defined star−branched polymers by stepwise iterative methodology using living anionic polymerization [J]. Progress in Polymer Science, 2011, 36: 323−375.

[55] Boileau S, Illy N. Activation in anionic polymerization: why phosphazene bases are very exciting promoters [J]. Progress in Polymer Science, 2011, 36: 1132−1151.

[56] Yokozawa T, Yokoyama A. Chain−growth condensation polymerization for the synthesis of well − defined condensation polymers and π − conjugated polymers [J]. Chemical Reviews, 2009, 109: 5595−5619.

6 热压烧结

6.1 热压烧结概述

热压烧结（Hot Press Sintering，HPS）是一种结合了加热和机械压力的粉末冶金技术，广泛应用于制造高密度、低孔隙率的金属、陶瓷和复合材料。通过在高温下施加外部压力，这种技术可以加速粉末的致密化过程，减少烧结过程中常见的孔隙和缺陷。热压烧结通常用于生产高性能材料，尤其是那些对强度、耐磨性、导热性等性能要求较高的场合。与常规烧结不同，热压烧结过程中的外部压力能够帮助克服颗粒之间的界面阻力，促进粉末的塑性变形和扩散，加快致密化速度。热压烧结仪器结构如图 6.1 所示。

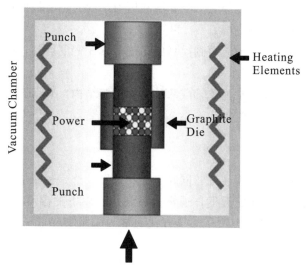

图 6.1　热压烧结仪器结构图

6.2 热压烧结技术的主要工艺流程

热压烧结技术的工艺流程是一系列严格控制的步骤，通过在高温下同时施加外部压力，促使粉末颗粒逐渐致密化并形成高性能材料。以下是热压烧结技术的主要工艺流程。

6.2.1　粉末准备

热压烧结的第一步是准备所需的原料粉末。根据所需材料的性质，粉末可以是金属、陶瓷、复合材料或其他类型的材料。

粉末选择：粉末的选择基于最终产品的性能需求，如强度、硬度、耐磨性等。常用的粉末材料包括金属（如钛、钨）、陶瓷（如氧化铝、氮化硅）以及复合材料。

粉末颗粒尺寸：粉末的颗粒尺寸对烧结效果有显著影响。通常情况下，颗粒越小，表面积越大，烧结时颗粒之间的扩散会越快，致密化效果越好。但颗粒过小容易氧化，且流动性较差，不利于后续的模具填充。

粉末纯度：粉末的纯度也是关键因素。杂质含量较高的粉末在高温烧结过程中可能会产生不利的化学反应，影响材料性能。因此，通常需要对粉末进行纯度检测和处理。

粉末预处理：为了提高粉末的流动性和均匀性，有时需要对粉末进行预处理，如球磨、筛分、混合等。

6.2.2　模具装料

将准备好的粉末装入热压烧结的模具中。模具通常由高温合金、石墨或陶瓷制成，能够承受高温高压环境。

模具选择：模具材料需要能够承受高温和压力，同时拥有较低的热膨胀系数，以避免烧结过程中的尺寸变化或变形。

粉末填充：将粉末均匀地装填到模具中，确保填充密度均匀，以便在后续加热和加压过程中，制件的致密化均匀一致。

模具结构：热压模具通常为单轴或双轴对称压制结构，确保压力在粉末材料中的均匀分布，避免制品局部受力过大或不足。

6.2.3　加热和加压

在模具中装入粉末后，系统开始同时加热和加压。这是热压烧结的核心步骤。

加热：将模具加热到指定温度，通常为材料熔点以下的温度（800～2000℃不等），具体温度取决于粉末材料的类型。加热方式通常为电阻加热或感应加热，能够提供稳定、均匀的热量。

加压：在加热过程中，施加轴向压力（通常为10～50 MPa）。压力的作用是使粉末颗粒产生塑性变形，增大接触面积，并促进颗粒间的扩散和结合。压制方向一般为单轴，但也有双轴或多轴的热压烧结方法。

同步加热和加压：加热和加压是同步进行的，压力通常在加热至目标温度时达到最大值。这一过程大大加快了颗粒的致密化速度，减少了孔隙。

6.2.4　保温保压

在达到目标温度和压力后，系统会保持一段时间，以确保材料的致密化和微观结构的稳定。这一阶段的长短根据材料特性和产品要求有所不同。

保温时间：保温时间的设定取决于粉末的扩散速率和烧结致密化的要求。通常保温时间为几分钟到数小时不等。较长的保温时间能够确保颗粒之间的扩散更充分，提升材料的力学性能。

保压作用：在保温阶段，保持压力能够进一步压缩孔隙，减少材料内部的缺陷和空隙，确保制件的均匀致密化。压力需要均匀稳定，以避免产生内部裂纹或缺陷。

6.2.5 冷却

在保温保压完成后，开始冷却。过程中，降温速度对材料的微观结构有重要影响。

控制降温：冷却过程应均匀缓慢进行，尤其对于陶瓷和复合材料，冷却过快可能导致热应力、开裂或变形。一般采用缓慢的控温冷却方式，将温度逐渐降至室温。

压力减小：在冷却过程中，压力逐渐减小，直至完全解除。此时，材料已经固化，结构基本定型。

6.2.6 取出烧结件

冷却至室温后，打开模具并取出烧结完成的工件。

小心操作：此时制件已经较为致密和坚固，但仍需要小心取出，以避免因为残留应力导致裂纹或损伤。

清理模具：模具在每次烧结完成后需要清理和维护，确保下次使用时模具内部光滑、无残留粉末。

6.3 热压烧结技术的发展历史

6.3.1 早期起源与粉末冶金理论

英国物理学家和化学家沃尔科克是早期粉末冶金技术的先驱。他在19世纪初，首次使用粉末冶金方法，通过压制和烧结铂粉，制备了高纯度的铂制品。这一方法为后来的粉末烧结技术奠定了基础，虽然当时还未涉及外部压力的应用，但沃尔科克的工作被认为是粉末冶金的起点之一。

泰勒的研究集中在早期金属粉末烧结理论上，特别是在如何通过控制温度和时间来提高烧结材料的强度和致密度。他在硬质合金制造中，提出了同时加热和加压的技术，这为后来的热压烧结奠定了基础。泰勒的研究成果是后续热压烧结技术发展的理论基础。

6.3.2 硬质合金的热压制造

德国科学家卡尔·施莱特在硬质合金材料的研究方面作出了重要贡献。他在20世纪10年代首次尝试通过热压技术来制造碳化钨基硬质合金，尤其是在刀具、切削工具领域。施莱特的工作展示了热压技术在制造高密度、耐磨性材料中的巨大潜力。

威廉·K. 科尔在 20 世纪 20 年代发展了利用热压烧结制造硬质合金工具的技术。他进一步完善了碳化钨材料的烧结过程，并在高温高压下烧结获得了更高强度和硬度的材料。这项技术在航空和军事工业中具有广泛应用，尤其是在高性能切削工具和钻头的制造中。

6.3.3 20 世纪中期：热压烧结技术的工业化与理论完善

美国粉末冶金专家西德尼·希伯曼在第二次世界大战后推动了热压烧结在工业领域的应用。希伯曼的研究主要集中于烧结过程中的微观机制，包括颗粒间的扩散、塑性变形和晶粒长大等。他提出了许多关键的理论公式，用于解释在高温高压下颗粒致密化的机理，这些理论成为现代热压烧结技术的核心基础。

法兰克尔是现代粉末冶金技术的重要发展者之一，他在 20 世纪 50 年代的研究集中在热压烧结技术在航空航天领域的应用。他成功应用热压烧结工艺制造航空发动机中的关键部件，如涡轮叶片和燃气轮机组件。这些高温材料需要同时具备耐热性和高强度，法兰克尔通过高温压制技术，极大地提升了材料的性能。

日本科学家高田卓在 20 世纪 60 年代发展了陶瓷材料的热压烧结工艺，特别是氧化铝和碳化硅等先进陶瓷的制造技术。他在高温陶瓷压制方面取得了突破，通过同时施加高压和高温，制造出了具有极高耐磨性和耐热性的陶瓷材料。高田的研究对现代陶瓷工业和微电子材料领域具有重要影响。

6.3.4 20 世纪末期：技术革新与新材料应用

高村信三在 20 世纪 80 年代发展了放电等离子体烧结（SPS）技术，这是一种快速高效的烧结技术，能够通过脉冲电流产生的热量结合外部压力，实现纳米材料的快速致密化。SPS 技术大幅缩短了传统热压烧结所需的时间，并在制造纳米级复合材料和超硬材料时表现出显著优势。高村信三的贡献推动了热压烧结技术向更高效、精准方向的发展。

德国材料科学家罗伯特·斯特罗尔在等静压烧结（HIP）技术方面作出了重要贡献。他的研究集中在通过气体介质向粉末施加各向均匀压力，提升材料的致密性，特别是在制造复杂形状零件方面。斯特罗尔的研究成果广泛应用于航空航天和汽车工业中复杂金属部件的制造。

6.3.5 21 世纪：现代化发展与新兴应用

巴克斯特是纳米材料热压烧结领域的重要研究者之一。他的研究主要集中在如何通过热压烧结技术控制纳米粉末的致密化，同时保持纳米结构的独特性能。巴克斯特的工作在制造高强度、轻量化的复合材料中发挥了关键作用，特别是在航空航天和电子工业中。

彼得·伍尔夫在热压烧结与 3D 打印技术结合的研究中具有重要影响力。他提出了将 3D 打印技术制造的粉末坯件与热压烧结相结合的方法，通过后续热压烧结过程提高

3D打印零件的致密度和力学性能。这一技术广泛应用于制造复杂形状的高性能零件，并在航天、医疗和电子制造领域表现出巨大的应用前景。

6.4　热压烧结技术的特点

热压烧结技术是一种将高温与外部压力相结合的材料制备工艺，通常用于粉末材料的致密化处理。相比于传统烧结工艺，热压烧结在工艺特点、材料性能和应用领域等方面具有显著优势。以下是热压烧结技术的主要特点。

6.4.1　高致密度材料

特点：热压烧结能够在粉末材料的烧结过程中施加外部压力，通常在 $50\sim200$ MPa。这种压力促使颗粒间的接触面增大，缩短扩散路径，从而加速致密化过程。

优势：通过同时施加高温和压力，热压烧结可以制造出接近理论密度（>99%）的材料，具有极低的孔隙率。与传统烧结相比，热压烧结生产的材料更为致密，力学性能更优异。

6.4.2　降低烧结温度

特点：热压烧结在传统烧结工艺基础上增加了外部压力，这能够有效降低烧结所需的温度。施加压力促使颗粒之间发生塑性变形和滑移，从而减少了材料之间的烧结颈的生长需求。

优势：烧结温度的降低有助于减少高温对材料晶粒结构的影响，避免晶粒长大，保持材料的微观结构稳定性。同时，低温烧结能够节约能源，减少设备磨损和维护成本。

6.4.3　缩短烧结时间

特点：由于外部压力加速了扩散和颗粒重排，热压烧结通常能够显著缩短烧结时间。压力使材料颗粒在高温下迅速达到致密化，通常只需几个小时甚至几十分钟即可完成烧结过程。

优势：烧结时间的缩短提高了生产效率，有助于提高设备的利用率，同时减少了材料暴露在高温环境中的时间，降低了晶粒长大和氧化等问题的发生概率。

6.4.4　精确控制材料的微观结构

特点：通过控制施加的温度、压力和保温时间，热压烧结可以精确调控材料的微观结构，包括晶粒大小、相组成和孔隙率。压力在颗粒重排过程中能抑制晶粒长大，使得材料保持良好的晶粒结构。

优势：通过控制晶粒结构，可以提高材料的强度、硬度、耐磨性和其他物理性能。这对于制造功能性材料，如陶瓷、金属基复合材料、超硬材料等，尤其重要。

6.4.5 提高材料的机械性能

特点：由于热压烧结过程能够制造出高致密度、低孔隙率的材料，最终产品的机械性能通常优于传统烧结材料。材料的抗拉强度、抗弯强度和硬度等性能均显著提升。

优势：这些机械性能的增强，使热压烧结材料广泛应用于要求高强度和高耐久性的领域，如航空航天、汽车、工具制造和电子元件等。

6.4.6 适用于难以烧结的材料

特点：热压烧结能够有效处理难以通过常规烧结工艺致密化的材料，如高熔点金属、陶瓷材料、金属－陶瓷复合材料、硬质合金和超高温材料。这些材料在高温下通常会因氧化或结构不稳定而难以获得致密度，但通过热压技术可克服这些挑战。

优势：热压烧结扩展了粉末冶金的应用范围，使得许多传统工艺无法制造的材料在实际工业应用中得以实现。

6.4.7 生产复杂形状和复合材料

特点：热压烧结能够在烧结过程中施加模具压力，使得在烧结时不仅能够获得均匀的材料致密度，还能制作出复杂形状的零件。通过多步压制和模具设计，可以生产出高精度的复杂形状制品。

优势：这种特点使得热压烧结在制造复杂结构零件、复合材料、多层结构等应用中具有巨大优势。例如，在航空发动机部件、电子封装和工具制造中，复杂形状和多功能材料的需求可以通过热压烧结工艺实现。

6.4.8 高成本与复杂设备要求

特点：尽管热压烧结在材料性能和工艺控制上具备显著优势，但其高成本和复杂设备要求限制了其在某些领域的大规模应用。热压烧结设备通常需要高温炉和高压系统，且对温度和压力的精确控制要求高。

优势：适用于制造高附加值、高性能、高可靠性材料，特别是在航空航天、精密电子、核能材料、功能陶瓷、超硬工具等领域，具备其他传统烧结技术难以比拟的工艺控制能力和材料质量保障。它为实现先进结构件与功能集成材料的精密成形与组织调控提供了坚实平台，是战略性新材料制造的核心技术之一。

6.5 热压烧结的分类

热压烧结是一种通过在高温下施加外部压力以加速粉末材料致密化的烧结工艺。根据具体的工艺参数、设备和材料特性，热压烧结可以分为多种类型。每种类型的工作原理、理论基础和涉及的公式都不同。本节将详细介绍热压烧结的分类、概念、工作原理、主要理论以及公式。

6.5.1 常规热压烧结（Conventional Hot Pressing，CHP）

6.5.1.1 常规热压烧结的概念

常规热压烧结是一种在高温下施加外部压力，对粉末材料进行致密化处理的烧结技术。通过高温促进颗粒扩散，通过外部压力加速颗粒的重排、塑性变形和扩散，从而使粉末材料逐渐致密，最终形成所需的固体形状材料。该工艺广泛用于金属、陶瓷、复合材料的制造，尤其是高熔点材料或难以致密化的材料。常规热压烧结的核心是在高温条件下，通过在模具中同时施加单向的机械压力，使得粉末颗粒在烧结过程中快速致密化。与传统的无压烧结相比，施加的压力有助于消除材料中的孔隙，并使得烧结后的材料具有更高的致密度和力学性能。

6.5.1.2 常规热压烧结工作原理

常规热压烧结的原理可以分为三个主要阶段：颗粒重排、塑性变形和扩散致密化。

（1）颗粒重排（Particle Rearrangement）

在热压烧结的初始阶段，施加的压力首先导致粉末颗粒发生重排，颗粒之间相对滑动或滚动，填充大部分孔隙。由于颗粒的重新排列和堆积，接触面积增大，粉末的体积逐渐减小。

外部压力作用：外部施加的压力使得颗粒紧密接触，减少粉末材料中的大孔隙。

机械紧致：通过压力的作用，颗粒发生机械紧致，孔隙率降低。

（2）塑性变形（Plastic Deformation）

在接下来的阶段，由于外部压力和高温的共同作用，颗粒在接触点处开始发生塑性变形。塑性变形会进一步增加颗粒间的接触面积，同时减少颗粒之间的孔隙。

高温的作用：高温使材料的强度下降，颗粒更容易发生塑性变形。

应力集中：颗粒接触点处应力集中，局部产生塑性流动，进一步促进致密化。

（3）扩散致密化（Diffusion Densification）

随着烧结温度的进一步升高，扩散成为主要的致密化机制。扩散包括表面扩散、晶界扩散和体扩散。这些扩散过程促进颗粒之间的原子或离子移动，导致颗粒间的接触点逐渐增大，最终消除材料中的残余孔隙。

表面扩散：原子沿颗粒表面移动，增加颗粒的接触面积，起初消除表面小孔隙。

晶界扩散：颗粒间的晶界是扩散的快速路径，促进颗粒间的结合。

体扩散：高温下，材料内部的原子通过体扩散向空隙扩散，最终实现致密化。

6.5.1.3 常规热压烧结主要理论

（1）扩散理论

扩散是常规热压烧结过程中致密化的主要机制，尤其是在烧结的后期阶段。扩散通过高温下原子的迁移，将颗粒之间的孔隙逐渐填充，最终实现材料的致密化。扩散速率通常由菲克定律描述，材料的扩散系数 D 随着温度的升高而增加，可以通过阿伦尼乌斯（Arrhenius）公式进行描述：

$$D = D_0 \exp\left(\frac{-Q}{RT}\right)$$

式中，D_0 是扩散前因子；Q 是扩散激活能；R 是气体常数；T 是烧结温度（绝对温度）。

随着扩散速率的提高，颗粒之间的孔隙逐渐缩小，材料的密度增加。

（2）颗粒接触面积的生长

随着烧结过程的进行，颗粒之间的接触面积不断增大。接触面积的增加是致密化的关键过程之一。这个过程可以通过颗粒接触面积随时间的增长公式表示：

$$A(t) = A_0 + kt^n$$

式中，$A(t)$ 是接触面积；A_0 是初始接触面积；k 是材料相关常数；t 是时间；n 是与扩散机制相关的指数，通常为 2 或 3。

（3）孔隙收缩模型

孔隙收缩也是常规热压烧结过程中重要的理论之一。孔隙的体积随时间逐渐减小，最终材料实现完全致密化。孔隙的收缩通常可以通过孔隙率随时间变化的经验公式表示：

$$V(t) = V_0 \exp(-kt)$$

式中，$V(t)$ 是时间为 t 时的孔隙率；V_0 是初始孔隙率；k 是烧结速率常数，随温度增加而增大。

（4）应力－应变理论

塑性变形的过程遵循应力－应变关系。在热压烧结过程中，材料的应力状态受外部压力和温度影响，通常由以下公式表示：

$$\sigma = E \cdot \varepsilon$$

式中，σ 是应力；E 是材料的弹性模量；ε 是应变。

随着温度升高，材料的弹性模量 E 下降，颗粒发生较大的塑性变形，促进致密化。

6.5.1.4 常规热压烧结与其他热压烧结的区别

（1）加热方式

该工艺通常使用电阻加热或炉内传导加热的方式。加热源将热量逐渐传导至材料，通过材料的导热效应实现温度的上升。由于加热主要依赖于热传导，因此升温速度较慢，且可能导致材料内部产生温度梯度。

（2）烧结效率

其烧结效率相对较低，因升温速度慢且需要较长的烧结时间，通常需要数小时才能完成。

（3）致密化过程

致密化主要依赖于固相扩散和颗粒之间的物理接触，长时间的烧结过程可能导致晶粒长大，从而影响材料的性能。

（4）烧结温度

通常需要较高的烧结温度，通常在 $1000\sim2000℃$ 之间，具体温度根据材料性质而异。这种高温会对温度敏感的材料造成热损伤。

6.5.2　放电等离子烧结（Spark Plasma Sintering，SPS）

6.5.2.1　放电等离子烧结的概念

放电等离子烧结是一种快速烧结技术，利用脉冲直流电流直接作用于粉末材料并配合施加机械压力，使材料在短时间内实现致密化的过程。SPS 技术属于粉末冶金的一种，是通过快速升温和电场作用，能够在较低温度下实现材料的烧结。该技术可以保留材料的微观结构特性（如晶粒细化、相结构控制），在制备先进材料和高性能功能材料方面具有重要的应用价值。其装置示意图如图 6.2 所示。

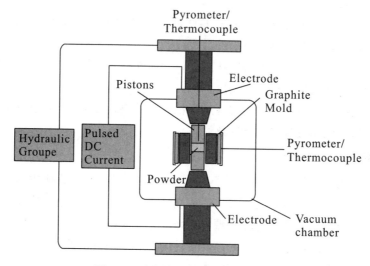

图 6.2　放电等离子烧结装置示意图

6.5.2.2　放电等离子烧结的工作原理

放电等离子烧结的工作原理是：脉冲直流电流直接通过粉末材料和模具，在短时间内加热材料并施加压力以实现快速致密化。SPS 的核心原理结合了电热效应、机械压缩和可能的等离子体效应，促使材料在低温条件下短时间内完成烧结。以下是对 SPS 过程中的关键机制的详细解释。

（1）脉冲电流加热机制

SPS 中，脉冲直流电流是通过模具（通常是石墨模具）以及粉末材料本身传导的。

脉冲电流在穿过导电材料时会产生焦耳热（也称电阻热），这是加热材料的主要方式。焦耳加热能在材料内部迅速升温，从而大幅缩短烧结工艺所需的加热时间。当电流通过材料时，材料的电阻使得电流产生热量，从而加热材料。这种加热非常高效，可以迅速达到高温，尤其是对于导电性较好的粉末材料。SPS 加热具有高度的局部性。由于电流通过颗粒之间的接触点，使得这些接触点产生局部高温。这种局部高温有助于颗粒表面迅速软化、塑性变形，并形成烧结颈。

（2）等离子体效应

在某些情况下，脉冲电流可能在颗粒之间引发微观等离子体放电，尤其是在颗粒接触不紧密、间隙较大的区域。这些微小的放电可能会产生高能粒子，这些粒子对颗粒表面产生活化作用，去除氧化物或污染层，从而进一步促进烧结。等离子体放电有助于激发粉末颗粒表面的化学反应，使表面更具活性，能够更有效地扩散和结合。等离子体能够去除颗粒表面的氧化物层，这对于一些易氧化的材料（如某些金属粉末）尤为重要，帮助它们更快实现烧结。

（3）机械压力作用

在 SPS 过程中，除了电流加热，还施加了机械压力。这种压力通常在数十兆帕至数百兆帕之间，起到以下几个关键作用。

提高颗粒接触率：压力使粉末颗粒紧密接触，从而增加了颗粒之间的有效接触面积，促进了颗粒之间的扩散和烧结颈的形成。

塑性变形：在加热和压力的共同作用下，颗粒能够发生塑性变形，使得颗粒之间的孔隙得以闭合，进而提高材料的致密度。

加快致密化进程：机械压力不仅促进颗粒之间的物理接触，还减少了扩散所需的活化能，显著加快了烧结过程中的致密化。

（4）扩散与烧结颈形成

烧结的核心机制是颗粒之间的原子扩散。在 SPS 过程中，由于电流的加热和压力的作用，扩散过程加速，颗粒表面首先形成烧结颈，随后通过扩散作用，烧结颈不断长大，最终实现致密化。在初始阶段，颗粒表面的原子扩散有助于烧结颈的形成和长大。

体扩散和界面扩散：随着温度升高，颗粒内部和界面处的原子扩散速度加快，促使材料内部的孔隙闭合，最终形成致密的烧结体。

（5）温度控制与快速升温

SPS 的升温速率极高，通常可以达到数百摄氏度每分钟。这种快速升温的方式是通过脉冲电流直接加热材料实现的。由于模具和材料被同时加热，热传导损失较小，温度分布较均匀。由于电流直接加热材料，局部区域温度较高，能够在整体较低的温度下完成烧结，避免了材料的过热和性能退化。SPS 设备通常配有温度控制系统，能够根据需要调整脉冲电流的强度和持续时间，确保材料烧结在适当的温度范围内。

（6）致密化过程

在 SPS 中，致密化过程通过颗粒的塑性变形、扩散和孔隙的闭合来实现。电流加热和压力的协同作用加快了这一过程。最终，材料的孔隙逐渐消失，颗粒紧密结合，形成高致密度的固体材料。

（7）脉冲电流的影响

脉冲电流的特性（如电流密度、频率和脉冲宽度）直接影响烧结的效率和材料的最终性能。通常情况下，较高的电流密度和较短的脉冲间隔能够增强等离子体效应，加快烧结进程。同时，脉冲电流有助于防止材料过热，保持微观结构的稳定性。

6.5.2.3 放电等离子烧结的主要理论

放电等离子烧结是一种涉及多个物理和化学现象的复杂烧结技术，其烧结过程涉及热学、力学和电学效应。SPS 的主要理论包括焦耳加热理论、等离子体放电理论、扩散理论以及致密化理论，这些理论共同解释了 SPS 中材料快速烧结的机制和致密化过程。为了理解这些理论背后的机制，我们还需要了解与它们相关的公式和参数。

（1）焦耳加热理论

在 SPS 中，脉冲直流电流通过粉末材料和模具。由于材料和模具的电阻，电流在材料中产生热量，这一现象被称为焦耳加热（Joule Heating）。该加热是 SPS 中主要的加热机制。根据焦耳定律，产生的热量 Q 与电流 I、材料的电阻 R 以及时间 t 成正比：

$$Q = I^2 R t$$

式中，Q 是产生的热量（J）；I 是电流强度（A）；R 是电阻（Ω）；t 是时间（s）。

焦耳加热效应在 SPS 中实现了极快的升温，能够在几分钟内将材料加热至烧结温度。相比传统的热压烧结，焦耳加热具有更高的加热效率，尤其是在烧结导电材料时。

焦耳热对温度的影响：在 SPS 中，粉末颗粒之间接触点的电阻通常较高，因此这些接触点会优先产生高温，局部温度升高从而促进烧结。这可以解释为什么 SPS 可以在较低的整体温度下实现局部烧结。

（2）等离子体放电理论

在 SPS 中，当脉冲电流通过粉末颗粒时，颗粒之间可能产生微观的放电现象。这种放电现象被认为是形成等离子体的原因。等离子体放电有助于去除颗粒表面的氧化物或污染物，从而增加颗粒的表面活性，促进颗粒间的扩散和结合。等离子体的生成条件取决于颗粒间隙的电场强度 E，以及材料的击穿电压。电场强度可表示为：

$$E = \frac{V}{d}$$

式中，E 是电场强度（V/m）；V 是电压（V），由脉冲电流产生；d 是颗粒间的距离（m）。

当颗粒间的电场强度超过击穿电压时，局部区域会产生放电，生成等离子体。等离子体通过高能粒子冲击颗粒表面，增强颗粒之间的结合。

（3）扩散理论

扩散是烧结过程中颗粒间结合和致密化的关键机制。扩散控制着颗粒表面原子向烧结颈的迁移，从而使颗粒彼此结合并逐渐致密化。在 SPS 中，电流加热和压力作用共同加速了扩散过程。

扩散速率由菲克第一定律描述，扩散通量 J 与扩散系数 D 和浓度梯度 $\frac{\partial C}{\partial x}$ 成正比：

$$J = -D\frac{\partial C}{\partial x}$$

式中，J 是扩散通量（原子数每单位面积每单位时间）；D 是扩散系数，表示扩散速率（m^2/s）；$\frac{\partial C}{\partial x}$ 是浓度梯度，表征原子浓度随距离的变化。

扩散系数 D 与温度 T 相关，服从阿伦尼乌斯公式：

$$D = D_0 \cdot \exp\left(-\frac{Q_d}{RT}\right)$$

式中，D_0 是预指数因子（与材料性质相关）；Q_d 是扩散活化能（J/mol）；R 是气体常数，其值为 $8.314\ J/mol \cdot K$；T 是绝对温度（K）。

在 SPS 中，由于脉冲电流产生的高温环境，扩散系数 D 显著增加，从而加快了烧结颈的形成和材料的致密化。

（4）致密化理论

致密化是指颗粒在烧结过程中，颗粒逐渐变形、结合并消除内部孔隙的过程。在 SPS 中，致密化是通过电流加热和机械压力的协同作用来实现的。致密化的过程可分为以下两个阶段。

①初始阶段：颗粒在电流和压力作用下形成烧结颈，颗粒之间的接触面积逐渐增加，孔隙开始闭合。

②中后期：随着温度进一步升高和压力作用，颗粒的塑性变形加强，扩散加剧，孔隙完全闭合，材料趋于完全致密化。

致密化过程通常可以用波里合金致密化方程来描述，该方程说明了孔隙率 P 随时间 t 的变化：

$$P(t) = P_0\exp(-kt)$$

式中，$P(t)$ 是某时刻的孔隙率；P_0 是初始孔隙率；k 是致密化速率常数（取决于温度、压力、扩散系数等因素）；t 是烧结时间。

在 SPS 中，脉冲电流的快速升温和高效致密化机制使 k 显著增加，孔隙率 $P(t)$ 快速下降，材料在较短时间内实现高致密度。

（5）压力作用理论

在 SPS 中，除了电流加热，机械压力也是烧结过程中的关键因素。压力加速了颗粒之间的接触和塑性变形，增加了颗粒之间的扩散速率，从而加快了致密化过程。

压力对烧结的作用可用压力辅助扩散方程来描述：

$$J_p = \frac{\sigma\Omega}{RT}D\frac{\partial C}{\partial x}$$

式中，J_p 是扩散通量，受压力 σ 影响；σ 是外部施加的压力（Pa）；Ω 是原子体积；D 是扩散系数；$\dfrac{\partial C}{\partial x}$ 是浓度梯度；T 是绝对温度；R 是气体常数，其值为 8.314 J/mol·K。

压力的作用使扩散通量 J_p 增加，因此在 SPS 中，材料在压力下的致密化速度显著提高。

6.5.2.4　放电等离子烧结的优缺点

（1）优点

快速烧结：SPS 过程中，由于脉冲电流直接作用于材料，能够实现快速加热和烧结，烧结时间大大缩短，通常只需几分钟到十几分钟。

低温烧结：由于局部加热和等离子效应，SPS 可以在较低的温度下实现与传统烧结相似的致密化效果，有效避免高温对材料性能的损害。

高致密度和均匀性：通过电流和压力的协同作用，SPS 能够使材料致密度更高，同时内部结构均匀，减少缺陷。

材料保真性好：SPS 过程能够保留原始粉末材料的微观结构特性，如晶粒尺寸和相结构，适合制备纳米晶和其他精细结构材料。

（2）缺点

设备成本高：SPS 所需设备复杂且昂贵，特别是脉冲电源和高强度模具的制造成本较高。

材料选择有限：SPS 主要适用于导电性好的粉末材料，对于非导电性材料的应用仍存在一定限制。

模具寿命有限：高温高压条件下，SPS 所用的石墨模具容易发生氧化或磨损，模具的寿命较短。

6.4.2.5　放电等离子烧结与其他热压烧结的区别

（1）加热方式的区别

传统热压烧结：通过外部加热源，如电阻炉或感应炉，加热整个模具和材料，升温较慢，通常需要较长的烧结时间。

SPS：通过脉冲电流直接加热粉末材料，升温迅速，并能够在局部形成高温区域，烧结时间显著缩短。

（2）烧结效率的区别

传统热压烧结：通常需要数小时至数十小时的烧结时间，整体效率较低。

SPS：由于快速升温和致密化，烧结时间通常在几十分钟以内，整体效率大幅提升。

（3）致密化过程的区别

传统热压烧结：主要依靠外部加热和加压，通过颗粒扩散和烧结颈长大来实现致密化，通常需要较高的温度。

SPS：除了传统的热扩散机制外，还引入了电场和等离子效应，促进了低温下的快速致密化。

（4）烧结温度的区别

传统热压烧结：通常需要较高的温度才能实现致密化，尤其是对于难烧结的陶瓷材料。

SPS：可以在较低温度下实现与传统烧结相似的致密效果，适合那些对温度敏感的材料。

6.5.3　热等静压烧结（Hot Isostatic Pressing，HIP）

6.5.3.1　热等静压烧结的概念

热等静压烧结是一种将粉末材料或预烧结体放入高压容器中，在高温和高压的条件下进行烧结的工艺。HIP 技术能够在材料烧结过程中施加均匀的压力，使得材料的孔隙得到有效填充，致密化程度大幅提升，其装置示意图如图 6.3 所示。此工艺广泛应用于陶瓷、金属、复合材料等领域，尤其适用于制造复杂形状的零部件，如航空航天和医疗器械中的高性能材料。

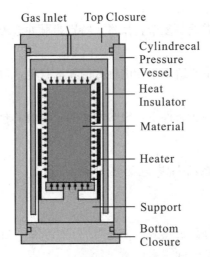

图 6.3　热等静压烧结装置示意图

6.5.3.2　热等静压烧结的工作原理

热等静压烧结的工作原理涉及高温和高压条件下粉末材料或预烧结体的致密化过程。其基本思路是，利用均匀的等静压力和适当的温度来促进材料内部的物理和化学变化，从而消除孔隙、提高致密度和改善材料的力学性能。以下是热等静压烧结工作原理的详细阐述。

（1）材料准备

在进行热等静压烧结之前，首先需要对待烧结的材料进行准备。通常情况下，所用的材料为金属、陶瓷或复合材料的粉末，或者是经过初步烧结的坯体。准备过程如下。

粉末选择：选择适当的粉末粒度、形状和化学成分，确保粉末具有良好的流动性和致密化能力。

混合与分散：对粉末进行混合，以确保成分均匀，同时必要时添加黏合剂或助剂以提高烧结性能。

（2）装料与密封

将准备好的粉末或预烧结体装入高压容器中。该容器一般是以惰性气体（如氩气或氮气）填充，以防止在高温下发生氧化或化学反应。装料过程需谨慎，以避免在粉末间引入气泡或其他缺陷。

（3）加热与加压

在烧结过程中，容器中的材料会同时加热和加压，具体步骤如下。

①加热。

加热方式：通常采用电加热元件来加热高压容器。在加热过程中，容器壁与内部的材料同时升温，使得粉末或坯体温度均匀分布。

升温速率：加热速率可以根据材料的特性进行调整，以避免快速升温可能导致的热应力和裂纹。

②加压。

均匀压力：在高温条件下，容器内部的惰性气体被加压，施加的压力通常在 $100\sim200\ MPa$ 之间。这种均匀的等静压力作用在材料的每一个方向上，能够有效推动颗粒间的接触和重排。

压力传递：等静压的特性保证了气体压力能够通过固体颗粒传递，使得颗粒在各个方向上受到均匀的压缩。

（4）致密化过程

在高温和高压的共同作用下，材料会发生一系列的物理和化学变化，这些变化是致密化过程的关键。

①固相扩散。

颗粒间的扩散：在高温下，固相扩散促进颗粒之间的接触，提高颗粒接触的面积，减少孔隙。

晶格运动：高温使得材料内部的原子具有较高的能量，晶格内原子能自由移动，促进了颗粒的结合和重组。

②液相烧结（可选）。

在某些情况下（如有助剂），液相也可能在高温下出现。液相的存在会促进颗粒之间的移动，进一步提高致密化效率。

③缩孔和收缩。

孔隙减少：随着颗粒间的连接和结合，材料内部的孔隙逐渐减少，达到更高的致密度。

尺寸收缩：在这个过程中，材料的体积可能会收缩，这也是致密化的重要特征之一。

（5）保持时间

在高温和高压下，保持一定时间以允许上述过程充分进行。保持时间的长短通常取决于材料的性质及所需的致密化程度。一般来说，保持时间从数分钟到数小时不等。

6.5.3.3 热等静压烧结的主要理论

各向压力致密化理论：由于施加的压力是各向均匀的，材料在所有方向上受到相同的应力，颗粒间的致密化更加均匀。

Hooke 定律：各向均匀的应力引起的应变关系遵循 Hooke 定律：

$$\sigma = E\varepsilon$$

式中，σ 是应力；E 是弹性模量；ε 是应变。

6.5.4 瞬态液相烧结（Transient Liquid Phase Sintering，TLPS）

6.5.4.1 瞬态液相烧结的概念

瞬态液相烧结是一种通过在烧结过程中引入液相来促进材料致密化的工艺。该过程通常涉及将粉末材料加热至高于其熔点的温度，使部分材料熔化为液相，然后通过毛细管作用使液相在固相颗粒之间移动，从而促进颗粒的密合和致密化。在瞬态液相烧结中，毛细管力起着重要的作用。毛细管力是指液体在细管或孔隙中由于表面张力作用而产生的力，影响液相在固相颗粒之间的分布和流动，其过程如图 6.4 所示。

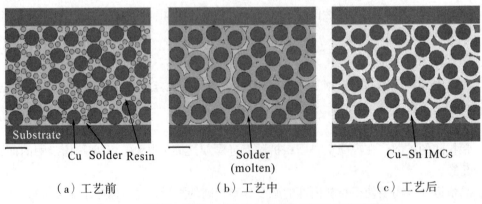

（a）工艺前　　　　　　（b）工艺中　　　　　　（c）工艺后

图 6.4　采用铜-焊料-树脂复合材料的 TLPS 工艺示意图

6.5.4.2 瞬态液相烧结的工作原理

TLPS 通过在烧结过程中引入低熔点材料，这些材料在高温下熔化，填充颗粒间的空隙，并通过扩散和化学反应在高温下固化，促进致密化。

6.5.4.3 瞬态液相烧结的主要理论

液相扩散理论：在烧结过程中形成液相并通过毛细管作用填充孔隙，随后通过扩散固化。

化学反应理论：低熔点材料在烧结过程中与基体材料发生化学反应，形成新的固相。

6.5.4.4　瞬态液相烧结的主要公式

（1）毛细管力公式

液相在孔隙中流动的毛细管力可以用如下公式表示：

$$F = \gamma \cdot \Delta A$$

式中，F 是毛细管力（N）；γ 是液相的表面张力（N/m）；ΔA 是液体在固体表面形成的接触角所导致的接触面积变化。

在一些情况下，毛细管力可以用主曲率半径表示，如下所示：

$$F = \gamma \cdot \left(\frac{1}{r_1} + \frac{1}{r_2} \right)$$

式中，r_1 和 r_2 分别是液体表面的两个主曲率半径（m）。

（2）毛细管上升高度公式

此外，毛细管力还与液体在毛细管中的升高有关，可以通过以下公式表示：

$$h = \frac{2\gamma \cos(\theta)}{\rho g r}$$

式中，h 是液体在毛细管中升高的高度（m）；θ 是液体与管壁之间的接触角（°）；ρ 是液体的密度（kg/m^3）；g 是重力加速度（m/s^2）；r 是毛细管的半径（m）。

6.5.5　反应热压烧结（Reactive Hot Pressing，RHP）

6.4.5.1　反应热压烧结的概念

反应热压烧结是一种结合了反应烧结和热压烧结技术的材料制备方法。在这一过程中，通过在高温和高压条件下进行反应，使得粉末材料在烧结过程中发生化学反应，形成新的相或化合物。

这种技术通常用于陶瓷、复合材料及一些金属材料的制备，特别是在需要将不同成分混合以形成具有特殊性能的新材料时。其特点如下。

高密度和均匀性：由于在高温高压下进行，反应热压烧结能够显著提高材料的密度和微观结构的均匀性。

改善性能：通过反应，可以生成具有优良性能的材料，如耐高温、耐腐蚀性、强度高等。

多功能材料的制备：可以根据反应的原料和条件，设计出多种不同性能的材料，适用于航空航天、电子、医疗等领域。

高温和高压环境：反应热压烧结通常在高温（接近或高于材料的熔点）和高压（几百兆帕的范围）条件下进行，以促进材料的反应和致密化过程，如图 6.5 所示。

化学反应驱动：与传统热压烧结不同，反应热压烧结强调材料的化学反应，这些反应在烧结过程中发生，可以生成新的化合物或相，从而改变材料的微观结构和性能。

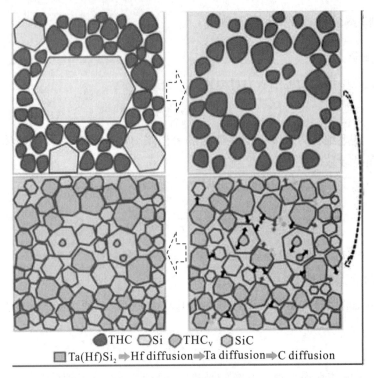

THC Si THC$_V$ SiC
Ta(Hf)Si$_2$ ➡ Hf diffusion ➡ Ta diffusion ➡ C diffusion

图 6.5　Ta$_{0.2}$Hf$_{0.8}$C－SiC 在反应热压过程中的相和微观结构演变机制示意图

6.5.5.2　反应热压烧结的工作原理

反应热压烧结结合了反应烧结与热压烧结的特性，在高温和高压条件下进行材料的制备。其工作原理主要包括以下几个方面。

（1）粉末混合

选择具有反应性的原料粉末（如金属和氧化物或碳化物等），将其均匀混合。混合的成分通常具有不同的熔点和反应活性。

（2）加热与施压

将混合粉末放入热压设备中，施加一定的压力（通常为几十至几百兆帕），同时加热到高温（接近或高于某些成分的熔点）。在这一阶段，材料处于固－固相状态和部分液相状态，温度和压力的组合促使固相颗粒之间的接触和反应。

（3）反应发生

高温和压力促进原料之间的化学反应，生成新的相或化合物。这些反应可以是固相反应、熔融反应或氧化还原反应等。反应生成的化合物通常会填充原料颗粒间的孔隙，增加致密性。

（4）致密化与冷却

在高温和高压下，材料逐渐致密化。随着反应的进行，原料颗粒相互接触，孔隙被填充，最终形成高密度的固体材料。在烧结完成后，材料缓慢冷却，保持其致密的微观结构。

6.5.5.3 反应热压烧结的主要理论

化学反应理论：反应物在烧结过程中发生固态反应，生成新的相，同时通过扩散促进材料致密化。

热力学平衡理论：反应过程中遵循热力学平衡，通过控制反应温度和压力可以调控最终产品的成分和结构。

6.5.4.5 反应热压烧结的主要公式

（1）热传导方程

在反应热压烧结过程中，热传导的效果可以用热传导方程描述：

$$\frac{\partial T}{\partial t} = \alpha \nabla^2 T$$

式中，T 是温度；α 是热扩散率。

（2）反应速率方程

反应速率与温度和反应物浓度之间的关系可以通过 Arrhenius 方程描述：

$$k = A\exp\left(-\frac{E_a}{RT}\right)$$

式中，k 是反应速率常数；A 是频率因子；E_a 是活化能；R 是气体常数；T 是温度。

（3）孔隙率模型

孔隙率与时间的关系可以通过以下方程表示：

$$P = P_0\exp(-kt)$$

式中，P 是随时间变化的孔隙率；P_0 是初始孔隙率；k 是衰减常数。

6.6 热压烧结的应用领域

6.6.1 陶瓷领域

6.6.1.1 工业陶瓷

工业陶瓷通常用于制造耐磨、耐高温和耐腐蚀的零部件，如刀具、轴承等。通过热压烧结，这些陶瓷产品能够获得优异的物理和机械性能，满足高温和高压环境下的使用需求。

6.6.1.2　功能陶瓷

功能陶瓷包括压电陶瓷、磁性陶瓷和导电陶瓷等，广泛应用于电子设备、传感器和执行器。热压烧结技术可以调节陶瓷的微观结构，提高其电性能和功能特性。

压电陶瓷：如 PZT（铅锆钛酸铅）陶瓷，通过热压烧结制备的压电陶瓷具有较高的电性能和机械性能，广泛应用于传感器和执行器。

磁性陶瓷：如铁氧体材料，通过热压烧结制造出的磁性陶瓷具有优异的磁性能和化学稳定性，广泛应用于电机和变压器。

6.6.1.3　生物陶瓷

生物陶瓷主要用于医学和生物工程领域，如用于制造人工关节和骨替代材料。热压烧结可以提高生物陶瓷的强度和生物相容性，促进骨愈合。

羟基磷灰石：作为常用的生物陶瓷材料，羟基磷灰石通过热压烧结制备后，能够提高其力学强度和生物相容性，广泛应用于骨修复和替代。

三钙磷酸盐：该材料用于骨替代，热压烧结能够改善其力学性能和生物活性，促进骨组织再生。

6.6.1.4　耐磨陶瓷

耐磨陶瓷广泛应用于矿业、冶金、化工等行业，用于制造耐磨部件和设备。通过热压烧结，耐磨陶瓷能够获得更高的硬度和耐磨性，延长设备的使用寿命。

氮化硅陶瓷：氮化硅陶瓷是高性能的耐磨材料，常用于切削工具和磨料。热压烧结使其具有良好的韧性和抗断裂性。

氧化铝陶瓷：氧化铝是一种被广泛使用的耐磨陶瓷材料，热压烧结工艺可以提高其硬度和耐磨性，适用于磨损环境。

6.6.1.5　特种陶瓷

热压烧结还可用于制备特种陶瓷，如耐热陶瓷和电绝缘陶瓷。

耐热陶瓷：如氮化铝和氮化硅，这些陶瓷具有良好的耐高温性能，适用于航空航天和高温结构部件。

电绝缘陶瓷：如氧化锆等，广泛应用于电气绝缘材料，热压烧结提高了材料的电气性能和耐热性。

6.6.2　金属材料领域

6.6.2.1　粉末冶金

热压烧结是粉末冶金的核心技术之一，广泛用于制造各类金属部件。将金属粉末通过热压烧结工艺加工，能够制造出形状复杂、性能优异的产品。

金属零部件：如齿轮、轴承、连接件等，通过热压烧结制备的金属零部件具有高精度和高性能，广泛应用于汽车、航空航天和机械制造等领域。

6.6.2.2 特殊合金

热压烧结适用于制造高性能的特殊合金，如钛合金、镍基合金和高温合金。这些材料在航空航天、核能和化工等行业中有着广泛的应用。

钛合金：钛合金因其高强度和低密度特性，常用于航空航天部件。热压烧结技术能有效提高钛合金的致密性和强度，满足航空航天行业的需求。

镍基合金：镍基合金因其耐高温、耐腐蚀性而被广泛应用于燃气涡轮和化工设备。热压烧结能够优化镍基合金的性能，确保其在极端环境下的可靠性。

6.6.2.3 复合材料

金属基复合材料（MMC）通过将陶瓷颗粒或其他金属材料引入金属基体中，利用热压烧结制备而成。这种复合材料结合了金属和陶瓷的优良性能，广泛应用于航空航天、汽车等领域。

铝基复合材料：铝基复合材料常用于轻量化的汽车部件，热压烧结使得复合材料的强度和刚性大大提高。

铜基复合材料：铜基复合材料通常用于导电和散热部件，热压烧结提高了材料的导电性和耐磨性。

6.6.2.4 高强度钢

热压烧结可用于制造高强度钢材料，这类材料在汽车、建筑和重型机械等行业中具有重要应用。

汽车零部件：高强度钢用于制造汽车零部件，如车身结构件和安全部件。通过热压烧结，可以制备出高强度、轻量化的汽车材料，提高安全性和燃油效率。

工程结构：在建筑和基础设施中，热压烧结制备的高强度钢材料能够满足承载力和耐久性的需求，被广泛应用于桥梁、塔架等工程结构。

6.6.2.5 催化剂和电极材料

热压烧结还可用于制备催化剂和电极材料，如用于燃料电池和电池材料的制造。

燃料电池电极：热压烧结能够提高燃料电池电极材料的导电性和催化活性，提升燃料电池的效率和耐久性。

锂离子电池：在锂离子电池中，热压烧结技术可以优化电极材料的微观结构，增强电池的能量密度和循环性能。

6.6.3 聚合物基复合材料领域

6.6.3.1 航空航天领域

在航空航天领域，聚合物基复合材料因其轻质和高强度的特性，被广泛用于飞机和航天器的结构件。热压烧结能够制造出高性能的复合材料，用于承受高强度和极端温度的环境。

机身部件：如机翼、机身外壳和舵面等，热压烧结制备的复合材料能够减轻其重量，同时保持结构强度。

航天器结构件：在航天器中使用的聚合物基复合材料，具有优良的耐高温和耐腐蚀性，热压烧结能够提高其耐用性和可靠性。

6.6.3.2 汽车领域

在汽车行业，热压烧结聚合物基复合材料被广泛用于制造轻量化的汽车零部件，旨在提高燃油效率和安全性。

车身结构件：如车门、引擎罩和底盘等，热压烧结制备的复合材料能够减轻车辆的整体重量，提高燃油经济性。

内饰材料：聚合物基复合材料用于汽车内饰件的制造，热压烧结能改善材料的外观和触感，提升乘坐舒适性。

6.6.3.3 电子领域

在电子行业，热压烧结聚合物基复合材料被用于制造高性能的电气绝缘材料和导电复合材料。

绝缘材料：热压烧结制备的聚合物基复合材料可以提供良好的电气绝缘性能，被广泛应用在电路板和电器设备中。

导电复合材料：通过将导电颗粒（如碳纳米管或金属粉末）与聚合物基体结合，热压烧结能够制备出具有导电性的复合材料，适用于传感器和电池等领域。

6.6.3.4 建筑领域

在建筑行业，热压烧结聚合物基复合材料用于制造轻质、高强度的建筑构件，改善建筑的能效和耐久性。

预制构件：热压烧结制备的聚合物基复合材料可用于制造轻质的建筑预制件，便于运输和安装。

隔热材料：聚合物基复合材料具有良好的隔热性能，适用于建筑保温和节能。

6.7　热压烧结的发展趋势

随着科技的进步和市场需求的变化，热压烧结技术也在不断发展。本节将探讨热压烧结的发展趋势，从技术创新、材料多样化、应用领域拓展、环保与可持续发展、智能化与自动化以及未来挑战等方面进行深入分析。

6.7.1　技术创新

6.7.1.1　新型设备的研发

随着技术的进步，热压烧结设备也在不断更新换代。新型热压设备具有更高的加热效率、温度控制精度和压力稳定性。这些新设备能够实现更快速的加热或冷却，缩短生产周期，提高生产效率。例如，采用感应加热或激光加热的热压设备，可以大幅提高加热速率，从而提高生产效率。

6.7.1.2　多功能烧结技术

未来的热压烧结技术将更加注重多功能性。例如，结合热压烧结与其他加工技术（如3D打印、等离子体烧结等），开发出新型的复合材料和结构。多功能烧结技术可以实现不同材料的层次化制备，从而满足特定应用的需求。

6.7.1.3　高温烧结技术

高温热压烧结技术是未来的发展趋势，尤其是在制造高性能材料方面。许多先进材料，如陶瓷基复合材料和金属基复合材料，要求在更高的温度下进行烧结，以达到更好的致密性和性能。因此，研发耐高温的模具和加热元件将是关键。

6.7.2　材料多样化

6.7.2.1　新型合金与复合材料的研发

热压烧结将越来越多地应用于新型合金和复合材料的制备。例如，钛合金、镍基合金、铝基复合材料等高性能材料，在航空航天、汽车、电子等行业中具有广阔的市场需求。未来，研究人员将致力于开发具有更优性能的新材料，以满足不断变化的工业需求。

6.7.2.2　绿色材料的应用

随着环保意识的增强，绿色材料的开发和应用将成为热压烧结的一个重要趋势。研发可再生、生物基材料及其复合材料，使用环保的添加剂和黏合剂，将有助于降低生产过程中的环境影响。

6.7.2.3　纳米材料的集成

纳米材料因其优异的物理和化学性能而受到广泛关注。热压烧结在制备纳米复合材料方面有着显著优势。通过将纳米材料与传统材料结合，可以显著提高材料的强度、韧性、耐磨性等性能，满足高性能应用的需求。

6.7.3　应用领域拓展

6.7.3.1　航空航天领域

航空航天行业对材料性能的要求极高，热压烧结将越来越多地用于制造高性能的结构件和功能件。例如，使用热压烧结技术制造轻质高强度的复合材料，以减轻飞机和航天器的重量，提高燃油效率。

6.7.3.2　汽车行业

在汽车行业，轻量化和安全性是未来的发展方向。热压烧结可以用于制造各种汽车零部件，如车身、底盘、刹车系统等，帮助提高汽车的安全性和燃油经济性。同时，电动汽车的快速发展也对热压烧结提出了新的挑战和机遇，尤其是在电池材料和轻质结构件方面。

6.7.3.3　电子行业

电子行业对材料的要求日益提高，热压烧结将在制造导电复合材料、绝缘材料和散热材料方面发挥重要作用。未来，随着电子产品向高集成化和高性能化发展，热压烧结技术的应用将更加广泛。

6.7.3.4　医疗器械

热压烧结技术在医疗器械领域的应用潜力巨大。例如，热压烧结可以用于制造生物相容性材料和植入物，满足医疗器械对材料性能的严格要求。

6.7.4　环保与可持续发展

6.7.4.1　绿色制造的推进

随着全球对环保的关注，热压烧结技术的可持续性将受到重视。未来，热压烧结过程中的能源消耗、废物产生和材料回收将成为关注的重点。开发节能、低排放的生产工艺，提高资源利用率，促进绿色制造的发展是未来的趋势。

6.7.4.2　材料的可回收性

未来的热压烧结材料将更加注重可回收性和再利用性。通过研发可回收的聚合物基复合材料和金属基复合材料，能够降低对原材料的需求，减少资源浪费。

6.7.5   智能化与自动化

6.7.5.1   智能制造

随着工业 4.0 的推进，热压烧结的智能化和自动化将成为未来的重要发展趋势。通过传感器、数据采集和分析技术，实现生产过程的实时监控和优化，提高生产效率和材料质量。

6.7.5.2   过程模拟与优化

利用计算机模拟技术和人工智能算法，对热压烧结过程进行建模和优化，可以预测材料性能和生产效率。通过仿真技术，能够在生产前进行材料和工艺的优化，从而降低生产成本，提高产品的一致性和可重复性。

参考文献

［1］ Dong A J，Liu R Y，Tian Z Q，et al. Effect of pre－sintering particle size on the microstructure and magnetic properties of two－step hot－press prepared $BaFe_{12}O_{19}$ thick films ［J］. Journal of Alloys and Compounds，2023，967：171683.

［2］ Gao J Y，Yang L，Guo S H，et al. Fabrication of $Fe_{60}Cu_{40}$ pre－alloy bonded composites for diamond tools by microwave hot press sintering ［J］. Journal of Materials Research and Technology－Jmr&T，2020，9：8905－8915.

［3］ Gubernat A，Rutkowski P，Grabowski G，et al. Hot pressing of tungsten carbide with and without sintering additives ［J］. International Journal of Refractory Metals & Hard Materials，2014，43：193－199.

［4］ Friedrich D. Thermoplastic moulding of wood－polymer composites（WPC）：a review on physical and mechanical behaviour under hot－pressing technique ［J］. Composite Structures，2021，262：113649.

［5］ Wei P X，Rao X，Yang J，et al. Hot pressing of wood－based composites：a review ［J］. Forest Products Journal，2016，66：419－427.

［6］ Azarniya A，Azarniya A，Sovizi S，et al. Physicomechanical properties of spark plasma sintered carbon nanotube－reinforced metal matrix nanocomposites ［J］. Progress in Materials Science，2017，90：276－324.

［7］ Guillon O，Gonzalez－Julian J，Dargatz B，et al. Field－assisted sintering technology/spark plasma sintering：mechanisms，materials，and technology developments ［J］. Advanced Engineering Materials，2014，16：830－849.

［8］ Wang L J，Zhang J F，Jiang W. Recent development in reactive synthesis of nanostructured bulk materials by spark plasma sintering ［J］. International Journal of Refractory Metals & Hard Materials，2013，39：103－112.

［9］ Hungría T，Galy J，Castro A. Spark plasma sintering as a useful technique to the nanostructuration of piezo－ferroelectric materials ［J］. Advanced Engineering Materials，2009，11：615－631.

［10］ Lei Z Y，Yao C，Guo W W，et al. Progress on the fabrication of superconducting wires and tapes via hot isostatic pressing ［J］. Materials，2023，16：1786.

［11］ Zhao Y S，He S L，Li L F. Application of hot isostatic pressing in nickel－based single crystal superalloys ［J］. Crystals，2022，12：805.

［12］ Chekushina L，Dyussambaev D，Shaimerdenov A，et al. Properties of tritium/helium release from hot isostatic pressed beryllium of various trademarks ［J］. Journal of Nuclear Materials，2014，452：41－45.

［13］ Muñoz A，Martínez J，Monge M A，et al. SANS evidence for the dispersion of nanoparticles in $W-1Y_2O_3$ and $W-1La_2O_3$ processed by hot isostatic pressing ［J］. International Journal of Refractory Metals & Hard Materials，2012，33：6－9.

［14］ Liu H Y，Zheng P L，Cai J M，et al. Enhancing thermoelectric properties of Bi_2Te_3 based pellets through low－temperature liquid phase sintering and heat treatment ［J］. ACS Applied Energy Materials，2023，7：11269－11277.

［15］ Wang F，Zhao Y B，Yang C H，et al. Effect of MoO_3 on microstructure and mechanical properties of （Ti，Mo） Al/Al_2O_3 composites by in situ reactive hot pressing ［J］. Ceramics International，2016，42：1－8.

［16］ Guo S Q. Densification of ZrB_2 based composites and their mechanical and physical properties：a review ［J］. Journal of the European Ceramic Society，2009，29：995－1011.

7 3D 打印技术

7.1 3D 打印概述

3D 打印是一种增材制造技术（Additive Manufacturing，AM），通过逐层添加材料来制造三维物体。3D 打印技术受传统 3D 建筑工艺（图 7.1）的启发，与传统工艺的不同之处在于，它依赖于计算机辅助设计（CAD）模型，将设计的虚拟物体转换为物理实体。与传统的减材制造（如车削、铣削）不同，3D 打印是通过逐层堆积材料来构建复杂的形状，不需要模具或额外的加工步骤。相比传统的去材制造工艺，3D 打印技术具有诸多独特优势：它能够快速、准确地将复杂的数字设计转化为物理对象，不需要模具和其他复杂的工艺步骤，可大大缩短从设计到生产的周期；此外，它能够最大限度地减少浪费，因为它只使用必要的材料来构建物体，这对成本和环境影响都有极大好处。这些优势让 3D 打印成为 21 世纪制造技术的一项革命性突破。

图 7.1　逐层添加材料来制造三维房屋

3D 打印技术之所以能够崛起，并在工业制造、医疗、建筑、教育等多个领域产生深远的影响，离不开其技术的进步和数字化制造趋势的推动。随着计算机辅助设计（CAD）、数控技术、材料科学等技术的发展，3D 打印技术得到了质的飞跃。尤其是在数字化和智能化成为全球制造业升级的关键这一趋势下，3D 打印以其灵活、定制化、材料高效利用等特点，成为"智能制造"时代不可或缺的重要技术之一。

7.2 3D 打印的主要工艺流程

3D 打印的核心是通过逐层叠加材料来构建三维物体，整个过程从数字模型的设计到打印完成的后处理，需要经过多个步骤。图 7.2 是 3D 打印主要工艺的详细流程。

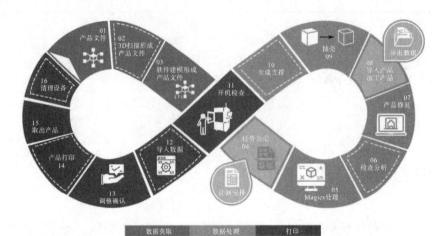

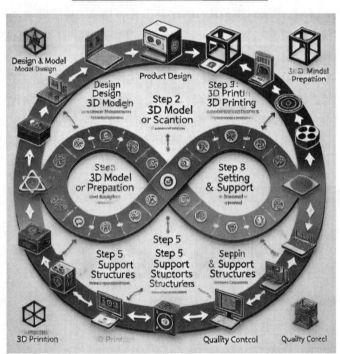

图 7.2　3D 打印流程图

7.2.1　准备阶段：数字模型设计与准备

7.2.1.1　3D 模型创建

建模工具：使用专业的计算机辅助设计（CAD）软件（如 SolidWorks、AutoCAD、Fusion 360）设计三维模型，或者通过 3D 扫描仪生成现有物体的数字模型。

文件格式：3D 打印机通常使用 STL（Standard Tessellation Language）或 OBJ 文件格式，这些格式将物体的表面分割成网格三角面片。

7.2.1.2　模型优化与修复

模型检查与修复：确保模型没有重叠面、孔洞或未封闭表面，可以使用 Netfabb 等软件自动修复模型。

尺寸与比例设置：根据打印机的大小调整模型尺寸，并检查比例是否符合实际需求。

7.2.2　切片与路径规划

7.2.2.1　切片软件设置

切片软件（如 Ultimaker Cura、PrusaSlicer、Simplify3D）将三维模型分解成若干个水平的二维层，并生成每一层的打印路径。

7.2.2.2　打印参数设置

层厚：设置每一层的厚度（通常在 0.05～0.3 mm 之间），层厚越小，打印的精度越高。

填充密度：设置模型的填充结构（如 20％、50％），较高的填充密度会提高模型的强度，但打印时间也会增加。

支撑结构：为悬空部分生成支撑结构，必要时选择树状支撑或网状支撑，以确保打印过程中模型不会坍塌。

打印速度与温度：不同材料需要调整喷头的温度（如 PLA 的打印温度在 180～220℃）和打印速度。

7.2.2.3　G−code 文件生成

切片软件会将模型的打印路径转化为 G−code 文件。这些代码包含打印机的运动控制指令，如喷头移动轨迹、温度和打印速度等。

7.2.3　打印准备与设备校准

7.2.3.1　打印材料准备

根据所选打印技术和模型需求准备适当的材料，如 FDM：PLA、ABS 等热塑性材料。SLA/DLP：光敏树脂。SLS/MJF：尼龙或金属粉末。黏合剂喷射：陶瓷、砂土或金属粉末。

7.2.3.2　打印机校准

床面校准：确保打印平台与喷头的距离均匀，通常需要手动或自动调整平台的水平。

喷嘴或激光头校准：确认喷头或激光头位置准确无误，以确保模型按路径精确打印。

7.2.4　打印过程：逐层构建

7.2.4.1　材料铺设与熔融/黏合

不同打印技术有不同的成型方式。FDM：喷嘴逐层挤出熔融的热塑性材料，并迅速冷却固化。SLA/DLP：激光或光源逐层固化液态光敏树脂。SLS/MJF：激光或加热头选择性地烧结粉末层。黏合剂喷射：喷头选择性喷射黏合剂，将粉末颗粒黏合在一起。

7.2.4.2　逐层打印与平台移动

逐层叠加：模型通过逐层堆积的方式构建，每打印一层，打印平台会下降（或喷头上升）一个层厚。

温控与环境控制：保持恒定温度和湿度，尤其是在金属打印中，需要避免材料氧化。

7.2.5　打印完成后的后处理

7.2.5.1　移除支撑结构

对于使用支撑结构的模型，需要手动或化学方式将支撑去除。

7.2.5.2　去粉与清理

SLS/MJF：移除未烧结的粉末，可通过气流或震动将粉末筛出，未使用的粉末可回收。

7.2.5.3　烧结与浸渗（针对金属打印）

烧结：将金属模型放入高温炉中，使颗粒结合更紧密，提高模型强度。
浸渗：将模型浸入树脂或金属溶液中，填充孔隙，增强材料性能。

7.2.5.4　打磨与抛光

模型表面可能需要进一步打磨、抛光或喷涂，以提升表面质量和美观性。

7.2.6　检测与质量控制

7.2.6.1　尺寸检测与校验

使用工具对打印模型进行测量，确保尺寸精度满足设计要求。

7.2.6.2　力学性能测试

对于功能性部件，还需要进行抗拉、抗压、耐磨等机械性能测试，以确保部件性能符合预期。

7.2.7　后续处理与应用

7.2.7.1　涂装与染色

部分模型需要经过喷漆、上色或表面镀膜处理，以满足外观或防腐蚀的需求。

7.2.7.2　装配与组装

对于多部件组合的模型，打印完成后需要进行组装和调试。

7.2.7.3　实际应用与反馈

根据打印模型的实际使用效果进行评估，必要时对数字模型进行修改，并重新打印优化的版本。

7.3　3D 打印的发展历史

7.3.1　理论提出与技术探索（20 世纪 70 年代末至 80 年代初）

20 世纪 70 年代末期，增材制造的基本概念首次被提出，研究人员开始探讨通过逐层堆积材料来制造复杂形状的物体。这一时期的研究为后来的 3D 打印技术奠定了理论基础。1981 年，日本科学家小玉秀男（Hideo Kodama）提出了通过紫外光固化液态树脂逐层成型的概念，并发明了最早的增材制造原型。虽然他未能成功使该技术商业化，但这一思路为后来的发展提供了重要启发。

7.3.2　3D 打印的正式诞生（20 世纪 80 年代中期）

1984 年，美国工程师查尔斯·赫尔（Chuck Hull）发明了立体光刻法（Stereolithography，SLA），这是第一种商业化的 3D 打印技术。SLA 利用激光逐层固化光敏树脂，制造出三维物体。赫尔的发明标志着现代 3D 打印技术的诞生。1986 年，查尔斯·赫尔申请了 SLA 技术的专利，并成立了 3D Systems 公司，这也是世界上第一家提供商业化 3D 打印解决方案的公司。1988 年，斯科特·克兰普（Scott Crump）发明了另一种重要的 3D 打印技术——熔融沉积成型（Fused Deposition Modeling，FDM）。FDM 技术使用加热熔融的热塑性材料逐层沉积构建物体。这项技术后来广泛应用于消费级和工业级 3D 打印机。

7.3.3　技术的多样化与工业应用（20 世纪 90 年代）

20 世纪 90 年代初，除了 SLA 和 FDM 之外，另一种重要的增材制造技术——选择性激光烧结（Selective Laser Sintering，SLS）问世。SLS 通过激光烧结，使粉末材料形成物体，尤其适合用于金属和高性能塑料的制造。SLS 技术的发明者是卡尔·德克尔（Carl Deckard），他在得克萨斯大学进行相关研究。1993 年，麻省理工学院的伊曼纽尔·萨克斯（Emanual Sachs）和迈克尔·西玛（Michael Cima）开发了 3D 喷墨打印，该技术通过喷射黏合剂将粉末材料逐层黏合，后来成为消费级 3D 打印设备和工业打印的一部分。20 世纪 90 年代中期至后期，随着这些技术逐渐成熟，3D 打印开始应用于航空航天、汽车制造和医疗健康领域，主要用于快速原型制造（Rapid Prototyping）。通过 3D 打印，设计师和工程师可以更快速、低成本地制造产品原型，缩短开发周期。

7.3.4　开源运动与消费级 3D 打印兴起（21 世纪初）

2000 年，3D 打印首次用于生物打印，斯科特·克兰普的斯特塔西（Stratasys）公司和组织工程学家合作，使用 3D 打印技术制造了一个功能性的人体膀胱。此举标志着 3D 打印在医疗健康领域的重大进展。2005 年，英国科学家阿德里安·鲍耶（Adrian Bowyer）发起了 RepRap 项目。RepRap 项目旨在开发一种低成本、开源的 3D 打印机，能够自我复制（打印出它自身的大部分零件）。这一项目极大地推动了消费级 3D 打印技术的普及，并激发了开源 3D 打印社区的发展。2008 年，第一个能打印自身零件的 RepRap 3D 打印机成功面世，进一步降低了 3D 打印机的成本，使其成为普通消费者也能负担得起的设备。随着开源硬件的推广，3D 打印技术开始进入个人和教育市场。2009 年，MakerBot 公司成立，推出了消费级的 FDM 3D 打印机，进一步加速了 3D 打印技术在个人用户和小型企业中的应用。MakerBot 基于 RepRap 的开源设计，使得 3D 打印设备逐渐走入大众视野。

7.3.5　技术成熟与广泛应用（21 世纪 10 年代）

21 世纪 10 年代初，3D 打印技术在多个行业中广泛应用，尤其是在航空航天、汽车制造、医疗健康、建筑等领域。3D 打印不仅用于原型制造，还逐渐用于生产复杂的定制零部件。此时，3D 打印技术已经从快速原型扩展到增材制造，用于生产终端产品。2013 年，GE 公司宣布使用 3D 打印技术制造飞机引擎的燃料喷嘴，标志着 3D 打印技术在高精度、高性能领域的突破。2015 年，3D Systems 公司与 Stratasys 公司等工业巨头继续推动工业级 3D 打印的应用，新材料的开发（如金属粉末、碳纤维复合材料）使得 3D 打印可以应用于更广泛的制造场景。电子束熔融（EBM）和激光金属沉积（LMD）等高端金属增材制造技术不断成熟。2016 年，4D 打印的概念逐渐兴起，4D 打印涉及使用智能材料制造能够在特定条件下改变形状或功能的物体，进一步扩展了 3D 打印的应用可能性。

7.3.6　智能制造与新兴技术（21 世纪 20 年代）

21 世纪 20 年代初，3D 打印技术与智能制造、工业 4.0 结合，逐渐成为数字化制造的重要组成部分。随着人工智能、物联网、大数据等技术的融合，3D 打印能够实现大规模定制生产，优化供应链管理。材料科学的进步也推动了 3D 打印技术的发展，新的材料（如生物材料、功能性纳米材料、环保材料）使得 3D 打印不再局限于使用传统的金属和塑料打印，甚至在医疗、食品、建筑等领域取得了重大突破。例如，3D 打印的人体器官、食品，甚至房屋逐渐成为现实。3D 打印的可持续性越来越受到重视，通过减少材料浪费和能耗，3D 打印为绿色制造和循环经济提供了新的可能。

7.4 3D 打印技术的特点

个性化定制：3D 打印技术能够根据不同需求，快速制造个性化产品，特别适用于制造定制化要求的零部件，减少传统制造中模具的限制。

复杂结构制造：传统制造工艺难以生产复杂结构的产品，而 3D 打印可以轻松处理内部复杂结构，制造出在传统工艺中难以实现的几何形状。

材料多样性：3D 打印支持多种材料，包括塑料、金属、陶瓷、树脂等，不同的打印技术可以适应不同材料的需求，满足各行业的应用。

减少浪费：相比传统的减材制造（如车削、铣削），3D 打印通过逐层堆积材料的方式来制造产品，可极大地减少材料浪费，是一种环保、高效的制造方法。

快速原型制造：3D 打印技术可以在短时间内制作出产品原型，帮助企业在设计和研发过程中快速验证设计想法，缩短研发周期。

小批量生产成本低：对于小批量生产，3D 打印相比传统制造方式的成本要低，因为不需要制造复杂的模具，适合低产量高多样的产品。

制造灵活性高：由于 3D 打印依赖于数字化模型，可以在不改变设备的前提下，快速切换生产不同产品，生产的灵活性和适应性极强。

减少装配工序：3D 打印能够一次性制造出复杂的整体结构，可减少零部件的组装环节，提升制造效率。

7.5 3D 打印技术类型

根据成型原理和所使用的材料，3D 打印技术可分为熔融沉积成型、立体光刻、选择性激光烧结、多射流熔融、电子束熔融、数字光处理及黏合剂喷射这 7 种打印技术，本节分别从概念、工作原理、主要理论和公式及应用领域等几个方面对这些技术进行描述。

7.5.1 熔融沉积成型（Fused Deposition Modeling，FDM）

熔融沉积成型是 3D 打印技术的一种常见工艺，也称为熔融纤维制造（Fused Filament Fabrication，FFF）。FDM 技术通过加热并挤出热塑性材料，将材料逐层堆积，最终形成三维物体（图 7.3）。

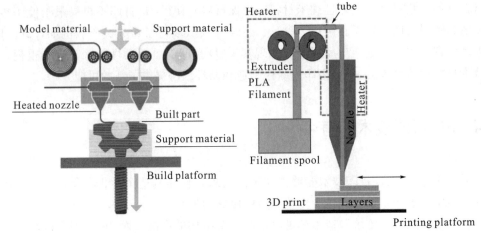

(a)有支撑材料的熔融沉积成型　　　　(b)无支撑材料的熔融沉积成型

图7.3　熔融沉积成型过程示意图

（a）和（b）分别是有/无支持的熔融沉积成型。

7.5.1.1　熔融沉积成型的工作原理

材料加热：FDM 使用的材料通常是热塑性塑料（如 PLA、ABS 等），这些材料被加热至熔融状态，使其可以通过喷嘴挤出。

逐层堆积：加热后的材料通过一个移动的喷嘴（打印头）被挤出后，逐层沉积在构建平台上。喷嘴沿着预先设定的路径移动，将熔融的材料一层一层地堆叠，直到最终构建完成。

冷却和固化：每一层材料在沉积之后会迅速冷却并固化，成为一个稳定的固体结构。构建完成后，物体冷却成型。

7.5.1.2　熔融沉积成型的主要理论和公式

（1）熔融材料的流动模型

FDM 中使用的材料（如 PLA、ABS）通过加热喷嘴熔化，材料在压力下挤出。材料的流动通常可以用流体力学的理论来描述。

材料的体积流速 Q 可以表示为：

$$Q = v \cdot A$$

式中，v 是材料挤出的线速度（喷头的移动速度）；A 是喷嘴出口截面积，通常是圆形的，截面积 $A = \pi r^2$，其中 r 是喷嘴半径。

（2）热传导

在 FDM 打印中，热传导是关键，特别是材料在熔融、固化和层间结合的过程中。热传导率 k 描述了材料的热导性能，可用傅里叶定律表示热量的传递：

$$q = -k \cdot A \cdot \frac{\mathrm{d}T}{\mathrm{d}x}$$

式中，q 是单位时间通过材料的热量；k 是材料的热导率；A 是热量通过的截面积；$\dfrac{\mathrm{d}T}{\mathrm{d}x}$ 是温度梯度。

（3）冷却与固化

打印时，材料的冷却与固化速度会影响层间附着强度和最终的零件质量。冷却速度主要由对流和辐射散热决定，牛顿冷却定律可以用来估计冷却过程中的热损失：

$$q = h \cdot A \cdot (T_{\text{material}} - T_{\text{ambient}})$$

式中，h 是对流换热系数；A 是表面积；T_{material} 是材料表面温度；T_{ambient} 是环境温度。

（4）层间结合强度

FDM 打印的层间结合质量取决于热量传递、材料扩散和时间。结合强度可以通过黏附理论和扩散模型来描述：

扩散深度 d 可表示为：

$$d = (D \cdot t)^{1/2}$$

式中，D 是扩散系数；t 是材料熔融状态的时间。

（5）应力与变形

FDM 零件在冷却过程中可能发生热应力和收缩变形。应力 σ 与应变 ε 的关系可通过胡克定律表示：

$$\sigma = E \cdot \varepsilon$$

式中，E 是材料的杨氏模量。

7.5.1.3 熔融沉积成型的优缺点

（1）优点

材料选择多样：FDM 可以使用多种热塑性材料，如 PLA（聚乳酸）、ABS（丙烯腈-丁二烯-苯乙烯共聚物）、PETG（聚对苯二甲酸乙二醇酯）等，适用于各种不同的应用需求。

设备成本较低：相比其他 3D 打印技术，FDM 的设备相对简单，生产成本较低，因此广泛应用于桌面级 3D 打印机和家庭用户中。

操作简单：FDM 打印机易于操作，维护相对简便，适合入门级用户以及需要快速制造原型的场景。

适合大尺寸构建：FDM 技术相对于其他精细度较高的技术，能够构建较大的三维物体，适合一些对尺寸要求较高的项目。

（2）缺点

打印精度有限：由于 FDM 是通过材料熔融挤出的方式构建，每层的厚度和喷嘴的直径决定了打印的分辨率和表面精度。与其他 3D 打印技术（如 SLA、SLS）相比，

FDM 的表面光滑度和细节表现稍逊，需要后期打磨和处理。

支撑结构：由于 FDM 是逐层堆积的过程，当遇到复杂或悬空的结构时，需要增加支撑材料。打印完成后，支撑材料需要移除，可能影响打印效率。

7.5.1.4 熔融沉积成型的应用领域

快速原型：FDM 广泛应用于快速原型制造，帮助设计师和工程师在产品开发的早期阶段快速测试和验证设计。

教育和创客：由于其低成本和操作简便，FDM 技术常用于教育和创客空间，帮助学生学习设计和制造技能。

功能部件制造：一些工业领域利用 FDM 技术制造功能性部件，特别是使用高强度材料（如碳纤维增强塑料）时，可以生产坚固耐用的产品。

7.5.2 立体光刻（Stereolithography，SLA）

立体光刻是 3D 打印技术中非常重要的一种，它通过使用光敏树脂和紫外光进行逐层固化来构建三维物体。SLA 技术具有较高的精度和表面光滑度，广泛应用于制造高质量的原型和精细的模型。其打印和打印过程示意图如图 7.4 所示。

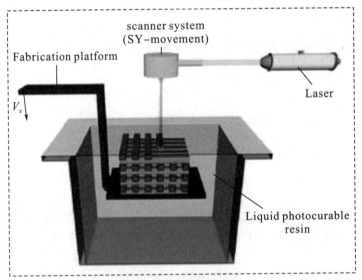

(a)立体光刻打印示意图

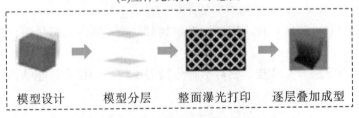

(b)立体光刻打印过程示意图

图 7.4 立体光刻打印和打印过程示意图

7.5.2.1 立体光刻的工作原理

光敏树脂：SLA 技术使用光敏树脂作为打印材料。光敏树脂是一种液态的聚合物材料，当暴露在特定波长的紫外光（通常是 405 nm 的激光或 UV 光）下时，会发生固化反应。

激光固化：SLA 的核心在于利用精密的激光束或数字光处理器（DLP）逐层固化光敏树脂。激光根据预设的三维模型路径在树脂表面扫描，使接触到的区域固化。

逐层构建：每一层树脂固化后，打印平台会轻微下降一个层厚（通常为 25～100 μm），然后将新一层液态树脂铺设在已固化的层上，接着继续进行下一层的激光固化。如此反复，直到整个模型完成。

后固化处理：打印完成后，模型需要经过进一步的紫外光照射来彻底固化，增强模型的力学性能和稳定性。

7.5.2.2 立体光刻的主要理论和公式

（1）光固化原理

SLA 的核心是光引发的化学反应。当光敏树脂吸收光能时，光引发剂分解产生自由基，自由基引发树脂单体的聚合反应，使液态树脂固化。这个过程涉及光吸收、光引发效率和固化深度等。

①光吸收定律。

光敏树脂对光的吸收通常遵循朗伯-比尔定律，该定律描述了光强随深度的衰减：

$$I(x) = I_0 \cdot e^{-\alpha x}$$

式中，$I(x)$ 是在深度 x 处的光强；I_0 是入射光的初始强度；α 是光吸收系数，取决于材料的光学性质和波长；x 是树脂的深度。

②固化深度（Curing Depth）。

在 SLA 中，固化深度 d_c 是指光敏树脂中达到固化所需的光强深度。固化深度由曝光能量和材料特性决定：

$$d_c = D_p \cdot \ln \frac{-E}{E_c}$$

式中，D_p 是材料的固化深度常数，表示光的穿透深度；E 是曝光能量；E_c 是材料的临界曝光能量，即开始固化的最小能量。

③固化宽度（Curing Width）。

在 SLA 打印过程中，除了固化深度，还需要考虑固化宽度 ω。光束在树脂表面的光斑会产生扩散，导致固化区域比光斑尺寸大。固化宽度与光束的散射和曝光能量有关：

$$\omega = \omega_0 + 2 \cdot D_p \cdot \sqrt{\frac{E}{E_c}}$$

式中，ω_0 是光束的初始光斑直径。

（2）树脂聚合动力学

在 SLA 中，光敏树脂的固化速率由光引发剂分解产生的自由基浓度决定，这与光强 $I(x)$ 和曝光时间 t 有关。固化速率 R_p 可以表示为：

$$R_p = k_p \cdot [M] \cdot [I]$$

式中，k_p 是聚合反应速率常数；$[M]$ 是单体浓度；$[I]$ 是光引发剂的自由基浓度。

7.5.2.3　立体光刻的优缺点

（1）优点

高精度和高分辨率：SLA 技术可以实现非常高的打印精度和表面质量，细节表现能力强，适用于制造复杂形状和高要求的模型，表面光滑度明显优于 FDM 技术。

优异的表面光洁度：由于是通过液态光敏树脂固化而成，SLA 打印出的物体表面非常光滑，后处理需求较少，适合需要高精细度和光洁度的应用场景。

多种光敏树脂材料：SLA 可以使用多种光敏树脂，包括标准树脂、耐高温树脂、柔性树脂、透明树脂、耐用树脂等，不同的树脂可以满足不同的应用需求。

（2）缺点

支撑结构需求：在 SLA 打印过程中，对于复杂或者悬空的结构，需要使用支撑材料。支撑材料通常是同一树脂构成，但打印完成后需手动移除，可能影响效率。

打印速度较慢：由于需要逐层固化，并且每层的固化过程需要一定的时间，SLA打印相对较慢，特别是在高分辨率下，构建时间较长。

7.5.2.4　立体光刻的应用领域

快速原型制造：SLA 常用于制造高精度的原型，帮助设计师和工程师在产品开发的早期阶段测试复杂形状和细节。

珠宝和牙科行业：由于 SLA 的高精度和表面光洁度，它广泛用于珠宝和牙科领域，能够制造精细的模型或模具，如牙齿矫正器、定制设计的珠宝等。

医疗领域：SLA 可以用于制造复杂的医疗模型和设备，如手术导板、定制化植入物等，有助于医生进行手术规划和病患的康复。

高精度工业部件：工业设计中，SLA 用于制造高精度零件、功能性原型以及注塑模具的母模。

7.5.2.5　SLA 与其他 3D 打印技术的对比

与 FDM 相比：SLA 打印精度和表面光洁度远超 FDM，但成本较高，适合需要高精细度的应用。而 FDM 适合制造更大、结构简单的物体。

与 SLS 相比：SLA 和 SLS（选择性激光烧结）都有较高的精度，但 SLA 主要适用于光敏树脂材料，而 SLS 则适用于粉末材料（如尼龙、金属粉末等），两者的应用领域有所不同。

7.5.3 选择性激光烧结（Selective Laser Sintering，SLS）

选择性激光烧结是一种广泛应用于工业领域的 3D 打印技术，它通过使用激光将粉末材料逐层烧结，最终形成三维物体。SLS 技术以其高强度、高精度以及适应多种材料的特点，常用于制造功能性原型和最终产品（图 7.5）。

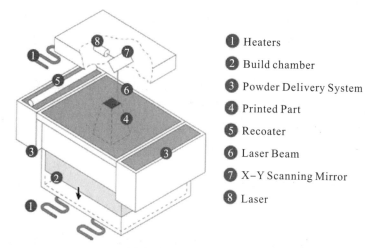

1 Heaters
2 Build chamber
3 Powder Delivery System
4 Printed Part
5 Recoater
6 Laser Beam
7 X–Y Scanning Mirror
8 Laser

(a)选择性激光烧结组成示意图

选择性激光烧结

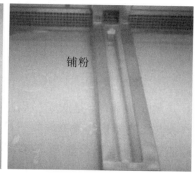

铺粉

(b)选择性激光烧结和铺粉

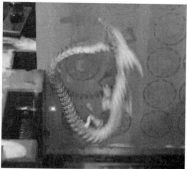

(c)从基底上剥离过程

图 7.5　选择性激光烧结示意图

7.5.3.1 选择性激光烧结工作原理

粉末材料铺设：SLS 使用粉末材料，如尼龙、聚合物、金属、陶瓷等。打印开始时，粉末材料被均匀铺在构建平台上，形成一层薄薄的材料层。

激光选择性烧结：激光器根据三维模型的数据，在铺设的粉末层上选择性地扫描并加热，使局部区域的粉末材料发生烧结或熔化，形成一层固化的结构。

逐层构建：一层烧结完成后，构建平台会下降一个层厚（通常为几十微米），然后再次铺上一层新的粉末，激光继续在新的一层上选择性烧结。这个过程不断重复，直到整个模型完成。

粉末支撑：在 SLS 打印过程中，未被激光烧结的粉末作为支撑结构，因此不需要额外的支撑材料。这使得 SLS 可以打印非常复杂的几何形状和悬空结构。

后处理：打印完成后，未烧结的粉末需要被移除，模型通常还会经过进一步的后处理，如清理、喷砂或上色。

7.5.3.2 选择性激光烧结主要理论和公式

（1）激光与材料的相互作用

在 SLS 打印过程中，激光的能量被粉末材料吸收，导致局部升温并引发粉末颗粒的熔化或烧结。烧结或熔化后的材料冷却并凝固形成固体结构。

激光在粉末材料表面投射的能量密度 E 是激光功率 P 和扫描速度 v 的函数，公式为：

$$E = \frac{P}{v \cdot h}$$

式中，P 是激光功率；v 是激光扫描速度；h 是激光束的光斑直径。

粉末材料吸收激光能量的效率取决于材料的吸收系数 α，同时伴随有热传导和散射的过程。吸收的能量会转化为热量，提升材料温度。根据傅里叶定律，热传导速率 q 为：

$$q = -k \cdot \nabla T$$

式中，k 是材料的热导率；∇T 是温度梯度。

（2）热分析与烧结温度

SLS 过程中的温度场是通过激光加热和热传导扩散形成的。为了使粉末颗粒烧结或熔化，温度必须达到材料的烧结温度或熔点。材料在吸收激光能量后，其温度变化可以通过热量平衡方程来表示：

$$Q = m \cdot c \cdot \Delta T$$

式中，Q 是吸收的总热量；m 是烧结区域的质量；c 是材料的比热容；ΔT 是温度变化。

对于完全熔化，材料还需要吸收熔化潜热 L，此时总吸收热量为：

$$Q = m \cdot c \cdot (T_m - T_0) + m \cdot L$$

式中，T_m 和 T_0 分别是材料熔点温度和初始温度；L 是材料的融化潜热；m 是熔化区域的质量。

（3）烧结动力学

SLS 过程中，粉末颗粒在高温下通过扩散或熔化机制相互结合，形成致密的固体结构。烧结速率取决于激光的能量输入、材料的温度以及扩散系数。

烧结过程可以通过颗粒接触扩展的模型来描述。扩展速率 x 可以用扩散系数 D 来表示：

$$x \propto D \cdot (\frac{\gamma}{\eta})$$

式中，γ 是表面张力；η 是黏度；D 是扩散系数，遵循阿伦乌斯方程：

$$D = D_0 \cdot e^{\frac{Q_d}{RT}}$$

式中，D_0 是扩散前因子；Q_d 是扩散活化能；R 是气体常数；T 是温度。

（4）热应力与变形

SLS 过程中，由于温度梯度的存在，零件可能产生热应力和热变形。这是由于烧结区域与周围未烧结区域的冷却速率不同所引起的。热应力可以通过热应变 ε_T 和杨氏模量 E 来描述：

$$\sigma_T = E \cdot \varepsilon_T = E \cdot \alpha \cdot \Delta T$$

式中：σ_T 是热应力；α 是材料的热膨胀系数；ΔT 是温度变化。

7.5.3.3 选择性激光烧结的主要特点

无需支撑结构：SLS 的粉末材料在打印过程中充当支撑，因此可以制造出复杂的几何结构和悬空设计，不需要额外添加支撑材料，减少了后期处理的难度。

材料选择广泛：SLS 可以使用多种材料，包括尼龙、玻璃填充尼龙、铝粉、碳纤维、金属粉末、陶瓷等。尤其在制造功能性原型和工业部件时，尼龙和金属粉末是常见的材料选择。

高强度和耐用性：SLS 打印出的物体通常具有较高的机械强度和耐用性，适合制造功能性部件，甚至可以用于最终产品的生产。

打印精度高：SLS 的激光扫描过程精度很高，可以制造复杂的细节和精细的部件，适合用于制造要求高精度和复杂形状的工业部件。

打印速度较快：相比其他 3D 打印技术（如 SLA），SLS 能够在较短的时间内打印大型部件，特别适合工业制造和小批量生产。

7.5.3.4 选择性激光烧结的应用领域

工业制造：SLS 技术广泛应用于汽车、航空航天等领域，用于制造高强度的功能部件、工装夹具和定制化产品。

医疗和牙科：SLS可用于生产复杂的医疗器械和定制的牙科模型。因为SLS能生产耐用、精密的部件，这些模型可以用于手术规划或植入物设计。

消费产品：SLS也应用于消费产品的开发，如定制的鞋类、家具和电子设备外壳等，能够提供个性化和小批量的生产解决方案。

航空航天：由于SLS可以使用金属粉末，能够制造高强度、轻量化的零部件，特别适合航空航天领域的应用。

原型设计：SLS被广泛用于快速原型制造，特别是需要高强度和功能测试的原型。这些原型可以直接用于测试，甚至在某些情况下作为最终产品使用。

7.5.3.5　选择性激光烧结与其他3D打印技术的对比

与FDM相比：SLS的打印精度和强度高于FDM，而且能够打印复杂的几何结构。FDM虽然成本较低，但通常用于原型制造，SLS则更多用于功能性部件的生产。

与SLA相比：SLS的材料选择更为广泛，特别是尼龙和金属材料的应用，使其适合功能性和高强度部件的制造。SLA的优势在于精度和表面质量，适合制作高精细的模型。

与DMLS/SLM（直接金属激光烧结/选区激光熔化）相比：SLS主要使用尼龙、塑料等材料，而DMLS/SLM则专注于金属打印，两者在应用领域有所不同。SLS常用于非金属功能件的生产，而DMLS/SLM则用于金属部件的制造。

7.5.3.6　选择性激光烧结的优缺点

（1）优点

不需要支撑结构，可以打印复杂几何形状的部件；高强度和耐用性，适用于功能性部件；材料多样，包括塑料、金属和陶瓷；打印精度高，适合工业应用。

（2）缺点

成本较高，特别是金属粉末的价格和设备成本；需要后处理工序，去除未烧结的粉末；打印过程可能产生较多粉尘，需要专业设备和防护措施。

7.5.4　多射流熔融（Multi Jet Fusion，MJF）

多射流熔融是惠普公司开发的一种先进的3D打印技术，属于粉末床熔融工艺的一种。MJF通过喷射熔融剂和细化剂，再使用热源来熔化和固化材料，逐层构建三维物体（图7.6）。该技术以其高速度、高精度和优异的材料性能在工业领域具有广泛应用。

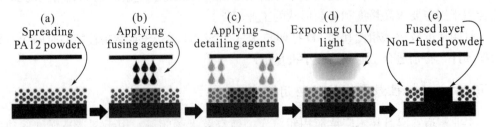

图7.6　多射流熔融制备产品过程示意图

图 7.6 中，（a）打印头在构建平台上铺设一层薄薄的材料粉末。（b）喷墨头在粉末层上移动，并在其上放置两种不同的液体剂：融合剂和细化剂。（c）加热单元在粉末床上移动。融合剂作用的区域下方的粉末会融合在一起形成所需形状，而细化剂作用的区域则保持为未熔化的松散粉末，细化剂的作用在于定义部件的精确边界，确保尺寸精度。（d）清理粉末，使得打印出的部件具备所需的几何形状。这些松散的粉末消除了对支撑结构的需求，因为下层粉末支撑着上面打印出的部分。（e）打印过程的最后，整个粉末床和其中的打印部件被移至独立的处理站点。

7.5.4.1 多射流熔融的工作原理

（1）粉末材料铺设

MJF 使用的材料通常是聚合物粉末（如尼龙 12），类似于选择性激光烧结（SLS）。首先，打印机在构建平台上铺设一层均匀的聚合物粉末。

（2）熔融剂和细化剂喷射

熔融剂（Fusing Agent）：打印机在需要固化的区域喷射熔融剂，熔融剂吸收热量，促使这些区域的粉末熔化。

细化剂（Detailing Agent）：在物体边缘或细节区域，喷射细化剂，细化剂会降低这些区域的热吸收，以保持精确的边缘和细节。

（3）热源加热

打印机通过红外加热器或其他热源，对喷射了熔融剂的区域进行加热，使这些粉末材料熔化并固化，形成物体的一个截面。逐层构建：每一层固化后，构建平台会下降一个层厚（通常为 80 μm 左右），然后重新铺设一层粉末并重复上述步骤，直到整个物体被打印完成。

（4）冷却和后处理

打印完成后，构建平台需要冷却，然后去除未固化的粉末。未固化的粉末可以重复使用。打印完成的部件通常还需进行进一步的后处理，如清理、染色或喷涂等。

7.5.4.2 多射流熔融的主要理论和公式

（1）液滴喷射与控制

MJF 使用喷射头来精确地喷射熔融剂和细节剂。液滴的体积、喷射速率和位置精度直接影响最终零件的质量。液滴的飞行和沉积过程可以通过流体力学来描述。

液滴喷射的动力学通常由雷诺数 Re 和韦伯数 We 描述，用于分析液滴的流动特性和表面张力效应。

雷诺数：

$$Re = \frac{\varrho \cdot v \cdot d}{\mu}$$

韦伯数：

$$We = \frac{\varrho \cdot v^2 \cdot d}{\gamma}$$

式中，ρ 是液体密度；v 是液滴速度；d 是液滴直径；μ 是液体的黏度；γ 是液体的表面张力。

较高的韦伯数表明液滴会产生较大的变形和扩展，而较低的韦伯数则意味着液滴更容易保持球形。

（2）应力与收缩

在冷却过程中，由于温度梯度和材料相变，可能会产生热应力和收缩。热应力可以通过应力－应变关系（如胡克定律）来描述：

$$\sigma = E \cdot \alpha \cdot \Delta T$$

式中，σ 是热应力；E 是材料的杨氏模量；α 是热膨胀系数；ΔT 是温度变化。

材料的体积收缩 ε 可以通过以下公式估算：

$$\varepsilon = \frac{L_0 - L_f}{L_0}$$

式中，L_0 是初始尺寸；L_f 是最终尺寸。

7.5.4.3 多射流熔融的主要特点

高速度：MJF 打印速度相对较快，由于该技术是通过喷射熔融剂和热源加热来完成材料熔融，避免了逐点扫描的过程（如 SLS 中的激光扫描），因此可以更快速地完成每一层的打印。

高精度和细节表现：由于使用了细化剂，MJF 打印的物体边缘和细节部分非常清晰，能够提供高质量的表面精度和细节表现。此外，细化剂还能够减少物体的边缘粗糙感，提供较为平滑的表面效果。

材料重复利用：MJF 技术中未使用的粉末材料可以回收并重复使用，减少了材料浪费，降低了整体成本。

材料性能优异：MJF 打印的部件通常具有较好的机械性能，如高强度、韧性和耐用性，适合功能性部件的生产。尤其是使用尼龙等材料时，成品的力学性能接近注塑成型的水平。

无需支撑结构：和 SLS 技术类似，MJF 打印过程中，未熔化的粉末作为自然支撑，因此无需额外添加支撑结构。这使得制造复杂的几何形状和悬空结构的部件更为简便。

7.5.4.4 多射流熔融的应用领域

工业制造：MJF 广泛用于制造功能性部件和小批量生产的工业零件，如齿轮、外壳、支架等。其打印速度和材料性能使其在生产应用中非常受欢迎。

消费品制造：由于MJF能够生产高质量的塑料部件，消费电子、运动鞋、家居用品等行业利用该技术进行定制化、小批量生产和快速原型制造。

医疗设备：MJF技术也在医疗领域得到了应用，特别是个性化医疗器械和定制的辅助工具，如矫形器、假肢和手术导板等。

汽车和航空航天：MJF的材料强度和耐用性使其适用于汽车和航空航天行业的零部件制造，能够提供轻量化和高性能的产品。

7.5.4.5 多射流熔融与其他3D打印技术的对比

与SLS相比：MJF与SLS同样使用粉末床技术，但MJF通过喷射熔融剂和细化剂再加热熔融，而SLS则通过激光逐点烧结粉末。MJF通常速度更快，表面质量更好，且未使用的粉末可以更高比例地回收利用。SLS更适合金属等特定材料，而MJF更多使用塑料材料。

与FDM相比：FDM打印速度相对较慢，精度和表面质量不及MJF。MJF打印出来的部件具有更好的力学性能，适合工业和功能性部件的制造，而FDM则更多用于原型设计或低成本制造。

与SLA相比：SLA的精度和表面光洁度高于MJF，适合制作复杂且精细的模型。MJF则擅长生产功能性和机械性能要求较高的部件。

7.5.4.6 多射流熔融的优缺点

（1）优点

打印速度快，适合大规模、小批量生产；部件机械性能优异，接近传统制造工艺的力学性能；无需支撑结构，可以打印复杂形状；未使用的粉末可以回收重复利用，降低成本；表面质量好，细节清晰。

（2）缺点

设备成本较高；粉末材料种类相对有限，主要以尼龙为主，金属材料的应用尚未普及；后处理工序（如清理、染色等）可能增加时间和成本。

7.5.5 电子束熔融（Electron Beam Melting，EBM）

电子束熔融是一种先进的金属3D打印技术，通过电子束将金属粉末或金属线材逐层熔化，构建高强度、耐用的三维物体（图7.7）。EBM技术在航空航天、医疗和汽车等领域应用广泛，特别适合高性能金属部件的制造。

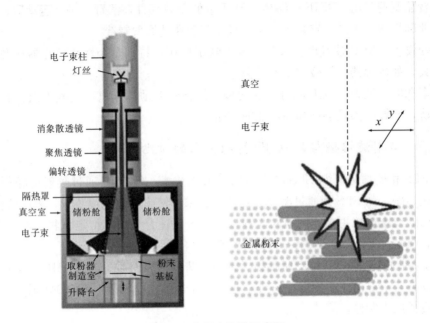

图 7.7 电子束熔融示意图

7.5.5.1 电子束熔融的工作原理

EBM 的工作原理是利用高能量的电子束加热并熔化金属材料，通常使用金属粉末材料，如钛合金、镍基合金等。整个过程在真空环境下进行，以防止氧化和其他不良反应的发生。

真空环境：EBM 打印在真空环境中进行，以确保电子束的稳定性，并避免金属材料与空气中的氧发生反应，保持打印材料的纯度。

电子束生成：电子束由电子枪产生，通过高压电场加速并聚焦在目标区域。电子束的能量非常高，能够熔化金属粉末，形成坚固的材料层。

金属粉末铺设：金属粉末被均匀铺在构建平台上，形成一层薄薄的材料层。电子束会根据设计模型选择性地熔化该层粉末。

逐层熔化和构建：电子束根据计算机生成的三维模型图案，在每一层金属粉末上逐点熔化并固化。每一层完成后，平台下降，铺设新的一层金属粉末，并重复这一过程，直到整个零件构建完成。

后处理：打印完成后，未熔化的粉末会被去除。由于 EBM 的打印件是完全熔化的金属，因此通常不需要进一步热处理，但在某些应用场景下可能会有必要的后处理步骤，如去除支撑结构或表面精加工。

7.5.5.2 电子束熔融的主要理论和公式

（1）能量吸收率

金属材料对电子束的能量吸收率 η 由材料的种类、表面条件和束流的参数决定。吸收的能量用于提升材料的温度并导致熔化。吸收的热量 Q 可以表示为：

$$Q = \eta \cdot P \cdot t$$

式中，η 是吸收效率；P 是电子束功率；t 是曝光时间。

（2）熔融温度与能量平衡

为了使金属粉末熔化，温度必须升高到材料的熔点以上，且吸收的能量必须足以克服材料的熔化潜热。能量平衡方程描述了吸收的能量如何转化为热能和熔化过程。

对于体积 V 内的材料，能量平衡方程可以写为：

$$Q_{input} = m \cdot c \cdot \Delta T + m \cdot L_f$$

式中，Q_{input} 是电子束提供的总热量；m 是材料质量；c 是材料的比热容；ΔT 是材料的温度变化；L_f 是材料的熔化潜热。

对于完全熔化的情况，温度会升高至熔点 T_m，并吸收额外的熔化潜热 L_f 才能完全转变为液态。

（3）熔池的形成与扩展

EBM 中的熔池（即熔化区域）由电子束引导，受热扩展并冷却凝固。熔池的大小和形状取决于电子束的功率、扫描速度和材料的热特性。

熔池的深度 d 是电子束提供的热量与材料导热性的函数，可以用以下公式表示熔池的深度：

$$d = \frac{\sqrt{2 \cdot k \cdot t}}{\rho \cdot c}$$

式中，k 是材料的热导率；t 是加热时间；ρ 是材料密度；c 是材料的比热容。

7.5.5.3   电子束熔融的主要特点

高温打印：EBM 的电子束温度可达 3000℃ 以上，能够处理各种高熔点金属材料，特别适合于制造钛合金、镍基合金等高性能金属零件。

真空环境：真空环境防止了氧化反应，使得打印材料保持高纯度，特别适用于航空航天和医疗器械领域对材料纯度要求严格的应用场景。

高密度和机械性能优异：EBM 打印的金属部件经过完全熔化和固化，结构致密，强度和硬度与传统金属制造工艺相当，适用于需要高机械性能的应用。

打印速度快：由于电子束可以快速扫描和熔化大面积粉末，EBM 的打印速度较快，特别适合较大金属部件的生产。

无需支撑材料：在 EBM 打印过程中，未熔化的金属粉末充当支撑，因此不需要额外的支撑结构，使得打印复杂的几何形状和悬空结构的部件更为简便。

7.5.5.4   电子束熔融的应用领域

航空航天：EBM 技术非常适合制造轻质、高强度的金属零件，如涡轮叶片、发动机组件等。该技术能够使用钛合金和镍基合金等耐高温材料，在极端条件下具有良好的性能表现。

医疗设备：EBM 在医疗领域广泛应用，特别是制造定制化的植入物，如钛合金髋关节、颅骨修复植入物等。EBM 制造的金属植入物具有优异的生物相容性和高机械强度。

汽车工业：EBM 技术可用于生产高强度、耐高温的汽车零部件。如发动机部件和排气系统，其轻量化和高强度特性有助于提高汽车性能并降低燃油消耗。

能源领域：在能源工业中，EBM 可用于生产核能和石油天然气领域的关键部件，这些部件通常要求高耐腐蚀性和高温稳定性。

7.5.5.5　电子束熔融与其他 3D 打印技术的对比

与 SLS 相比：EBM 和 SLS 都属于粉末床熔融技术，但 EBM 使用电子束，而 SLS 使用激光。EBM 能够达到更高的温度，适用于熔点更高的金属材料，如钛合金和镍基合金。SLS 多用于塑料和一些熔点较低的金属粉末，而 EBM 更适合高性能金属部件的制造。

与 DMLS/SLM 相比：DMLS/SLM 使用激光熔化金属粉末，EBM 使用电子束。EBM 的打印速度更快，适合制造较大的金属零件，而 DMLS/SLM 通常适合较高精度的金属零件。EBM 适合高强度、高温环境下的应用，DMLS/SLM 则更侧重于精细金属加工。

与 MJF 相比：MJF 主要使用聚合物材料，而 EBM 专注于金属材料，因此两者的应用领域不同。MJF 适合塑料部件的快速制造，而 EBM 适用于高强度金属零件的生产。

7.5.6.6　电子束熔融的优缺点

（1）优点

能够处理高性能金属材料，适合高强度、耐高温的应用；部件机械性能优异，密度高、强度大；打印速度快，适合大规模金属部件的制造；在真空环境中工作，确保材料纯度高；不需要支撑结构，能够打印复杂的几何形状。

（2）缺点

设备成本和操作复杂性较高；打印精度可能略低于激光熔融技术，如 DMLS/SLM；由于要求真空环境和高温的条件，能耗较大；材料选择相对有限，主要集中在钛合金和其他高性能金属。

7.5.6　数字光处理（Digital Light Processing，DLP）

数字光处理是一种基于光学和数字成像技术的 3D 打印技术（图 7.8），广泛应用于快速原型制造、珠宝设计、牙科、医疗器械以及工业零件的制造。DLP 技术以其高精度、高速度和良好的表面质量而受到青睐。

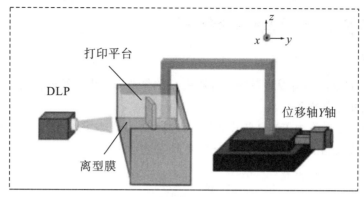

(a) 数字光处理技术仪器示意图

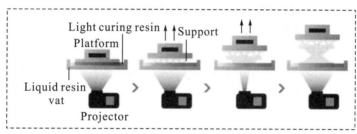

(b)数字光处理技术过程示意图

图 7.8　数字光处理技术仪器和数字光处理技术过程示意图

7.5.6.1　数字光处理的工作原理

DLP 的工作原理是利用数字光源（通常是数字投影机或高分辨率 LCD 显示器）将光照射到光敏树脂上，使其逐层固化。具体步骤如下。

树脂准备：DLP 打印使用的是光敏树脂，这种材料在受到特定波长光照射后会发生聚合反应，从而固化成固体状态。

图像生成：计算机将三维模型分解为二维切片，DLP 设备的光源（如数字投影机）将这些切片图像逐层投影到光敏树脂的表面。每一层的图像覆盖了整个构建区域，从而实现快速成型。

光照固化：光源发出的光照射到树脂上，使树脂在投影区域内迅速固化。DLP 的特点是可以在一层的整个表面同时固化，因此比逐点扫描的其他技术（如 SLA）更快。

逐层构建：一旦一层固化完成，构建平台会下降一个层厚（通常在几十微米到一毫米之间），然后重新铺上一层新树脂，再次投影并固化。这个过程不断重复，直到整个三维物体构建完成。

后处理：打印完成后，通常需要将打印件从树脂池中取出，并清除未固化的树脂。此后，打印件可能还需要后固化和表面处理，以提高机械性能和表面质量。

7.5.6.2 数字光处理的主要理论和公式

（1）光学投影与分辨率

DLP 系统的分辨率由投影系统的分辨率、光源光斑大小以及树脂的固化行为决定。

①像素尺寸与分辨率。

投影系统的分辨率由 DMD 芯片的像素尺寸和投影光学系统的放大倍数决定。每个像素对应于树脂表面的一定区域，其分辨率 R 可表示为：

$$R = \frac{d_{\text{pixel}}}{M}$$

式中，d_{pixel} 是 DMD 的像素尺寸；M 是投影系统的放大倍数。更高的分辨率意味着每层可以打印出更精细的细节。

②光斑大小与分辨率。

投影光斑大小影响打印细节，光斑越小，分辨率越高。光斑大小 d_{spot} 与光源、投影系统和焦距 f 相关，通常用以下公式估算：

$$d_{\text{spot}} = \frac{\lambda \cdot f}{D}$$

式中，λ 是光源波长；f 是投影系统的焦距；D 是投影光圈的直径。

（2）树脂流变学与固化特性

光敏树脂的流变特性影响固化过程中树脂的流动性和固化行为。树脂的黏度与温度、分子结构以及光照条件密切相关。

光敏树脂的黏度 η 影响树脂在未固化状态下的流动性。黏度通常是剪切速率 y 的函数，描述为非牛顿流体行为：

$$\eta = \eta^0 \cdot (1 + k \cdot \dot{y}^n)$$

式中，η^0 是零剪切黏度；k 和 n 是材料常数；$\dot{y}$ 是剪切速率。

较高的黏度可能导致液态树脂流动性差，影响未固化区域的树脂补充和后续层的固化。

7.5.6.3 数字光处理的主要特点

高精度：DLP 技术能够实现非常高的打印精度，适合制造复杂形状和精细细节的部件。其分辨率通常可以达到微米级别，适合要求高细节的应用。

打印速度快：与传统的逐层打印技术（如 FDM 和 SLA）相比，DLP 能够在每一层同时固化，显著提高了打印速度，特别适合批量生产和快速原型制造。

优良的表面质量：DLP 打印的物件通常具有光滑的表面和高质量的细节，适合用于展示和功能性原型。

材料多样性：DLP 技术可以使用多种类型的光敏树脂，包括标准树脂、柔性树脂、耐高温树脂、透明树脂等，适应不同的应用需求。

较低的操作难度：DLP 设备通常操作简单，易于设置和使用，适合不同层次的用户。

7.5.6.4　数字光处理的应用领域

珠宝设计：DLP 技术能够快速制造高精度的珠宝模型，方便设计师进行展示和铸造。

牙科：在牙科领域，DLP 用于制造牙齿模型、牙套和其他个性化的医疗器械，能够提供高精度的定制解决方案。

快速原型：DLP 被广泛应用于快速原型制造，帮助企业在产品开发阶段进行快速迭代和设计验证。

医疗器械：DLP 可以用于制造复杂的医疗器械部件，如手术导板、植入物和个性化辅助器具。

消费电子：DLP 技术可以应用于消费电子产品的外壳、配件和定制化产品的制造。

7.5.6.5　数字光处理与其他 3D 打印技术的对比

与 SLA 相比：DLP 和 SLA 都是光固化技术，但 DLP 使用数字光源进行整体固化，而 SLA 通常通过激光逐点固化。DLP 的打印速度通常较快，适合批量生产，而 SLA 的打印精度在细节表现上可能更优。

与 FDM 相比：FDM 使用热塑性材料进行熔融沉积，适合大型部件和实用零件的生产，而 DLP 更适合需要高精度和细节的产品制造。DLP 打印的表面质量更好，但 FDM 的材料选择更广泛。

与 MJF 相比：MJF 主要用于塑料材料的快速生产，强调批量生产的效率，而 DLP 则专注于高精度的光敏树脂打印，适合复杂细节的产品。

7.5.6.6　数字光处理的优缺点

优点：打印精度高，适合复杂细节和小部件的生产；打印速度快，能够同时固化整个层面表面质量优良，适合展示和功能性原型；材料选择多样，可以根据需求选择不同类型的树脂。

缺点：光敏树脂的强度和耐用性通常低于某些热塑性材料（如 ABS 或聚碳酸酯），适合特定应用；打印过程可能会有未固化树脂的处理问题，需要后处理工序；DLP 设备和光敏树脂的成本相对较高；打印件对紫外线光敏感，可能需要妥善存放和处理。

7.5.7　3D 黏合剂喷射打印（3D Binder Jet Printing）

3D 黏合剂喷射打印是一种间接增材制造技术，通过喷射黏合剂将粉末材料逐层黏合，构建三维物体（图 7.9）。此技术的独特之处在于可以打印复杂几何结构，支持多种材料如金属、陶瓷和砂土，且无需支撑结构，是工业和艺术设计中的重要制造手段。

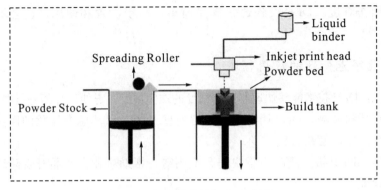

(a) 3D黏合剂喷射打印示意图

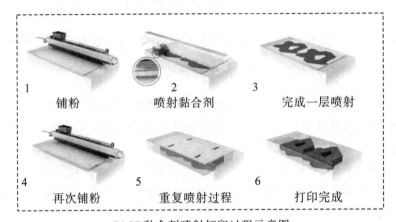

(b) 3D黏合剂喷射打印过程示意图

图 7.9　3D 黏合剂喷射打印和 3D 黏合剂喷射打印过程示意图

7.5.7.1　3D 黏合剂喷射打印的工作原理

3D 黏合剂喷射打印的核心在于将液体黏合剂喷射到粉末层上，将粉末颗粒在特定区域黏合。打印完成后，未使用的粉末作为支撑材料，可回收利用。对于某些材料（如金属），模型还需要后续烧结或浸渗处理，以增强强度和密度。具体步骤如下。

（1）模型切片与路径规划

模型准备：使用 CAD 软件创建三维模型，并通过切片软件生成 G-code 文件，用于控制打印路径。

切片与填充设置：设置打印层厚、黏合剂喷射量及填充密度。层厚通常在 0.1～0.2mm 之间。

（2）粉末铺设

构建平台初始化：打印开始时，构建平台位于初始位置。

粉末涂布：通过滚筒或刮板将粉末材料均匀铺在平台上，形成一层薄薄的粉末层。

（3）黏合剂喷射

选择性喷射：打印头按照路径指令，精确喷射黏合剂到需要黏合的区域。

材料黏合：黏合剂将粉末颗粒黏合在一起，形成该层的结构。

逐层堆叠：每一层完成后，平台下降一个层厚，重复铺粉和黏合剂喷射的步骤，直至模型打印完成。

（4）固化与支撑

支撑作用：未被黏合的粉末在打印过程中充当支撑结构，避免悬空部分塌陷。

初步固化：黏合剂会在常温下部分固化，使结构具备一定强度。

（5）后处理步骤

①移除多余粉末。

脱粉：打印完成后，将模型从粉末床中取出，并通过压缩空气或震动移除未使用的粉末。

粉末回收：未黏合的粉末可进行回收再利用。

②烧结与浸渗（金属与陶瓷件）。

烧结：对于金属和陶瓷模型，需在高温炉中烧结，使粉末颗粒完全熔合。

浸渗：为提升密度和强度，可将烧结后的模型浸入金属或树脂材料中填补孔隙。

③打磨与表面处理。

根据需求，模型还可进行抛光、喷涂或上色处理，以提升美观和表面性能。

7.5.7.2 3D黏合剂喷射打印工作主要理论和公式

（1）3D黏合剂喷射与流体动力学

3D黏合剂喷射技术的关键在于如何控制液滴的形成和精确喷射。涉及流体力学中的射流稳定性、表面张力及黏度控制。黏合剂的流体行为遵循纳维－斯托克斯方程（Navier－Stokes Equation）。

纳维－斯托克斯方程（描述黏性流体运动的基础方程）：

$$\rho \left(\frac{\partial v}{\partial t} + v \cdot \nabla v \right) = - \nabla p + \mu \nabla^2 v + f$$

式中，ρ 是流体密度；v 是速度场；p 是压力；μ 是流体黏度；f 是外力密度。

（2）液滴沉积与渗透理论

黏合剂喷射打印中，液滴在粉末床上的渗透是关键环节。渗透过程受达西定律（Darcy's Law）控制，用于描述液体在多孔介质中的流动。

达西定律：

$$Q = \frac{kA(p_b - p_a)}{\mu L}$$

式中，Q 是总流量；k 是介质固有的渗透能力；A 是介质的截面积；$(p_b - p_a)$ 是总压降；L 是压降的距离；μ 是流体的黏度。

7.5.7.3　3D黏合剂喷射打印的主要特点

（1）材料多样性

黏合剂喷射技术支持多种材料，包括金属、陶瓷、砂土、塑料和石膏等。其适应性强，能够满足多种工业和艺术应用。尤其是在金属和陶瓷打印中，黏合剂喷射是理想的选择，可以制造出具有复杂结构和良好功能性的产品。

（2）无需支撑结构

在打印过程中，未黏合的粉末会充当支撑结构。这种特性允许制作具有悬空设计和复杂几何形状的模型，无需额外的支撑材料，可减少后处理工作量，并提升制造效率。

（3）打印速度快

黏合剂喷射技术能够同时喷射整个打印区域的黏合剂，不需要逐点熔融或固化，显著提升了打印速度。因此，它特别适用于大规模生产和快速原型制造。

（4）表面质量良好

虽然相比光固化打印（如 SLA、DLP），黏合剂喷射的表面精度略低，但通过后续处理（如打磨、烧结或浸渗），可以显著提高表面光滑度和产品的机械性能。此技术适合需要较好细节和大尺寸物件的生产。

（5）后处理灵活性

打印完成后，不同材料可以进行特定的后处理。

金属和陶瓷：需要经过高温烧结以提高强度和密度。

砂土和石膏：可以直接使用或用于铸造模具，不需要额外处理。

塑料材料：可进行喷漆或抛光以增强外观质量。

7.5.7.4　3D黏合剂喷射打印的应用领域

工业制造：黏合剂喷射广泛应用于制造复杂金属零件、铸造模具和工业夹具，支持高强度材料的使用和定制化生产。

医疗和牙科：在医疗领域，黏合剂喷射可用于生产定制植入物、手术导板和其他个性化设备，尤其适用于需要复杂几何形状的医疗器械。

建筑模型与艺术品：黏合剂喷射打印在建筑设计和艺术创作领域同样表现突出，支持砂土和石膏材料的使用，能够制作大型模型和雕塑。

消费电子产品：黏合剂喷射用于制造电子产品外壳、配件和定制化零件，能够实现快速迭代和产品开发。

铸造模具：在铸造领域，黏合剂喷射技术可以直接打印砂模，无需传统模具加工，缩短生产周期并降低成本。

7.5.7.5 3D 黏合剂喷射打印与其他 3D 打印技术的对比

（1）与 FDM（熔融沉积）相比

优势：黏合剂喷射可以打印复杂的几何结构，无需支撑材料，且适合大尺寸打印。

劣势：FDM 使用热塑性材料，具有更广泛的材料选择和更好的机械强度。

（2）与 SLA（立体光固化）相比

优势：黏合剂喷射的打印速度更快，且支持金属和陶瓷等材料。

劣势：SLA 的打印精度和表面光洁度更高，适用于小型精细模型。

（3）与 DLP（数字光处理）相比

优势：黏合剂喷射支持更大的打印尺寸和多种材料。

劣势：DLP 的打印精度和表面质量优于黏合剂喷射，更适合制作复杂细节的模型。

（4）与 MJF（多射流熔融）相比

优势：黏合剂喷射更适合铸模生产和非塑料材料的打印，如金属、陶瓷和砂土。

劣势：MJF 在塑料零件的批量生产中更具优势，且打印件强度更高。

7.5.7.6 黏合剂喷射打印的优缺点

（1）优点

材料选择多样：支持金属、陶瓷、砂土、石膏和塑料等多种材料。

无需支撑结构：未黏合的粉末充当支撑，大幅减少后处理工作量。

打印速度快：同时喷射黏合剂，适合大尺寸模型和批量生产。

后处理灵活：根据材料不同，可进行烧结、浸渗或抛光处理。

（2）缺点

表面精度较低：相比光固化技术，表面质量需要后处理提升。

强度依赖后处理：金属和陶瓷部件需烧结和浸渗以提高强度。

粉末处理复杂：粉末材料需要严格管理和安全处理。

设备和材料成本较高：特别是用于金属打印时，设备和粉末价格昂贵。

7.6　3D 打印的应用领域

随着 3D 打印技术的不断发展，3D 打印已经在多个领域收到关注（图 7.10）。本节从以下 6 个方面对 3D 打印技术的应用进行阐述。

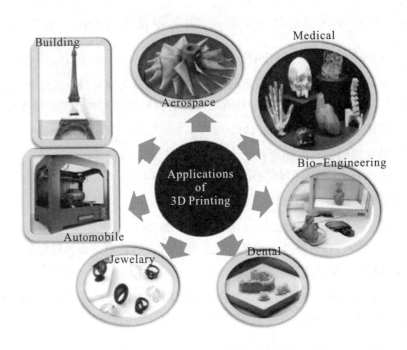

图 7.10　3D 打印的应用领域

7.6.1　3D 打印在医疗领域的应用

通过 3D 打印技术，医生能够根据患者的具体需求，快速制造个性化的医疗器械（图 7.11）。例如，3D 打印技术使牙科模型和矫正器的生产极大缩短了所需时间，并提高了适配度。另外，3D 打印在植入物和假体制造中尤为重要，能够根据患者的解剖结构定制，提升舒适度和功能性。钛合金和其他生物相容性材料常用于植入物制造。同时，3D 打印技术可以根据患者的 CT 或 MRI 数据，生成解剖模型，帮助医生在手术前进行规划和模拟。

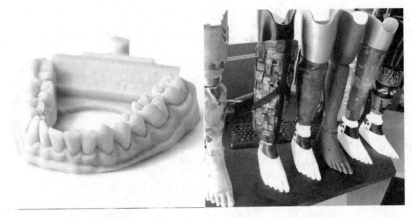

(a)牙科模型　　　　　　　　　　　(b)假体

图 7.11　3D 打印产品在医疗领域的应用

(c)钛合金植入物　　　　　　　(d)钛合金植入物

图 7.11（续）

7.6.2　3D 打印在航空航天领域的应用

航空航天领域对零件轻量化有着严格的要求，而 3D 打印能够通过优化材料使用和设计，生产出重量轻、结构复杂的部件（图 7.12），从而减少燃料消耗并提升飞行效率。3D 打印可以生产传统制造无法实现的复杂几何形状部件，如具有内部冷却通道的发动机零件，提高了性能和效率。另外，3D 打印能够生产高精度、高耐热性的涡轮叶片和其他航空发动机关键部件，并减少生产周期。

(a)内部冷却通道的发动机零件　　　(b)高精度、高耐热性的涡轮叶片

图 7.12　3D 打印产品在航空航天领域的应用

7.6.3　3D 打印在汽车工业的应用

在汽车设计和开发过程中，3D 打印大大缩短了原型的制造时间，使设计师能够快速验证设计和功能。3D 打印逐渐应用于终端零部件的制造，尤其是复杂的内部结构和特殊材料需求的零件，如发动机部件、排气管等（图 7.13）。

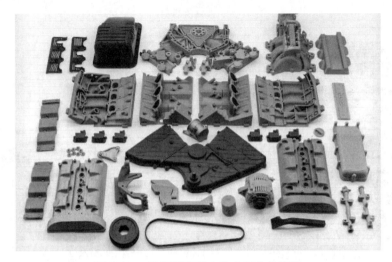

图 7.13　3D 打印产品在汽车工业的应用

7.6.4　3D 打印在消费品领域的应用

　　3D 打印技术广泛应用于鞋类制造和珠宝首饰（图 7.14），尤其是鞋底的个性化设计，能够根据每个人的脚型和步态定制舒适、功能性的鞋类。珠宝设计师利用 3D 打印技术能够创建精细且复杂的首饰模型，快速制造原型并用于铸造，极大地提升了生产效率和创作自由度。

(a)鞋　　　　　　　　　　　　　(b)各种珠宝饰物

图 7.14　3D 打印产品在消费领域的应用

7.6.5　3D 打印在建筑领域的应用

　　建筑师利用 3D 打印技术制作建筑模型（图 7.15），能够精确展示设计细节，并方便设计方案的验证与修改。3D 打印正在革新建筑施工，预制构件如墙体、楼板等可直接通过 3D 打印制造，实现了快速建造、成本节约和废料减少。

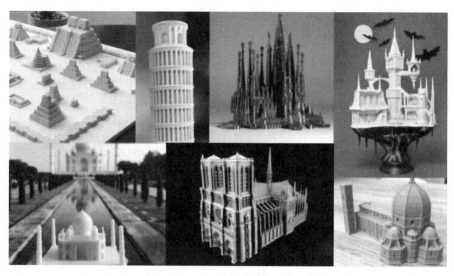

图 7.15　3D 打印在建筑领域的应用

7.6.6　3D 打印在教育与科研的应用

　　3D 打印在科研领域有广泛应用，研究人员可以快速制造实验设备或测试原型，以低成本探索新的技术方案。3D 打印能够生产高精度的教学模型，如人体解剖模型、建筑设计模型等，为学生提供直观的学习工具（图 7.16）。

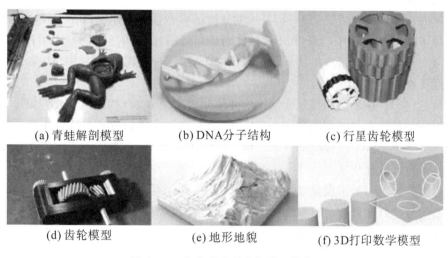

(a) 青蛙解剖模型　　　　(b) DNA分子结构　　　　(c) 行星齿轮模型

(d) 齿轮模型　　　　　　(e) 地形地貌　　　　　　(f) 3D打印数学模型

图 7.16　3D 打印在教育与科研的应用

7.7　3D 打印技术的发展趋势

7.7.1　高性能材料的开发

　　材料一直是制约 3D 打印技术应用范围的关键因素之一。为了满足更多行业的需求，3D打印材料的发展趋势体现在以下几个方面。

多材料打印：传统的3D打印材料主要集中在塑料、树脂和金属等单一材料上，而多材料打印正在成为趋势。这种技术能够在同一件打印品中使用不同种类的材料，甚至可以在同一层次结构中实现材料的混合，可极大地提高打印物体的性能和功能性。例如，可以在结构中混合硬材料和软材料，实现多功能组件的制造。

高强度金属和合金材料：金属3D打印技术（如选择性激光熔融、电子束熔融等）的发展推动了对高性能金属材料的需求，如钛合金、不锈钢、铝合金、镍基合金等。这些材料的机械性能优越，可以满足航空航天、汽车和医疗器械等行业对零部件强度、耐腐蚀性和轻量化的需求。

生物材料：生物兼容性材料的发展推动了3D打印在医疗领域的应用，例如用于打印骨骼、血管、软组织等的人体植入物材料。基于细胞的生物打印（Bio-printing）可以将细胞、支架材料和生长因子结合，通过3D打印直接制造人体组织。

功能性材料：随着科技的进步，越来越多的功能性材料被开发用于3D打印，如导电材料、磁性材料、透明材料和光学材料。这些材料可以应用于电子元件制造、传感器、微机电系统（MEMS）等领域。

7.7.2 打印速度和规模的提升

随着技术的成熟，3D打印的速度和规模正在显著提升，以满足工业化生产的需求。当前的趋势如下。

更快的打印速度：传统3D打印技术的速度通常较慢，限制了其在大规模生产中的应用。为了提升打印效率，开发出了多种高速打印技术，如连续液界面生产（CLIP）技术和双光子光刻技术。这些技术通过优化打印层厚、光源以及材料固化机制，可以将打印速度提高数十倍。

大尺寸打印：从小型原型到大型结构件的制造是未来3D打印的重要方向，尤其是在建筑、航空航天和船舶制造领域。大尺寸3D打印技术能够在短时间内生产出复杂的建筑构件、飞机部件甚至完整的汽车。例如，使用混凝土3D打印技术可以在建筑领域快速建造住宅和其他建筑物。

批量生产能力：为了满足工业制造需求，3D打印系统正朝着批量化、自动化方向发展。通过优化打印速度、材料切换、自动化生产线的设计，3D打印可以与传统制造流程相结合，实现大规模的定制化生产。

7.7.3 打印精度的提高

3D打印的精度对于制造高质量、复杂结构的零件至关重要，特别是在高端制造领域，如医疗器械、电子元件、航空航天等。提升精度的趋势体现在以下方面。

亚微米级精度：微纳米级3D打印技术（如双光子聚合、微光刻等）可以实现亚微米甚至纳米级的精细打印，这对于微电子、生物医学和光学设备的制造具有重要意义。高精度的3D打印可以制造微小而复杂的结构，如生物支架、微型传感器和微流体设备。

自动化校准与反馈系统：为了提升打印过程中的精度和一致性，越来越多的 3D 打印机集成了实时监控和自动化校准系统。通过传感器监测打印过程中的形变、材料沉积量和温度等参数，系统可以自动调整打印参数，确保打印质量。

7.7.4 多领域应用的扩展

随着技术的发展，3D 打印技术的应用范围逐步从传统的制造业扩展到多个新兴领域。

医疗领域：3D 打印在医疗中的应用前景广阔，包括个性化的植入物、假肢、手术导板和医疗器械等。基于患者的解剖数据，医生可以通过 3D 打印量身定制植入物，使其更符合病人的需求。此外，3D 生物打印技术还在努力实现活体组织甚至器官的打印。

建筑领域：3D 打印混凝土技术可以用来快速建造房屋和基础设施，解决住房短缺问题。这种技术具有高效、低成本、环保等优点。打印复杂的建筑结构，可以减少材料浪费，提高建筑物的功能性和美观性。

食品打印：食品 3D 打印技术正在发展，用于制作定制化的食品，如糖果、巧克力、面包等。未来，食品打印可能会帮助解决食品定制、健康控制和个性化营养需求的问题。

教育和艺术领域：3D 打印正在进入教育和艺术领域，帮助学生理解复杂的三维结构和概念，同时也为艺术家提供了全新的创作工具。通过 3D 打印，艺术家可以制造以前无法通过传统手段实现的复杂作品。

7.7.5 数字化与智能制造结合

3D 打印技术的发展与工业 4.0 的数字化和智能制造趋势密切相关。

数字化设计与仿真：数字化设计和仿真技术与 3D 打印的结合将大幅缩短产品开发周期。通过计算机辅助设计（CAD）和仿真软件，可以在打印之前对产品的结构、材料性能和制造过程进行优化，确保最终产品质量。

智能制造与物联网（IoT）：3D 打印与物联网技术结合，可以实现远程监控和控制打印过程，提高生产效率和灵活性。智能工厂中的 3D 打印设备能够通过数据反馈与分析自动调整生产参数，进一步提升产品质量和一致性。

人工智能（AI）与机器学习：人工智能和机器学习技术将对 3D 打印技术产生深远影响，特别是在设计优化、打印过程监控和质量控制等方面。AI 可以通过分析大量的制造数据，提供优化建议并预测打印中的潜在问题，从而提高制造效率和成功率。

7.7.6 绿色制造与可持续发展

随着环保意识的提高，3D 打印技术在推动可持续制造方面显示出了巨大潜力。

减少材料浪费：与传统的减材制造（如切削、铣削）相比，3D 打印采用增材制造工艺，只使用所需的材料，几乎没有浪费。这使得 3D 打印在资源利用率和能源消耗方面具有较大的优势。

可循环使用的材料：可再生和可回收材料在 3D 打印中越来越受到重视。例如，生物可降解的塑料材料和回收金属粉末的应用不仅可降低环境影响，还能够实现循环经济模式。

轻量化设计：通过拓扑优化和 3D 打印的结合，工程师可以设计出结构更轻、强度更高的零部件。这在航空航天、汽车制造等需要降低重量以节省能源的行业中具有显著的优势。

参考文献

［1］ Khalid M Y，Arif Z U，Tariq A，et al．3D printing of magneto－active smart materials for advanced actuators and soft robotics applications［J］．European Polymer Journal，2024，205：112718．

［2］ Hassan M，Mohanty A K，Misra M．3D printing in upcycling plastic and biomass waste to sustainable polymer blends and composites：a review［J］．Materials & Design，2024，237：112558．

［3］ Colorado H A，Gutierrez－Velasquez E I，Gil L D，et al．Exploring the advantages and applications of nanocomposites produced via vat photopolymerization in additive manufacturing：a review［J］．Advanced Composites and Hybrid Materials，2024，7．

［4］ Chen K L，Liu Q，Chen B，et al．Effect of raw materials on the performance of 3D printing geopolymer：A review［J］．Journal of Building Engineering，2024，84：108501．

［5］ Wang S S，Chen X J，Han X L，et al．A review of 3d printing technology in pharmaceutics：technology and applications［J］．Now and Future，Pharmaceutics，2023，15：416．

［6］ Song D Y，Chen X J，Wang M，et al．3D－printed flexible sensors for food monitoring［J］．Chemical Engineering Journal，2023，474：146011．

［7］ Shahbazi M，Jäger H，Ettelaie R，et al．Multimaterial 3D printing of self－assembling smart thermo－responsive polymers into 4D printed objects：A review［J］．Additive Manufacturing，2023，71：103598．

［8］ Rong L Y，Chen X X，Shen M Y，et al．The application of 3D printing technology on starch－based product：a review［J］．Trends in Food Science & Technology，2023，134：149－161．

［9］ Ramírez I S，Márquez F P G，Papaelias M．Review on additive manufacturing and non－destructive testing［J］．Journal of Manufacturing Systems，2023，66：260－286．

［10］ Muhindo D，Elkanayati R，Srinivasan P，et al．Recent advances in the applications of additive manufacturing（3D Printing）in drug delivery：a comprehensive review［J］．Aaps Pharmscitech，2023，24．

［11］ Mishra V，Negi S，Kar S．FDM－based additive manufacturing of recycled thermoplastics and associated composites [J]. Journal of Material Cycles and Waste Management, 2023, 25: 758−784.

[12] Jiang B, Jiao H, Guo X Y, et al. Lignin − based materials for additive manufacturing: chemistry, processing, structures, properties, and applications [J]. Advanced Science, 2023, 10: 2206055.

[13] Ibhadode O, Zhang Z D, Sixt J, et al. Topology optimization for metal additive manufacturing: current trends, challenges, and future outlook [J]. Virtual and Physical Prototyping, 2023, 18: e2181192.

[14] Gad M M, Fouda S M. Factors affecting flexural strength of 3D−printed resins: a systematic review [J]. Journal of Prosthodontics − Implant Esthetic and Reconstructive Dentistry, 2023, 32: 96−110.

[15] Chen C, Huang B Y, Liu Z M, et al. Additive manufacturing of WC − Co cemented carbides: Process, microstructure, and mechanical properties [J]. Additive Manufacturing, 2023, 63: 103410.

[16] Parulski C, Jennotte O, Lechanteur A, et al. Challenges of fused deposition modeling 3D printing in pharmaceutical applications: Where are we now? [J]. Advanced Drug Delivery Reviews, 2021, 175: 113810.

[17] Cano−Vicent A, Tambuwala M M, Hassan S S, et al. Fused deposition modelling: current status, methodology, applications and future prospects [J]. Additive Manufacturing, 2021, 47: 102378.

[18] Cailleaux S, Sanchez − Ballester N M, Gueche Y A, et al. Fused deposition modeling (FDM), the new asset for the production of tailored medicines [J]. Journal of Controlled Release, 2021, 330: 821−841.

[19] Bandari S, Nyavanandi D, Dumpa N, et al. Coupling hot melt extrusion and fused deposition modeling: critical properties for successful performance [J]. Advanced Drug Delivery Reviews, 2021, 172: 52−63.

[20] Awasthi P, Banerjee S S. Fused deposition modeling of thermoplastic elastomeric materials: Challenges and opportunities [J]. Additive Manufacturing, 2021, 46: 102177.

[21] Penumakala P K, Santo J, Thomas A. A critical review on the fused deposition modeling of thermoplastic polymer composites [J]. Composites Part B − Engineering, 2020, 201: 108336.

[22] Mohan N, Senthil P, Vinodh S, et al. A review on composite materials and process parameters optimisation for the fused deposition modelling process [J]. Virtual and Physical Prototyping, 2017, 12: 47−59.

[23] Zakeri S, Vippola M, Levänen E. A comprehensive review of the photopolymerization of ceramic resins used in stereolithography [J]. Additive Manufacturing, 2020, 35: 101177.

[24] Chen P F, Zheng L, Wang Y Y, et al. Desktop−stereolithography 3D printing of a radially oriented extracellular matrix/mesenchymal stem cell exosome bioink for osteochondral defect regeneration [J]. Theranostics, 2019, 9: 2439−2459.

[25] Zanchetta E, Cattaldo M, Franchin G, et al. Stereolithography of SiOC Ceramic Microcomponents [J]. Advanced Materials, 2016, 28: 370−376.

[26] Wang Z J, Abdulla R, Parker B, et al. A simple and high − resolution stereolithography−based 3D bioprinting system using visible light crosslinkable bioinks [J]. Biofabrication, 2015, 7: 045009.

[27] Au A K, Lee W, Folch A. Mail−order microfluidics: evaluation of stereolithography for the production of microfluidic devices [J]. Lab on a Chip, 2014, 14: 1294−1301.

[28] Gauvin R, Chen Y C, Lee J W, et al. Microfabrication of complex porous tissue engineering scaffolds using 3D projection stereolithography [J]. Biomaterials, 2012, 33: 3824−3834.

[29] Melchels F P W, Feijen J, Grijpma D W. A review on stereolithography and its applications in biomedical engineering [J]. Biomaterials, 2010, 31: 6121−6130.

[30] Melchels F P W, Bertoldi K, Gabbrielli R, et al. Mathematically defined tissue engineering scaffold architectures prepared by stereolithography [J]. Biomaterials, 2010, 31: 6909−6916.

[31] Melchels F P W, Feijen J, Grijpma D W. A poly (D, L−lactide) resin for the preparation of tissue engineering scaffolds by stereolithography [J]. Biomaterials, 2009, 30: 3801−3809.

[32] Wu Z H, Shi C C, Chen A T, et al. Large−scale, abrasion−resistant, and solvent−free superhydrophobic objects fabricated by a selective laser sintering 3D printing strategy [J]. Advanced Science, 2023, 10: 2207183.

[33] Abdalla Y, Elbadawi M, Ji M X, et al. Machine learning using multi−modal data predicts the production of selective laser sintered 3D printed drug products [J]. International Journal of Pharmaceutics, 2023, 633: 122628.

[34] Kafle A, Luis E, Silwal R, et al. 3D/4D printing of polymers: fused deposition modelling (FDM), selective laser sintering (SLS), and stereolithography (SLA) [J]. Polymers, 2021, 13: 3101.

[35] Cai C, Tey W S, Chen J Y, et al. Comparative study on 3D printing of polyamide 12 by selective laser sintering and multi jet fusion [J]. Journal of Materials Processing Technology, 2021, 288: 116882.

[36] Awad A, Fina F, Goyanes S, et al. 3D printing: Principles and pharmaceutical applications of selective laser sintering [J]. International Journal of Pharmaceutics, 2020, 586: 119594.

[37] Fina F, Madla C M, Goyanes A, et al. Fabricating 3D printed orally disintegrating printlets using selective laser sintering [J]. International Journal of

Pharmaceutics，2018，541：101—107.

[38] Fina F，Goyanes A，Madla C M，et al. 3D printing of drug—loaded gyroid lattices using selective laser sintering [J]. International Journal of Pharmaceutics，2018，547：44—52.

[39] Sing S L，Yeong W Y，Wiria F E，et al. Direct selective laser sintering and melting of ceramics：a review [J]. Rapid Prototyping Journal，2017，23：611—623.

[40] Fina F，Goyanes A，Gaisford S，et al. Selective laser sintering (SLS) 3D printing of medicines [J]. International Journal of Pharmaceutics，2017，529：285—293.

[41] Shirazi S F S，Gharehkhani S，Mehrali M，et al. A review on powder—based additive manufacturing for tissue engineering：selective laser sintering and inkjet 3D printing [J]. Science and Technology of Advanced Materials，2015，16：033502.

[42] Olakanmi E O，Cochrane R F，Dalgarno K W. A review on selective laser sintering/melting（SLS/SLM）of aluminium alloy powders：processing，microstructure，and properties [J]. Progress in Materials Science，2015，74：401—477.

[43] Rosso S，Meneghello R，Biasetto L，et al. In—depth comparison of polyamide 12 parts manufactured by Multi Jet Fusion and Selective Laser Sintering [J]. Additive Manufacturing，2020，36：101713.

[44] Xu Z Y，Wang Y，Wu D D，et al. The process and performance comparison of polyamide 12 manufactured by multi jet fusion and selective laser sintering [J]. Journal of Manufacturing Processes，2019，47：419—426.

[45] Sillani F，Kleijnen R G，Vetterli M，et al. Selective laser sintering and multi jet fusion：Process—induced modification of the raw materials and analyses of parts performance [J]. Additive Manufacturing，2019，27：32—41.

[46] O'Connor H J，Dickson A N，Dowling D P. Evaluation of the mechanical performance of polymer parts fabricated using a production scale multi jet fusion printing process [J]. Additive Manufacturing，2018，22：381—387.

[47] Habib F N，Iovenitti P，Masood S H，et al. Fabrication of polymeric lattice structures for optimum energy absorption using Multi Jet Fusion technology [J]. Materials & Design，2018，155：86—98.

[48] Zhang L C，Liu Y J，Li S J，et al. Additive manufacturing of titanium alloys by electron beam melting：a review [J]. Advanced Engineering Materials，2018，20：1700842.

[49] Galati M，Iuliano L. A literature review of powder—based electron beam melting focusing on numerical simulations [J]. Additive Manufacturing，2018，19：1—20.

[50] Chauvet E, Kontis P, Jägle E A, et al. Hot cracking mechanism affecting a non-weldable Ni-based superalloy produced by selective electron beam melting [J]. Acta Materialia, 2018, 142: 82-94.

[51] Zhong Y, Rännar L E, Liu L F, et al. Additive manufacturing of 316L stainless steel by electron beam melting for nuclear fusion applications [J]. Journal of Nuclear Materials, 2017, 486: 234-245.

[52] Gokuldoss P K, Kolla S, Eckert J. Additive manufacturing processes: selective laser melting, electron beam melting and binder jettingselection guidelines [J]. Materials, 2017, 10: 672.

[53] Zhao X L, Li S J, Zhang M, et al. Comparison of the microstructures and mechanical properties of Ti-6Al-4V fabricated by selective laser melting and electron beam melting [J]. Materials & Design, 2016, 95: 21-31.

[54] Liu Y J, Li S J, Wang H L, et al. Microstructure, defects and mechanical behavior of beta-type titanium porous structures manufactured by electron beam melting and selective laser melting [J]. Acta Materialia, 2016, 113: 56-67.

[55] Körner C. Additive manufacturing of metallic components by selective electron beam melting - a review [J]. International Materials Reviews, 2016, 61: 361-377.

[56] Galarraga H, Lados D A, Dehoff R R, et al. Effects of the microstructure and porosity on properties of Ti-6Al-4V ELI alloy fabricated by electron beam melting (EBM) [J]. Additive Manufacturing, 2016, 10: 47-57.

[57] Tan X P, Kok Y H, Tan Y J, et al. Graded microstructure and mechanical properties of additive manufactured Ti-6Al-4V via electron beam melting [J]. Acta Materialia, 2015, 97: 1-16.

[58] Tammas-Williams S, Zhao H, Léonard F, et al. XCT analysis of the influence of melt strategies on defect population in Ti-6Al-4V components manufactured by selective electron beam melting [J]. Materials Characterization, 2015, 102: 47-61.

[59] Gong H J, Rafi K, Gu H F, et al. Influence of defects on mechanical properties of Ti-6Al-4 V components produced by selective laser melting and electron beam melting [J]. Materials & Design, 2015, 86: 545-554.

[60] Zhou R, Wang Y S, Liu Z Y, et al. Digital light processing 3D-printed ceramic metamaterials for electromagnetic wave absorption [J]. Nano-Micro Letters, 2022, 14: 122.

[61] Zhang B, Li H G, Cheng J X, et al. Mechanically robust and UV-curable shape-memory polymers for digital light processing based 4D printing [J]. Advanced Materials, 2021, 33: 2101298.

[62] Peng X R, Kuang X, Roach D J, et al. Integrating digital light processing with

direct ink writing for hybrid 3D printing of functional structures and devices [J].
Additive Manufacturing, 2021, 40: 101911.

[63] Caprioli M, Roppolo I, Chiappone A, et al. 3D-printed self-healing hydrogels
via digital light processing [J]. Nature Communications, 2021, 12: 2462.

[64] Hong H, Seo Y B, Kim D Y, et al. Digital light processing 3D printed silk fibroin
hydrogel for cartilage tissue engineering [J]. Biomaterials, 2020, 232: 119679.

[65] Li X P, Yu R, He Y Y, et al. Self-healing polyurethane elastomers based on a
disulfide bond by digital light processing 3D printing [J]. ACS Macro Letters,
2019, 8: 1511-1516.

[66] Kuang X, Wu J T, Chen K J, et al. Grayscale digital light processing 3D printing
for highly functionally graded materials [J]. Science Advances, 2019, 5.

[67] Kadry H, Wadnap S, Xu C X, et al. Digital light processing (DLP) 3D-printing
technology and photoreactive polymers in fabrication of modified-release tablets
[J]. European Journal of Pharmaceutical Sciences, 2019, 135: 60-67.

[68] Kim S H, Yeon Y K, Lee J M, et al. Precisely printable and biocompatible silk
fibroin bioink for digital light processing 3D printing [J]. Nature
Communications, 2018, 9: 1620.

[69] Patel D K, Sakhaei A H, Layani M, et al. Highly stretchable and UV curable
elastomers for digital light processing based 3D printing [J]. Advanced
Materials, 2017, 29: 1606000.

[70] Mu Q Y, Wang L, Dunn C K, et al. Digital light processing 3D printing of
conductive complex structures [J]. Additive Manufacturing, 2017, 18: 74-83.

8　静电纺丝技术

8.1　静电纺丝技术概述

静电纺丝（Electrospinning）技术是一种通过静电力将高分子溶液或熔体纺制成超细纤维的技术。该技术利用高压电场作用，将高分子溶液或熔体在电场力的作用下拉伸形成细流，并逐渐变细为微米或纳米级的纤维。静电纺丝技术简单高效，能够制备出直径在微米到纳米级别的纤维材料，具有比表面积大、孔隙率高和独特的微观结构，因此在多个领域具有广泛应用，包括过滤材料、生物医药（如组织工程支架、药物载体）、传感器、能源材料（如电池隔膜）、催化材料等。随着材料科学的发展，静电纺丝技术已逐渐成为纳米材料制备的重要手段，其工艺参数（如溶液浓度、电压、流速、接收距离等）对纤维的形貌和性能具有重要影响。

8.2　静电纺丝技术的机理

从本质上来说，电纺丝的过程就是高分子溶液在高压电场中的定向运动。本节从电纺丝技术机理角度对纺丝过程做详细的介绍。

8.2.1　电场中液滴上的电荷分布

当在注射器中装入黏稠的溶液，并缓慢推动注射器活塞时，与注射器相连的针头尖端就会产生一滴液滴，这就是最简单的电纺丝喷射装置，即纺丝纤维的来源，我们称之为喷丝头。当注射器被联上电极中的一级，而电极的另一级被置于一定距离之外，接通高压电源，这些溶液就被置于高压电场中时。此时液滴中的液体会发生电荷分离，具有和接入电极相同极性的电荷，将慢慢富集于液滴表面，带上电荷的液滴内部物质，开始彼此排斥。当电压升至一个临界值，电荷间排斥力大于表面张力的阻碍，液体就将挣脱液滴表面，沿电场向相反电极方向快速运动。如果保持注射器活塞推动速度稳定，那么针头尖上的溶液会源源不断得到补充，从而在电场中形成沿电场方向高速运动的连续喷丝射流。图 8.1 为一套简单电纺丝装置的示意图。

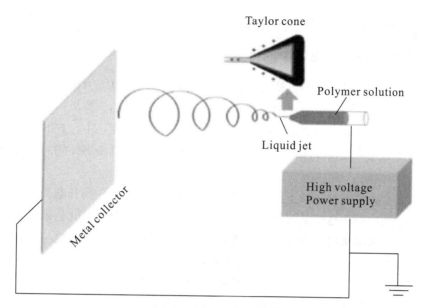

图 8.1　电纺丝装置示意图

8.2.2　泰勒锥（Taylor Cone）的形成

喷丝射流来自喷丝口的溶液，溶液在这里的强电场中，还是一粒完美的圆形液滴吗？在显微镜下观察喷丝口的液滴，可以发现这里液滴的形状呈现锥形，而不是圆形，如图 8.2 所示。这一现象在 20 世纪 60 年代就被观察到了，杰弗里·泰勒（Geoffrey Taylor）对这一有趣现象做了深入研究，并建立了数学模型，对其机理进行了分析，因此这一溶液或熔融液体在电场中形成的锥形尖端，被称为 Taylor Cone。

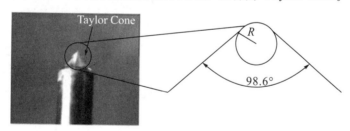

图 8.2　电纺丝中喷射口液体在高压电场下形成的泰勒锥

在其理论研究中，泰勒锥的形成主要是溶液中同种电荷直接的排斥力，与液滴的表面张力相互作用的结果。关于这部分的具体计算，可以参见文献［4，5］，并且文献中推导出下列公式：

$$V_c{}^2 = \frac{4H^2}{h^2}\left[\ln\left(\frac{2h}{R}\right) - 1.5\right](1.3\pi R_\gamma)(0.09)$$

式中，V_c 是可以达成连续射流，即开始电纺丝的临界电压，单位为 kV；H 是喷丝头到另一电极距离，h 是喷丝头长度，R 是喷丝头外径，这三者单位均为 cm；γ 是液体表面张力，单位为 dyn/cm。从公式中可以看出，想进行电纺丝所需最低电压，取决于溶液的表面张力，即溶液自身的性质。

8.2.3　射流（Jet）在电场中的行为

当溶液在高压电场作用下，从泰勒锥顶端飞离后，会在电场力作用下加速，朝着相对电极的方向运动，相对电极通常是一块置于几十厘米之外的金属板。关于溶液在飞行过程中的行为，存在几种独立提出的理论。这些理论互相补充，不仅有助于我们理解溶液高压电场中的变化过程，还能为开发新型纺丝技术、设计具备新性能的纳米纤维提供理论支撑。

这些理论都非常好地解释了实验中观察到的现象，即射流在离开泰勒锥后，会先沿着直线飞行一段距离，这一段被称为近场区，其长度为几十毫米至几毫米，在实验中已经证实，此长度和电场电压有关，电压越高，这段距离也越长，同时也与高分子溶液的性质有关。图 8.3（a）所示为 PEO 溶液在纺丝口附近形成射流的受力图。从图中可以看出：在近场区射流呈连续线性，而不是被高压电场撕裂成微粒，因此要求溶液的黏度足够高，这也是为什么电纺丝早期的实验，多使用人工合成的高分子溶液。当然，射流此时不光受到电场的加速作用力，其中液体的表面张力以及溶液黏度施加于液体的影响也一直存在，其方向与电场的加速作用力完全相反。射流在飞行过程中，由于黏度的原因，射流在飞行中不断被拉细。当射流飞出近场区进入下一个区域，即远场区后，电场的加速作用逐渐降低，而射流直径的变化，让射流表面的电荷分布也产生了变化。射流在近场区中所达到的受力平衡很容易被打破，其结果就是在远场区，射流很难保持直线飞行的轨迹，而其轨迹弯曲，则进一步打破了射流的受力平衡，从而使射流发生更大的扰动，而远离其直线轨迹如图 8.3（b）所示。

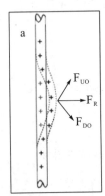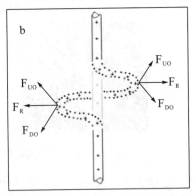

(a) 射流在纺丝口附近形成射流的受力图　　(b) 射流在金场和远场两处相临点的受力分析

图 8.3　单根纤维在电场中的运动

上述作用力的综合结果，使最终我们可以在实验中观察到，射流在飞离近场后，在某一弯曲点，发生 90°转向，脱离直线轨迹，改为呈线圈型轨迹前进。接着，大线圈轨迹在下一个弯曲点发生转折，变成小线圈，直到遇到下一个弯曲点，轨迹变成更小的线圈，以此类推。这一段不沿直线的射流飞行，也被称为鞭动过程。同时，在转折点，射流受到的拉升尤其明显，导致每经过一个转折点，若纤维还没有凝固的话，就会变细一点（图 8.4）。

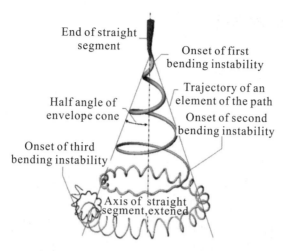

图 8.4 喷丝射流在电场中运动形成的多层线圈轨迹示意图

电纺丝所制得的纤维可以细至纳米级，当然光靠鞭动过程中的拉伸远远不够。在射流飞行过程中，由于其带有的大量同种电荷之间强大的排斥力，射流会同时发生劈裂，而足够高的溶液黏度保证了劈裂后的产物是细纤维，而不是分散的液滴。此外，如果纺丝原料是溶液，射流在飞行过程中溶剂的挥发也会显著压缩纤维体积。这样在溶剂挥发、拉伸和劈裂的共同作用下，射流在强电场飞行过程中，最终变成了超细纤维。

要想获得超细纤维，射流的凝固是关键的一步，否则最终产物只能是融在一起的胶状物。凝固可以靠飞行过程中，溶剂在空气中的自然挥发，如溶液纺丝；也可以靠熔融物的冷却，如熔融纺丝。由此可见，纺丝环境对最终产物纤维的影响非常大。例如，如果空气中湿度很高，而纺丝原液是水溶液，则最后很难得到优质的纳米纤维。因此，环境因素也是电纺丝实验设计中需要注意的问题。

8.2.4 纤维的收集

纤维的收集是纺丝过程中的最后一步。从喷丝头飞出的射流，最终目的地是相对电极。在对电极的设计中，最简单的形式就是采用一块导电良好兼具耐腐蚀与耐有机溶剂的金属板。射流携带的纤维在接收板上无规堆积起来，最终变成无纺布样的膜。随着研究的深入，科学家们发现如果使接收电极动起来，比如采用转动的滚筒形式，则接收到的纳米纤维就可实现有规则的平行排列。在随后的研究中，科学家们又设计了各种办法，使纳米纤维甚至可以排列成图案。

到达接收电极上的纤维，携带了大量的电荷，这些电荷可传导至接收电极被排走。但如果纤维堆积太厚，而纤维本身又缺乏导电性的话，电荷很难从电极被排掉，导致电荷堆积，从而接收效率降低。所以一般电纺丝产品都是薄膜的形式，最厚也只能达到 0.5~1 mm。

8.3　静电纺丝的发展历史

虽然自然界中早已存在着多种多样的纳米材料，比如动物的牙齿、海洋沉淀物，但人类对纳米的认知，则只限于最近几十年，其中的主要原因是受观测工具所限。显微镜发明前，人类的科研仅限于肉眼可见的宏观物体；自从有了光学显微镜，人类就可以研究微米级的对象，如微生物等；直到近年来随着电子显微镜的发展，可以直接观察纳米级的结构。1984 年，德国萨尔兰大学（Saarland University）的赫伯特·格莱特（Herbert Gleiter）教授把粒径为 6 nm 的铁粒子原位加压成型、烧结得到了纳米微晶体块，宣告了纳米材料这一崭新领域的诞生。

此后，科学界见证了纳米材料的兴起与惊人的发展速度。纳米材料是指物质在结构上，至少有一个维度尺寸居于纳米范围之内，严格地说即 1~100 nm 范围内。比如上面提到的纳米粒子，其三维结构都处于纳米尺寸范围之内，我们则称之为 0 维纳米材料。而像纳米纤维这样的材料，其三个维度中的长度，可达几米、几十米甚至更长，但它的其他维度，即直径小于 100 nm，则可被称为一维纳米材料。

与同成分的宏观块体物质相比，纳米材料由于其尺寸，而具有了独特性能。在这些的纳米结构中，一维（1D）纳米结构，例如纳米线、棒、管、纤维和带，由于其在介观物理和纳米级器件中，不可替代的功能，而受到广泛关注。但与其他纳米结构（例如 0 维量子点、2 维量子阱等）相比，一维纳米结构的发展远远落后，直到 20 世纪 90 年代，对它的研究才开始缓慢发展。其主要原因是，一维材料对成分、纯度、以及形貌的要求非常高，从而制备技术成为限制其发展的瓶颈。

为解决这一问题，从 20 世纪 90 年代开始，科学家们以极大的热情投入一维纳米材料新制备技术的开发中。这一时期内，涌现出许多制备一维纳米结构的新技术，包括电子束或聚焦离子束书写、光刻、水热、化学气相沉积、静电纺丝、溶液法等。其中，静电纺丝这种传统的方法又重新步入科学家们的焦点，在当下的研究中得了广泛应用。

最早的关于在静电场内纺丝的报道，出现在 1887 年，当时 Charles V. Boys 观察到在外加电场中，可以从黏稠液体中牵拉出细丝来。当然，那个年代还没有静电纺丝这样专门的概念被提出来。15 年后，即在 1902 年，John Colley 和 William Morton 各自为自己开发的电纺丝基础模型注册了专利。之后在 20 世纪 30 至 40 年代，科学家们设计了用于商业化纺丝的电纺丝设备，注册了专利，但值得注意的是，此时所纺的纤维，还只是普通纤维。真正意义上的电纺丝制备纳米纤维，首先出现在 1938 年的苏联，当时这些纤维被用于过滤空气中的细小颗粒。在 1939 年，苏联甚至建立了一个生产纳米纤维的工厂，其产品被用来制作过滤烟雾的防毒面具。与此同时，关于电纺丝的理论研究在跟进。在 20 世纪 60 年代，Geoffrey Taylor 提出了 Taylor Corn 的理论，来描述纺丝时黏稠液体在电场中的运动形式，以及最终形成纳米纤维的机理，在下文中，我们会就这一理论进行详细讨论。在此之后，电纺丝研究进入了沉寂期，直到纳米材料的热潮到来，这一可以高效制备一维纳米材料的技术，才从故纸堆里重新进入科学家们的关注热点。其中 Darrell Reneker 和 Gregory Rutledge 功不可没，他们进行了大量实验，证实多种高分子可以通过电纺丝被制成纳米纤维，并正式提出了"静电纺丝"（electrospinning，简称电纺丝）这一学术概念。

在此之后，电纺丝进入了高速发展时期，这其中的原因是多方面的。第一，电纺丝具有较高的制备效率，经过多年发展，工业级的生产设备日趋完善，可大面积制备纳米纤维构成的织物。第二，电纺丝设备简单廉价，对环境要求不高。一些制备一维纳米材料的技术，比如光刻、气相沉积等，需要昂贵的专业设备，高标准实验室，以及人员必须掌握复杂操作技术。与之不同的是，电纺丝入门级的主要设备只需一个高压电源，实验在普通实验室环境下就可以开展，操作简单。这些优势利于更多科研人员进入电纺丝这一领域开展研究工作，并结合其他技术，极大地加速了电纺丝技术的发展，保证了本领域持续活跃。第三，其制备的产品多种多样。在电纺丝早期发展阶段，纳米纤维产品多以纯合成高分子为主，随着大量研究工作的进行，现在纤维材料，已经覆盖天然高分子、有机/无机复合材料、陶瓷等领域，甚至是以纤维为模板，制备各种物质组分的具有空心结构的纳米管、线，这一优势满足了多种特殊领域的材料要求，大大扩展了电纺丝技术的应用范围。第四，电纺丝制备的纤维，已经实现了有序化，即排列可控化。在早期，电纺丝纤维都是无序堆积成无纺布形式，如图 8.5 所示，但经过科学家们多年的探索，各种纤维排列控制手段纷纷出现，现在的纳米纤维产品，可以实现有序排列，甚至排列成各种图案。

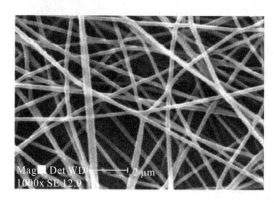
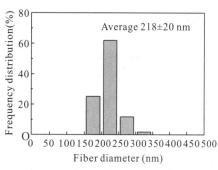

图 8.5 电纺丝法制备的 PVA 纳米纤维

上述四点优势，保证了电纺丝制备的纳米纤维有了广阔的应用前景。在纤维的传统领域，纳米纤维可以制成高效滤网；在电子能源领域，纳米纤维被应用于高效传感器、超级电容器、离子电池、太阳能电池等方面；在生物学领域，这些纤维可用做伤口敷料、药物缓释载体、细胞支架等，而且我们相信，有更多的应用方向将在未来被开发出来。

电纺丝作为一个多年持续保持科研活跃的领域，每年有大量学术论文发表。如图 8.6 所示，截止至 2025 年 6 月，在 Web of Science 上以"electrospinning"为关键词进行搜索，显示结果包含文章 56860 篇，涉及众多应用领域。在对文章发表时间记录的分析中，可以看出自 2008 年起，每年发布的文章数量呈爆发性增长，从 2007 年至 2025

年短短 18 年间，每年发表的文章增加了约 25 倍。

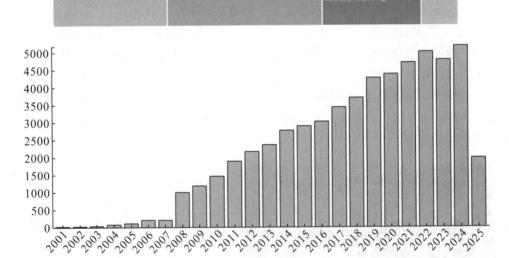

图 8.6　Web of Science 中以"electrospining"为关键词搜索结果分析

8.4　超细纤维复合材料研究的科学意义

电纺丝法制备的纤维的直径大部分在微米以下，也有一些微米级的纤维，但总体上而言，这些电纺丝纤维远远细于用传统方法制备的纤维及天然纤维，也正是这一纤维直径上的特性，带给电纺丝纤维许多独特的不可替代的功能，因此，这里我们统一称电纺丝的产品为超细纤维。

时至今日，电纺丝超细纤维经过几十年的发展，尤其是近二十年爆发式的发展，已经变成了一个庞大的家族，每年发表相关研究的文章，超过 4000 篇，其应用已经覆盖了各个领域。

超细这一特性赋予超细纤维膜更大的比表面积，以及更高的孔隙率，孔隙可达微米级，同时孔洞之间具有良好的连通性。这些特质决定了这样的纤维膜非常适用于分离和过滤。在实际应用层面，这些膜非常适用于空气和水的过滤处理。对于空气的净化，超细纤维膜可高效的过滤出空气中的粉尘，尤其是对于过滤 PM10、PM2.5 这样的微颗粒污染物，展现出了独特的高效性。在水处理方面，超细纤维膜不仅可以过滤出水中微颗粒，也可以通过吸附等作用，利用其超高比表面积，除去水中如染料等水溶性污染物。更重要的是，通过调节其表面浸润性，利用超细纤维膜微孔道的特性，可以分离油水混合物，甚至是含有表面活性剂的稳定油水混合微乳液。

同样，超大的比表面积也使得超细纤维膜成为优良的新一代催化剂载体，同时，纤维膜内部多孔，且孔道间彼此联通，这些都为催化剂，这里的催化剂，既包括传统的金属粒子等无机物，也包括酶等生物类催化剂。在电子领域，超细纤维在能源与器件方面都展现了广泛的用途，与不可替代的功能。尤其是在能源领域，比如储能方面，超细纤维因其特有的柔性，可用于电池及超级电容器；在能量转化方面，超细纤维可用于太阳能电池、燃料电池，以及最近兴起的能量收集转化为电能等领域。在器件方面，超细纤维可被用于二极管及发光器件、传感器等，尤其是气体传感器方面，因其超级大的比表面积，超细纤维在制备高灵敏性传感器中具有不可替代的作用。

在生物医疗领域的许多方面，超细纤维均展现出了强大的功能。在组织工程中，超细纤维因其强度、表面性能，以及排列易于调控，被广泛用作各种细胞支架等材料。而超细纤维的织物，可用于伤口敷料，同时因其超高的比表面积，可以兼具药物缓释、抗菌等功效。超细纤维的高比表面积特性，使其在测试诊断等方面，同样展现了高超的性能，近年来尤其是应用超细纤维于癌症的早期诊断方面，出现了大量的报道。

超细纤维具备了如此多的功能，拥有如此广泛的应用，哪怕是从上面的简单介绍也可以看出，只依赖纯物质的纤维是远远不够的。实际上，现今报道的绝大部分超细纤维，都是复合物。复合物纤维以高分子为主要成分，其中可掺杂纳米粒子、小分子、微粒、碳纳米材料等。这些材料的掺杂，有些可以提高纤维自身的性能，比如机械强度、导电性等，更多的是可以赋予超细纤维新的功能，从而为超细纤维开拓更大的应用舞台。

8.5　超细复合纳米纤维的类型

8.5.1　粒子内部分散型复合纳米纤维材料

8.5.1.1　聚合物/Au 纳米粒子复合纳米纤维

Au 纳米粒子的合成方法有很多，根据不同的合成方法以及表面修饰基团的不同，Au 纳米粒子主要包括油溶性和水溶性两种。对于油溶性的 Au 纳米粒子，需要选择合适的溶剂和聚合物进行静电纺丝，才能将 Au 纳米粒子较好地分散在聚合物纤维中。例如以十二烷基硫醇修饰的 Au 纳米粒子为例，为了将其与聚合物纤维复合，可以将其与聚氧化乙烯共同溶解在氯仿溶液中，然后进行静电纺丝。由于事先配好的纺丝溶液为均相，所以最后得到的聚氧化乙烯/Au 复合纳米纤维中，Au 纳米粒子的分散性非常好。

更有趣的是，Au 纳米粒子在聚氧化乙烯纤维中以近乎直线的方式排列（图 8.7）。这种排列的原因可能与聚氧化乙烯是半结晶聚合物以及 Au 纳米粒子表面修饰的十二烷基硫醇的作用有关。聚氧化乙烯/Au 复合纳米纤维的直径近似为高斯分布，平均直径为 550 nm 左右。除了十二烷基硫醇，萘硫醇也可以用来修饰 Au 纳米粒子。将萘硫醇修饰的 Au 纳米粒子与聚苯乙烯共同溶解在 N,N 二甲基甲酰胺溶液中进行静电纺丝，可以得到聚苯乙烯/Au 复合纳米纤维。除了油溶性 Au 纳米粒子以外，水溶性 Au 纳米粒子也可以和聚合物一起进行静电纺丝制备聚合物/Au 复合纳米纤维。在水体系中，利用柠檬酸钠作为还原剂和稳定剂可以制备不同尺寸的 Au 纳米粒子。将柠檬酸钠还原的 Au 纳米粒子与聚乙烯醇共同溶解在水中，然后静电纺丝可以得到聚乙烯醇/Au 复合纳米纤维。利用水溶性的 Au 纳米粒子和聚乙烯醇为研究对象，就没有观察到 Au 纳米粒子在聚合物纤维中的直线排列。大部分 Au 纳米粒子无规则地分布在聚乙烯醇纳米纤维基体中。随着 Au 纳米粒子含量的增加，聚乙烯醇/Au 复合纳米纤维的直径逐渐降低。当 Au 纳米粒子的含量为 1.02 wt％时，复合纤维的直径约为 314 nm。利用相似的方法还可以制备其他类型的高分子/Au 复合纳米纤维。将水溶性 Au 纳米粒子转移到含有聚乙烯基吡咯烷酮的乙醇溶液中进行静电纺丝，还可以得到聚乙烯吡咯烷酮/Au 复合纳米纤维。

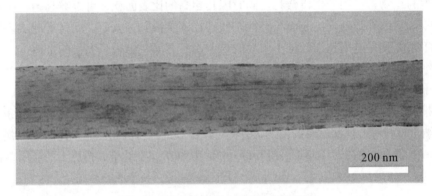

200 nm

图 8.7　聚氧化乙烯/Au 复合纳米纤维

8.5.1.2　聚合物/Ag 纳米粒子复合纳米纤维

利用静电纺丝技术将银纳米粒子复合到聚合物纳米纤维中，一般可以采用直接分散静电纺丝法或者紫外光照、热还原以及化学还原等后处理方法。我们课题组较早地利用直接分散法制备了聚丙烯腈/Ag 复合纳米纤维，实验结果表明 Ag 纳米粒子较好的分散在聚丙烯腈纳米纤维中，但也有部分聚集现象的发生。Tae-Joon Park 等也采用了直接分散然后静电纺丝的方法制备了具有不同银含量的聚丙烯腈/Ag 复合纳米纤维。通过碳化，他们还将其转变成了碳/Ag 复合纳米纤维，并研究了碳/Ag 复合纳米纤维的电容性质。结果表明随着银含量的增加，碳/Ag 复合纳米纤维的电容也逐渐增大，当 Ag 纳米粒子的含量达到 5 wt％时，其电容值为 234.91 F/g。金属纳米粒子内部电子在一定频率的外界电磁场作用下规则运动会产生的表面等离子体共振，使得粒子周围的电磁场被极大增强，产生某些表面增强效应，表面增强拉曼散射就是其中的一种增强效应。经过大量的理论和实验研究，人们发现许多分子都能产生表面增强现象，但只有在少数几种粗糙金属表面才能发生，这些金属包括 Au、Ag、Cu、Pd、Pt 等。在这些表面增强拉曼金属基底中，银的各种微纳米结构被研究得最多。利用静电纺丝技术将银纳米粒子复合在聚合物纳米纤维中可以被当作一种柔性的表面增强拉曼基底。Shu-Hong Yu 等将银溶胶分散在聚乙烯醇溶液在一定温度下孵化，然后进行静电纺丝，发现银纳米粒子在聚乙烯醇溶液中发生不同程度的聚集，这种聚集的 Ag 纳米粒子与聚乙烯醇形成的复合纳米纤维可以作为表面增强拉曼基底（图 8.8）。这种基底检测巯基苯甲酸分子时增强因子可以达到 10^9，远远优于其他粗糙金属基底。除了聚合物/Ag 两组分复合纳米纤维外，采用直接分散法还可以将 Ag 纳米粒子形成在两种物质形成的聚合物纳米纤维中，从而形成三组分复合纳米纤维。Won Seok Lyoo 等将 Ag 溶胶分散在聚乙烯醇和海藻酸钠的混合溶液中进行静电纺丝得到了聚乙烯醇/海藻酸钠/Ag 复合纳米纤维。Xiaoyan Yuan 等首先利用硼氢化钠作为还原剂，在壳聚糖溶液中制备了 Ag 溶胶，然后与聚氧化乙烯共同溶解在醋酸水溶液中进行电纺，得到了聚氧化乙烯/壳聚糖/Ag 三组分复合纳米纤维。

图 8.8　聚乙烯醇/Ag 复合纳米纤维膜的透射电镜照片

注：聚乙烯醇与 Ag 的摩尔比分别为（a）530∶1；（b）530∶2；（c）530∶3；（d）530∶4。左下角的图片为相对应的光学电镜照片。

上面提到可以利用硼氢化钠等还原剂还原硝酸银制备 Ag 溶胶，然后与聚合物共纺制备聚合物/Ag 复合纳米纤维。实际上，在静电纺丝过程中大部分都需要溶剂，而有的溶剂本身就可以作为还原剂还原硝酸银。例如 N,N 二甲基甲酰胺溶剂本身就是一种还原剂，可以将硝酸银还原成金属 Ag，但是这个过程比较缓慢。Ji Ho Youk 等发现将硝酸银与聚丙烯腈共同溶解在 N,N 二甲基甲酰胺溶剂中，经过十天以后，可以得到直径大约 6.8 nm 的 Ag 纳米粒子。将这种含有 Ag 纳米粒子的聚丙烯腈溶液电纺就可以得到聚丙烯腈/Ag 复合纳米纤维。同样利用 N,N 二甲基甲酰胺为溶剂和还原剂，聚乙烯基吡咯烷酮/Ag、聚己内酯/聚氨酯/Ag、磺化聚醚醚酮/Ag 等复合纳米纤维也可以制备出来。相似的，利用 N,N 二甲基乙酰胺为溶剂和还原剂结合静电纺丝技术也可以制备聚合物/Ag 复合纳米纤维。除了这两种溶剂以外，醇类溶剂也可以作为还原剂还原硝酸银。Songtao Yang 等将硝酸银溶解在含有聚乙烯基吡咯烷酮的乙醇溶液中回流，5 个小时后生成了直径小于 5 nm 的 Ag 纳米粒子，然后将含有 Ag 纳米粒子的聚乙烯基吡咯烷酮的乙醇溶液进行静电纺丝，得到了聚乙烯基吡咯烷酮/Ag 复合纳米纤维。Enrico Marsano 等利用乙二醇作为溶剂和还原剂，在聚乙烯基吡咯烷酮的存在下将硝酸银还原成了 Ag 纳米粒子，然后将含有 Ag 纳米粒子的聚乙烯基吡咯烷酮与尼龙共同静电纺丝制备了尼龙/聚乙烯基吡咯烷酮/Ag 三组分复合纳米纤维。如图 8.9 所示，所得到的复合纳米纤维中 Ag 纳米粒子的直径仅仅约为 3 nm。

(a) 扫描电镜图	(b) 透射电镜图

图 8.9 尼龙/聚乙烯基吡咯烷酮/Ag 复合纳米纤维膜

除了溶剂外，聚合物本身也可以作为还原剂还原硝酸银。聚乙烯醇由于含有羟基，所以具有较强的还原性，将其与硝酸银溶液共同溶解在水中加热回流，硝酸银就很容易被还原成 Ag 纳米粒子。经过静电纺丝过程，可以得到聚乙烯醇/Ag 复合纳米纤维。由于聚乙烯醇的稳定作用，所得到的 Ag 纳米粒子直径小而且均一，直径范围在 3～4 nm。聚乙烯基吡咯烷酮由于端基一般存在羟基，因此也具有一定的还原性，可以将硝酸银还原为 Ag 纳米粒子，但是其还原性相对于聚乙烯醇要弱一些。聚氧化乙烯是另外一种可以作为还原剂的聚合物。Soad A. Khan 等报道了当聚氧化乙烯的分子量超过 600 kDa 时，它就具有足够的还原能力将硝酸银还原。将高分子量的聚氧化乙烯和硝酸银共同溶解在水中，经过一段时间以后，溶液颜色变为灰色，证明 Ag 纳米粒子的生成。将此溶液电纺就可以得到聚氧化乙烯/Ag 复合纳米纤维。

上面提到的制备聚合物/Ag 复合纳米纤维的方法，都是将银纳米粒子或溶胶与聚合物共同分散和溶解在某种溶剂中进行电纺，我们称之为原位电纺。制备聚合物/Ag 复合纳米纤维还可以通过后处理的方法来实现，这种思路是首先将硝酸银复合在聚合物纳米纤维中，然后原位还原，由于聚合物的稳定和纳米纤维的限域作用，一般在聚合物纤维中得到的都是单分散的 Ag 纳米粒子。还原方法可以包括化学还原剂还原、光还原、热还原、微波还原等。在化学还原剂还原方法中，水合肼是一种比较常见的还原剂，经常用来还原制备金属纳米粒子。Yaoxian Li 等将利用静电纺丝得到的聚丙烯腈/硝酸银复合纳米纤维放在水合肼的溶液中进行还原，得到了聚丙烯腈/Ag 复合纳米纤维，但是通过这种方法得到的银纳米粒子直径不是很均一。有趣的是，作者发现聚丙烯腈/Ag 复合纳米纤维可以在较低温下石墨化（大约 300℃），而单纯的聚丙烯腈纳米纤维要在 2000℃左右才能石墨化。Deuk Yong Lee 等也用类似水合肼还原的方法制备了聚丙烯腈/Ag 复合纳米纤维膜并研究了它的抗菌性能。除了水合肼，氢气也是一种常见的还原金属离子的强还原剂。Xiabin Jing 等将聚乳酸和硝酸银共同溶解在二氯甲烷和 N,N 二甲基甲酰胺的混合溶剂中进行静电纺丝，然后将得到的纤维膜在 80℃ 的条件下氢气的氛围中进行还原，得到了聚乳酸/Ag 复合纳米纤维。从透射电镜图中可以看出，这种方法得到的 Ag 纳米粒子的尺寸也不是很均一，但其在抗菌方面表现出了较好的性能。

光化学还原方法也是在聚合物纳米纤维中制备银纳米粒子的一个重要方法。在紫外光的照射下，Ag 离子可以被还原成 Ag 原子，而 Ag 原子在聚合物大分子的稳定下会聚集成 Ag 纳米簇和 Ag 纳米粒子（图 8.10）。Won Ho Park 课题组首先利用静电纺丝技术和紫外光还原法制备了醋酸纤维素/Ag 复合纳米纤维。他们首先将硝酸银与醋酸纤维素共纺得到了醋酸纤维素/Ag 复合纳米纤维，然后将得到的纤维膜在紫外光下还原，经过一段时间以后，纤维膜的颜色由白色逐渐变为浅黄色，证明了 Ag 纳米粒子的生成。透射电镜照片可以看出在醋酸纤维素纤维中的银纳米粒子近似球形，Ag 纳米粒子的直径与纤维中硝酸银的含量有很大关系，当醋酸纤维素中硝酸银含量由 0.05 wt% 增加到 0.5 wt% 时，Ag 纳米粒子的直径由 3.3 nm 增加到 6.9 nm。作者还详细研究了各种实验条件对于反应速度、Ag 纳米粒子尺寸以及复合纳米纤维在抗菌方面的应用。我们课题组将静电纺丝技术与紫外光照结合制备了聚丙烯腈/Ag 复合纳米纤维，透射电镜显示银纳米粒子以单分散的状态分布于聚丙烯腈纳米纤维表面，选区电子衍射证明了得到的 Ag 纳米粒子为单晶，Ag 纳米粒子的直径可以通过调节硝酸银与聚丙烯腈之间的比例来控制。在聚丙烯腈/Ag 复合纳米纤维的制备过程中，由于使用的溶剂是 N,N 二甲基甲酰胺，因此溶剂对硝酸银也有一定的还原作用。Pitt Supaphol 等证实了经过 N,N 二甲基甲酰胺溶剂还原之后，再用紫外光照可以加深硝酸银的还原程度。紫外光照十分钟，可以使 Ag 纳米粒子的平均直径由 5 nm 增加到 5.3～7.8 nm。利用静电纺丝技术结合紫外光照，其他几种类型的聚合物/Ag 复合纳米纤维也被开发出来，例如聚乙烯醇/Ag、明胶/Ag 等，这些复合纳米纤维膜都显示了良好的抗菌性能。微波辐照也可以用来还原金属离子，将含有金属离子的聚合物纳米纤维膜置于乙二醇的碱性溶液中，然后在置于微波中一段时间，就可以在纤维中得到 Ag 纳米粒子。我们课题组利用这种方法制备了聚丙烯腈/Ag 复合纳米纤维。Byong-Taek Lee 等利用这种方法制备了聚乙烯醇/Ag 复合纳米纤维，并研究了其抗菌性能。

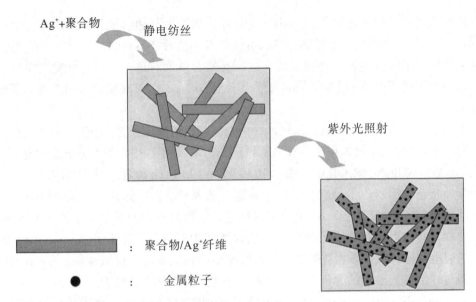

图 8.10　利用静电纺丝技术结合紫外光照反应制备聚合物/Ag 纳米粒子复合纳米纤维示意图

　　我们知道，硝酸银加热可以分解生成单质 Ag。如果将含有硝酸银的聚合物纤维膜进行热处理，硝酸银在聚合物纤维膜中分解得到 Ag 纳米粒子，从而可以形成聚合物/Ag 复合纳米纤维。Tae Jin Kang 等将聚乙烯醇与硝酸银混合后进行静电纺丝，然后在150℃下进行热处理得到了聚乙烯醇/Ag 复合纳米纤维，复合纳米纤维中银纳米粒子的直径为 5.9 nm，在此基础上继续紫外光照，银纳米粒子的直径可以增加到 6.3 nm。这种方法制备的聚乙烯醇/Ag 复合纳米纤维也具有较好的抗菌性能。Akira Fujishima 等详细研究了利用静电纺丝技术结合热处理法制备聚乙烯基吡咯烷酮/Ag 复合纳米纤维的详细过程。将硝酸银含量为 5 wt％ 的聚乙烯基吡咯烷酮/硝酸银复合纳米纤维在200℃下热处理 2 h 后，透射电镜照片显示大量的直径在 3~15 nm 之间的 Ag 纳米粒子形成于聚乙烯吡咯烷酮纳米纤维中。当硝酸银含量达到聚乙烯基吡咯烷酮的 5 倍时，在250℃条件下进行热处理可以得到网状的 Ag 纤维，这可以将复合材料转变为金属材料，扩展了其在电子器件等领域的应用。

8.5.1.3　聚合物/Pd 纳米粒子复合纳米纤维

　　近年来，Pd 纳米粒子及其复合物在催化领域的广泛引用引起人们的兴趣。在催化的过程中，为了防止 Pd 纳米粒子聚集，常常需要将其负载在碳纤维或者其他载体表面。由于碳纤维等载体对金属纳米粒子很少有化学键合作用，因此催化剂的稳定性较差。有时在不需要高温催化的情况下，利用聚合物来稳定钯纳米粒子也是一个很好的选择。Burak Erman 等利用静电纺丝技术制备了丙烯腈丙烯酸共聚物/Pd 复合纳米纤维。首先，他们将丙烯腈丙烯酸共聚物和氯化钯共同溶解在 N, N 二甲基甲酰胺溶剂中进行静电纺丝，然后将得到的纤维膜放入水合肼溶液中进行还原。这样，氯化钯被还原，得到的 Pd 纳米粒子均匀地分散在聚合物电纺纤维中（图 8.11）。这里选用丙烯腈丙烯酸共聚物进行静电纺丝的目的主要是在电纺纤维膜上引入羧基，能够更好地稳定钯纳米粒子和控制其尺寸。另外，Pd 纳米粒子的尺寸还与氯化钯溶液的浓度有很大关系，随着氯化钯溶液浓度的增加，Pd 纳米粒子的尺寸也逐渐增大。这种含 Pd 纳米粒子的聚合物纳米纤维膜具有很高的化学催化活性，当用来选择氢化某些化学反应时，比传统的钯/三氧化二铝催化剂的活性要高 4.5 倍。Taiqi Liu 等则制备了苯乙烯丙烯腈共聚物/Pd 复合纳米纤维。首先将苯乙烯丙烯腈共聚物与氯化钯共同溶解在 N,N 二甲基甲酰胺中，在 80℃的条件下反应 12 h。由于 N,N 二甲基甲酰胺具有还原作用，因此氯化钯被还原成 Pd 纳米粒子，用乙醇沉淀后，可以得到苯乙烯丙烯腈共聚物与 Pd 纳米粒子的共混物。将其重新溶解在 N,N 二甲基甲酰胺溶剂中进行静电纺丝，就可以得到苯乙烯丙烯腈共聚物/钯复合纳米纤维。实验结果表明由这种方法得到的含钯复合纳米纤维直径大约为 200 nm，纤维中钯纳米粒子的直径为 30~40 nm。同时，Pd 纳米粒子的直径可以通过改变聚合物溶液的浓度或者氯化钯的含量来控制。苯乙烯丙烯腈共聚物/钯复合纳米纤维同样在化学催化反应中表现出了很高的性能。与制备聚合物/Ag 复合纳米纤维相似，利用微波技术同样可以实现聚合物/Pd 复合纳米纤维的制备。将一定质量的氯化钯与聚丙烯腈共同溶解在 N,N 二甲基甲酰胺溶剂中进行静电纺丝，然后将得到的纤维膜浸泡在乙二醇的碱性溶液中，微波条件下反应一段时间就可以得到苯乙烯丙烯腈共聚物/Pd 复合纳米纤维。

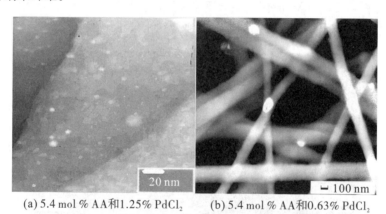

(a) 5.4 mol % AA和1.25% PdCl₂　(b) 5.4 mol % AA和0.63% PdCl₂

(c) 5.4 mol % AA和1.25% PdCl₂　(d) 5.4 mol % AA和8.3% PdCl₂

图 8.11　丙烯腈丙烯酸共聚物/Pd 复合纳米纤维的电镜照片

8.5.1.4 聚合物/Cu 纳米粒子复合纳米纤维

近年来，Cu 纳米粒子被广泛应用在微电子行业的封装和连接方面，对微电子器件的小型化起到了重要的作用。另外，Cu 纳米粒子可以被用作催化剂、高级润滑剂，还可被用来制造导电胶和导磁胶等。因此，纳米 Cu 的制备和性质研究具有重要的现实意义和应用价值。Cu 纳米粒子的制备方法有很多，主要包括气相蒸发法、等离子体法、液相还原法、水热法、γ 射线辐照法等。由于 Cu 纳米粒子在空气中容易氧化，因此在制备的过程中需要加入稳定剂来防止其氧化。将 Cu 纳米粒子分散在聚合物纳米纤维中也是防止铜纳米粒子氧化的一个重要方法。我们课题组最早尝试将 Cu 纳米粒子与聚合物纳米纤维复合。首先，在聚乙烯醇溶液中加入氯化铜，然后加入水合肼进行还原，得到分散有 Cu 纳米粒子的一定浓度的聚乙烯醇水溶液，为了防止生成的 Cu 纳米粒子氧化，在反应溶液中加入了一定量的亚硫酸氢钠去除溶液中的氧气。将上述溶液进行静电纺丝就得到了聚乙烯醇/Cu 复合纳米纤维。实验结果表明，所加入的氯化铜与聚合物之间的摩尔比对复合纳米纤维的组成具有重要影响。当氯化铜与乙烯醇之间的摩尔比为 1∶35 时，在聚乙烯醇纳米纤维中存在着 Cu 纳米粒子和 Cu 纳米线两种结构，而当氯化铜与乙烯醇之间的摩尔比为 1∶40 时，我们可以得到具有较好形貌的聚乙烯醇/Cu 同轴纳米纤维（图 8.12）。Andrej Demsar 等将商品化的 Cu 纳米粒子分散到聚乙烯醇水溶液中进行静电纺丝也得到了聚乙烯醇/Cu 复合纳米纤维。

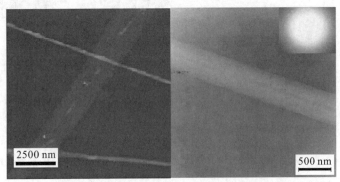

(a) Cu^{2+} 与乙烯醇摩尔比为1∶35　　(b) Cu^{2+} 与乙烯醇摩尔比为1∶40

图 8.12　聚乙烯醇/Cu 复合纳米纤维的透射电镜照片

8.5.1.5 聚合物/Fe 纳米粒子复合纳米纤维

Fe 纳米粒子由于具有独特的电学、磁学以及催化性质而逐渐成为科学家们关注的焦点。Fe 纳米粒子尺寸非常小，导致其具有非常大的比表面积，在传感器、变频器、疾病诊断以及环境治理等领域具有重要的应用。但是，与 Cu 纳米粒子相似，在空气中 Fe 纳米粒子也非常容易被氧化。因此在实际应用中，Fe 纳米粒子经常是与其他聚合物等材料复合在一起来使用的。Yong Ha Kim 等采用了首先制备铁纳米粒子，然后将其与聚合物溶液混合进行静电纺丝的方法制备了聚乙烯基吡咯烷酮/Fe 复合纳米纤维。由于聚合物纳米纤维的保护作用，放置两周以后，铁纳米粒子的活性依然可以保持在

85％，放置 4 周后，Fe 纳米粒子的活性可以保持在 78％（图 8.13）。

Fe纳米粒子　　　　　　　　　　　　聚乙烯基吡咯烷酮/Fe纳米粒子复合纳米纤维

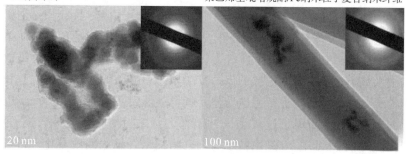

（a）（b）新制备的样品

（c）（d）空气中存储 2 天的样品

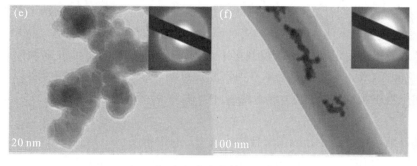

（e）（f）空气中存存储 4 天的样品

图 8.13　Fe 纳米粒子以及聚乙烯基吡咯烷酮/Fe 纳米粒子复合纳米纤维的透射电镜照片

注：每幅图右上角为相对应的选区电子衍射图片。

利用耐热性聚合物纳米纤维来负载 Fe 纳米粒子也是一种提高聚合物/Fe 复合纳米纤维膜机械强度和稳定性的一个重要方法。Zhu 等利用静电纺丝技术制备了聚酰亚胺/Fe 复合纳米纤维。他们首先将不同含量的表面部分氧化的 Fe 纳米粒子分散在聚酰亚胺的 N,N 二甲基甲酰胺溶液中，然后静电纺丝，就得到了不同 Fe 含量的聚酰亚胺/铁复合纳米纤维。实验结果显示，聚酰亚胺/Fe 复合纳米纤维膜的热稳定性相对于纯聚酰亚胺纳米纤维膜得到了进一步的提高。

8.5.1.6　聚合物/Ni 纳米粒子复合纳米纤维

与 Fe 纳米粒子相似，Ni 纳米粒子作为一种磁性纳米金属颗粒在热阻、光吸收、催化以及磁学等领域具有许多特殊性能，因此越来越受到研究人员的青睐。目前 Ni 纳米粒子在航空航天、电子、能源以及环境等领域均有广泛的应用前景。将 Ni 纳米粒子与聚合物复合可形成聚合物/Ni 复合材料，一方面聚合物可以起到稳定 Ni 纳米粒子的作用；另一方面还可以发挥复合材料中各组分之间的协同效应，提高材料在某方面的性能。利用直接分散法结合静电纺丝技术可以实现聚合物/Ni 复合纳米纤维的制备。首先，将 Ni 纳米粒子分散在聚苯乙烯的 N，N 二甲基甲酰胺溶液中，经过较长时间超声将 Ni 纳米粒子充分分散后，进行静电纺丝，就可以得到聚苯乙烯/Ni 复合纳米纤维膜。纤维中 Ni 纳米粒子的含量可以过调节 Ni 与聚苯乙烯之间的质量比来控制。通过光谱分析可以证明复合纳米纤维中 Ni 纳米粒子与聚合物纳米纤维之间没有化学键的作用，这和我们采用直接分散的物理混合静电纺丝的制备方法是一致的。除了直接分散法以外，还可以将镍盐分散在聚合物溶液中进行静电纺丝，然后还原来制备聚合物/Ni 复合纳米纤维。如果将聚合物/镍盐复合纳米纤维经过灼烧，还可以制备碳/Ni 复合纳米纤维。当然，在灼烧的过程中需要通入氢气以防止氧化镍的形成。当然，一般情况下，在所得到的碳纳米纤维中，除了 Ni 纳米粒子以外，还可能有少量的 NiO 纳米粒子生成。

8.5.1.7　聚合物/ZnO 纳米粒子复合纳米纤维

作为一种传统的半导体，ZnO 在光电化学、光催化、压电材料、气体传感器以及生物医学等领域具有重要应用。尤其是 ZnO 纳米粒子，由于具有大的比表面积，在光电器件以及传感器研究领域展现出了非常优异的性能。特别是当 ZnO 纳米粒子的直径较小时，在光线照射下能发出荧光，从而可以应用于尖端生物医学领域。将聚合物修饰到 ZnO 纳米粒子表面，不仅可以控制 ZnO 纳米粒子的尺寸，而且可以调控其表面状态，实现 ZnO 纳米粒子的荧光效率增加，波长可调。利用静电纺丝技术可以较容易地将 ZnO 纳米粒子复合到聚合物纳米纤维中，实现对 ZnO 纳米粒子光致发光的有效调控。

将 ZnO 纳米粒子直接分散在聚合物溶液中进行静电纺丝，是制备聚合物/ZnO 复合纳米纤维中最方便的途径。Seungsin Lee 等将直径在 24～71 nm 的 ZnO 纳米粒子分散在聚氨酯的 N,N 二甲基甲酰胺溶液中进行静电纺丝制备了聚氨酯/ZnO 复合纳米纤维。为了使 ZnO 纳米粒子更好地分散，溶液在进行静电纺丝之前搅拌 12 h。得到的以棉花作为基底的聚合物/ZnO 复合纳米纤维膜，显示了良好的紫外防护功能以及抗菌性能。Jiang 等采用了两种方法制备了聚苯撑乙烯/ZnO 复合纳米纤维，第一种方法是首先制备 ZnO 纳米晶，然后将其分散在聚苯撑乙烯的预聚物溶液中，静电纺丝得到纳米纤维膜在 210℃氮气存在的条件下处理 5 h；第二种方法是先制备 Zn（OH）$_2$，然后将其分散在聚苯撑乙烯的预聚物的乙醇溶液中，同样进行静电纺丝后在 210℃氮气存在的条件下处理 5 h。结果显示两种方法得到的纳米纤维直径均在 100 nm 左右。第一种方法得到的复合纳米纤维中 ZnO 纳米晶分散均匀；第二种方法得到的复合纳米纤维表面不是特别光滑，有一些小的突起（直径为 10～30 nm）。Yi－Ming Sun 等研究了 3－羟基丁酸酯和 3－羟基戊酸酯共聚物/ZnO 复合纳米纤维的结晶行为。他们首先利用溶胶凝胶技术制备了直径在 10～20 nm 之间的 ZnO 纳米粒子，然后将其分散在 3－羟基丁酸酯和

3-羟基戊酸酯共聚物的 N,N 二甲基甲酰胺溶液中进行静电纺丝，得到了 3-羟基丁酸酯和 3-羟基戊酸酯共聚物/ZnO 复合纳米纤维，由于 ZnO 纳米粒子表面的羟基与共聚物的羰基之间的相互作用，经过静电纺丝以后，ZnO 纳米粒子比较好地分散在共聚物纳米纤维中。而且由于 ZnO 纳米粒子的存在，延迟了聚合物纳米纤维的结晶。

为了将 ZnO 纳米粒子更好地分散在聚合物纤维中，可以直接将聚合物溶解在 ZnO 的溶胶中进行静电纺丝，相对于重新分散在溶剂中的 ZnO 纳米粒子来讲，溶胶中的 ZnO 粒子分散性要好得多。ZnO 溶胶可以在不同的溶剂中制备，因此，在溶胶中加入相应可溶解的不同种类的高分子就可以制备不同种类的聚合物/ZnO 复合纳米纤维。一般情况下，ZnO 溶胶是通过醋酸锌在乙醇溶剂中碱性水解产生的，通过在 ZnO 的乙醇溶胶中加入聚乙烯基吡咯烷酮，然后进行静电纺丝，就可以得到聚乙烯基吡咯烷酮/ZnO 复合纳米纤维。通过这种方法制备的复合纳米纤维中，ZnO 纳米粒子的直径为 3～4 nm，并且在聚合物纳米纤维中分散均匀（图 8.14）。在上述电纺溶液中加入硅酸乙酯，还可以通过一步静电纺丝方法得到聚合物/ZnO 复合空心纳米管。这主要是由于在静电纺丝过程中，溶剂较快挥发，因此在形成纤维的直径方向，溶剂存在一个浓度梯度。在中心线附近，乙醇的浓度较高，硅酸乙酯聚集于此。由于包裹有 ZnO 纳米粒子的聚乙烯基吡咯烷酮与硅酸乙酯不相容，因此其主要聚集在纤维边缘。在纤维形成过程中，中心线附近的硅酸乙酯挥发，最终形成了聚乙烯基吡咯烷酮/ZnO 复合纳米纤维。当然，在复合纤维中也还存在着残留的少部分硅酸乙酯，在空气中放置的过程中可水解转变为 SiO_2。当然，也可以将 ZnO 乙醇溶胶加入聚乙烯醇的水溶液中，然后通过静电纺丝制备聚乙烯醇/ZnO 复合纳米纤维。这种方法制备的复合纳米纤维中，氧化锌纳米粒子的直径大约为 8 nm，大于在 ZnO 的乙醇溶胶中直接加入聚乙烯基吡咯烷酮电纺所得到复合纳米纤维中氧化锌纳米粒子的粒径，这可能是由于聚乙烯醇与 ZnO 纳米粒子之间的作用力没有那么强。ZnO 溶胶还可以在 N,N 二甲基甲酰胺溶剂中制备，将醋酸锌溶解在 N,N 二甲基甲酰胺溶剂中，然后加入四甲基氢氧化铵水解醋酸锌，就得到了 ZnO 溶胶。在 ZnO 溶胶中加入聚氧化乙烯的 N,N 二甲基甲酰胺溶液，然后进行静电纺丝，就可以制备聚氧化乙烯/ZnO 复合纳米纤维。

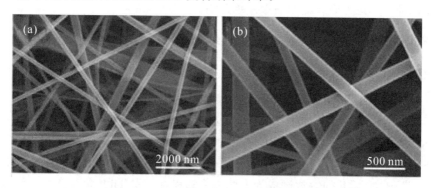

（a）（b）聚乙烯基吡咯烷酮/ZnO 复合纳米纤维的扫描电镜照片，静电纺丝电压：10 kV

图 8.14 制备的 PVP/ZnO 复合纳米纤维

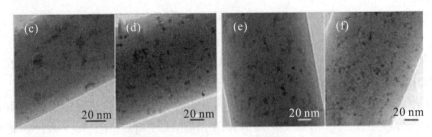

（c）（d）（e）（f）聚乙烯基吡咯烷酮/ZnO复合纳米纤维的透射电镜照片，
静电纺丝电压分别为：10 kV，12 kV，14 kV，16 kV

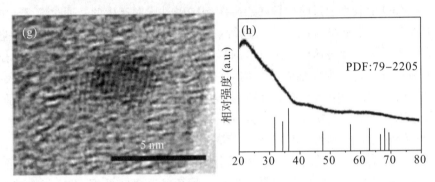

（g）聚合物纳米纤维中 ZnO 纳米粒子的高分辨透射电镜照片；（h）聚乙烯基
吡咯烷酮/ZnO复合纳米纤维的 XRD 图

图 8.14（续）

上面提到的聚合物/ZnO复合纳米纤维都是通过将 ZnO 分散在聚合物溶液中进行静电纺丝来制备的。与聚合物/金属复合纳米纤维相似，ZnO 纳米粒子也可以通过后处理法负载在聚合物纳米纤维的表面。首先，将醋酸锌与聚乙烯醇共纺得到聚合物/醋酸锌复合纳米纤维膜。然后将聚合物/醋酸锌复合纳米纤维膜在碱性乙醇溶液中浸泡 24 h，就得到了聚合物/ZnO复合纳米纤维。实验结果显示，ZnO 纳米粒子大都形成在了聚合物纳米纤维的表面，平均直径在 5～30 nm。聚合物/ZnO复合纳米纤维在光致发光方面具有重要的应用，这方面我们稍后做详细介绍。

8.5.1.8 聚合物/TiO_2 纳米粒子复合纳米纤维

随着人们对环境的要求越来越高，具有抗菌、空气净化以及污水净化能力的 TiO_2 纳米粒子越来越受到人们的重视。由于具有良好的化学稳定性和催化活性，TiO_2 纳米粒子是目前唯一进入实用化阶段的光催化材料。另外，TiO_2 纳米粒子在功能陶瓷、传感器、太阳能电池、光学以及磁学存储器等方面也具有重要应用。随着 TiO_2 纳米粒子应用技术的深入，传统 TiO_2 纳米粒子容易团聚、难回收的缺点逐渐显现出来，因此 TiO_2 纳米粒子的负载化研究逐渐成为人们关注的焦点。将 TiO_2 负载在静电纺丝纳米纤维上，可以使复合材料依旧保持大的比表面积，有利其进行光催化反应。与 ZnO 纳米粒子相似，我们可以通过将商品化或者制备的 TiO_2 纳米粒子直接分散在聚合物溶液中进行静电纺丝，来制备聚合物/TiO_2 复合纳米纤维。利用这种方法制备聚合物/TiO_2

复合纳米纤维的优点是，TiO_2 纳米粒子的晶型可以控制，由于我们使用已经制备好的 TiO_2 纳米粒子，因此在静电纺丝之前可以通过灼烧的方法控制其晶型，有利于形成复合材料后在光催化方面表现出更好的性能。当然，利用这种方法制备的聚合物/二氧化钛复合纳米纤维中 TiO_2 纳米粒子的分散性较差，这取决于 TiO_2 纳米粒子粒径的大小以及其与聚合物之间相容性的好坏。利用这种直接分散的方法，还可以将多种组分同时与聚合物纳米纤维复合。例如将 TiO_2 纳米粒子与碳纳米管同时分散在聚丙烯腈的 N,N 二甲基甲酰胺溶液中，然后进行静电纺丝，可以得到聚丙烯腈/TiO_2/碳纳米管复合纳米纤维。为了将 TiO_2 更加均匀地分散在聚合物纳米纤维中，可以首先制备 TiO_2 溶胶，然后再与聚合物混合静电纺丝，这样得到的聚合物/TiO_2 复合纳米纤维中 TiO_2 纳米粒子的分散性较好，但是这种方法的缺点是复合纤维中 TiO_2 纳米粒子的结晶性不好。同时，我们不能通过高温煅烧的方法来改善聚合物纳米纤维中 TiO_2 的结晶性，因为会将聚合物也烧掉。一般情况下，可以将聚合物/TiO_2 复合纳米纤维在低于 200℃ 条件下放置一段时间，在不破坏聚合物结构的情况下使 TiO_2 纳米粒子的结晶性提高。

8.5.1.9 聚合物/Fe_3O_4 纳米粒子复合纳米纤维

随着纳米科技的迅速发展，磁性纳米粒子的研究日益受到人们的广泛关注。在各种磁性纳米粒子中，Fe_3O_4 纳米粒子因为具有较高的超顺磁性以及制备简单而引起了人们的广泛关注。Fe_3O_4 纳米粒子在功能材料、磁记录材料、磁共振成像、生物磁分离、磁流体、特殊催化剂材料、磁性颜料等方面展现了非常广阔的应用前景。但是 Fe_3O_4 纳米粒子存在着容易氧化的问题，从而使其磁性能下降。为了解决这个问题，Fe_3O_4 纳米粒子表面经常被修饰上有机高分子，如聚乙二醇、聚乙烯醇等，一方面，有机高分子可以对粒子起到保护作用；另一方面也有利于粒子的分散。

将 Fe_3O_4 纳米粒子分散在聚合物纤维中形成聚合物/Fe_3O_4 复合纳米纤维，也是防止 Fe_3O_4 纳米粒子氧化的一个重要途径。将 Fe_3O_4 纳米粒子复合到聚合物纳米纤维中最简单的方法是首先将商品化或者制备好的 Fe_3O_4 纳米粒子经过较长时间超声分散在聚合物溶液中，然后进行静电纺丝。所制得的这些复合纳米纤维在磁性、催化、光电以及低介电等领域都展现了较好的性能。但是，这种直接分散结合静电纺丝技术制备聚合物/Fe_3O_4 复合纳米纤维的缺点是，在 Fe_3O_4 的粒径较大、含量较高时，复合纳米纤维中 Fe_3O_4 纳米粒子容易聚集。在一般情况下，Fe_3O_4 纳米粒子是在水相中制备的，因此在表面活性剂或者聚电解质修饰的 Fe_3O_4 纳米粒子的水溶液中直接加入水溶性高分子（例如聚乙烯醇或者聚丙烯酰胺）溶解，然后进行静电纺丝，就可以得到聚乙烯醇/Fe_3O_4 或者聚丙烯酰胺/Fe_3O_4 复合纳米纤维。或者直接利用水溶性高分子为稳定剂，例如在聚乙烯醇存在条件先制备 Fe_3O_4 纳米粒子，然后通过透析的方法除去杂质离子，最后进行静电纺丝也可以得到 Fe_3O_4 纳米粒子相对分散均匀的聚乙烯醇/Fe_3O_4 复合纳米纤维。相对于直接分散法，这种方法制备的聚合物/Fe_3O_4 复合纳米纤维中 Fe_3O_4 纳米粒子的聚集情况明显改善（如图 8.15）。虽然通常 Fe_3O_4 纳米粒子是在水溶液中制备的，但可以在制备的过程中加入油酸胺或者油酸钠等，这样最后得到的 Fe_3O_4 纳米粒子就能够很容易地转移到有机溶剂中，然后在有机溶剂中加入适当的聚合物，最后静电纺丝，利用这种方法制备的聚合物/Fe$_3$O$_4$ 复合纳米纤维中的 Fe$_3$O$_4$ 纳米粒子能够得到很好的分散。

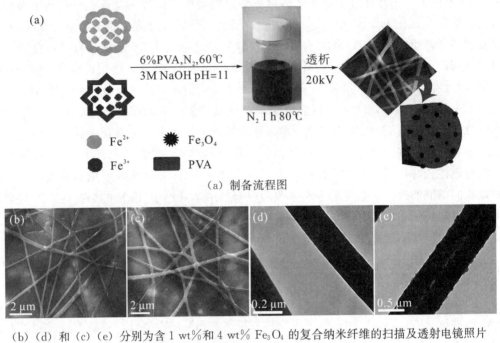

(a) 制备流程图

(b)（d）和（c）（e）分别为含 1 wt% 和 4 wt% Fe$_3$O$_4$ 的复合纳米纤维的扫描及透射电镜照片

图 8.15　聚乙烯醇/ Fe$_3$O$_4$ 复合纳米纤维

8.5.1.10　聚合物/金属硫化物纳米粒子复合纳米纤维

利用静电纺丝技术将金属硫化物与聚合物纳米纤维复合的最简单的方法仍然是将硫化物纳米粒子分散在聚合物溶液中进行静电纺丝。有趣的是，与碳纳米管相似，如果将硫化物一维纳米结构材料（如纳米线）与聚合物共纺，则最后得到的聚合物/硫化物复合纳米纤维中的硫化物纳米线沿着纤维方向排列。通过直接分散静电纺丝的方法还可以将硫化物纳米粒子与功能高分子共同引入普通聚合物纳米纤维中，由于功能高分子有助于光生电荷和空穴的分离，因此可大大提高复合纳米纤维的光致发光。相对于直接分散法，在聚合物溶液中原位制备硫化物溶胶，然后进行静电纺丝，可以使硫化物纳米粒子在聚合物纳米纤维中分散得更加均匀。同时，通过聚合物分子的稳定作用，硫化物量子点的尺寸可以得到很好的控制。此外，利用这种方法还可以非常容易地控制硫化物量子点的组成，例如通过对硫化物量子点的掺杂等手段调节复合纳米纤维的发光性质等。

利用直接分散或者原位制备硫化物溶胶然后静电纺丝的方法，可以将含量相对较少的硫化物纳米粒子或者量子点与聚合物纳米纤维较好的复合。但是，当硫化物纳米粒子含量超过一定量时，其在聚合物纳米纤维中容易产生聚集。我们课题组提出利用气相反应与静电纺丝技术相结合的方式制备聚合物/硫化物复合纳米纤维。这种技术制备聚合物/硫化物复合纳米纤维非常简单，即使当硫化物含量较高时，其依然在聚合物纤维中能够很好地分散，复合纳米纤维膜的制备过程可描述如下：①将金属盐与聚合物共同溶解在某种溶剂中得到透明均一溶液；②通过静电纺丝方法，将上述溶液制备成含金属盐的聚合物纳米纤维；③将聚合物/金属盐复合纳米纤维膜置于硫化氢氛围中，原位生成硫化物纳米粒子（图 8.16）。利用这种方法可以实现多种硫化物纳米粒子与聚合物纳米纤维的复合，包括 PbS、CdS、ZnS 以及 CuS 等。由于不同种类的聚合物对不同种类的硫化物纳米粒子的稳定性作用不同，因此得到的硫化物纳米粒子在不同聚合物中的尺寸、形貌也会有所不同。通过气固反应结合静电纺丝技术制备的聚合物/硫化物复合纳米纤维，在光致发光器件方面具有非常广阔的应用前景。

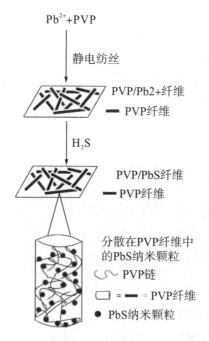

图 8.16 利用静电纺丝技术结合原位气固反应制备聚合物/硫化物复合纳米纤维的示意图

在金属硒化物纳米结构中，硒化镉纳米粒子由于具有良好的光电性质而得到了广泛的研究。前面已经提到，将半导体纳米粒子与聚合物纳米纤维复合，一方面可以利用半导体纳米粒子的特殊性质，另一方面可以发挥柔性聚合物良好的加工性质以及其他功能，从而设计出具有新功能的复合纳米纤维。Kim 等首先以 CdO 为镉源制备了 CdSe 纳米晶，然后与聚醋酸乙烯酯共纺得到了聚醋酸乙烯酯/CdSe 复合纳米纤维。结果显示复合纳米纤维的直径大约为 $1~\mu m$，而纤维中的 CdSe 纳米晶的尺寸小于 10 nm。Demir 等则制备了聚碳酸酯聚氨酯/CdSe 复合纳米纤维。他们首先制备了直径大约为 5nm 的三辛基氧化膦修饰的 CdSe 纳米粒子，然后将其分散到聚碳酸酯聚氨酯的 N,N 二甲基甲酰胺溶液中进行静电纺丝。原子力显微镜显示在嵌段共聚物聚碳酸酯聚氨酯中，硬的氨酯链段组织形成棒状结构，分散在软的聚碳酸酯中，因此通过控制嵌段共聚物结构形态可以调控 CdSe 纳米粒子的发光性质，从而在未来的光电器件中得到应用。

8.5.1.11 聚合物/CdTe 纳米粒子复合纳米纤维

利用静电纺丝技术可以很容易地实现 CdTe 纳米粒子与聚合物纳米纤维的复合，虽然聚合物纳米纤维可以起到防止 CdTe 纳米粒子聚集的作用，但是在纤维形成之前，即在静电纺丝的过程中，仍然需要加入表面活性剂来稳定 CdTe 纳米粒子，这样最终得到的聚合物纳米纤维中的 CdTe 才能得到更好的分散（图 8.17）。Qingbiao Yang 等将浓缩的三种不同粒径的 CdTe 纳米晶与聚乙烯醇溶液混合进行静电纺丝，得到了聚乙烯醇/CdTe 复合纳米纤维，当纳米晶在聚合物中的百分含量为 2% 时，可以看到其在纤维中分散均匀。相对于溶液涂膜的方法，利用静电纺丝技术制备的聚合物/CdTe 复合纳米纤维避免了纳米晶和聚合物聚集引起的纳米晶荧光峰位移动和荧光强度减弱的问题，因此在制备光学编码等方面具有重要应用。Haizhu Sun 等将水溶性单色 CdTe 纳米粒子与聚乙烯醇以及共轭高分子聚苯撑乙烯的预聚物共纺形成三元复合纳米纤维，得到了具有白光发射的复合纳米纤维。在复合纳米纤维中，聚乙烯醇不仅有效地通过防止聚苯撑乙烯预聚物的 π–π 堆积淬灭提高了其蓝光发射，而且改进了 CdTe 纳米晶与聚苯撑乙烯预聚物的相容性。另外，单色 CdTe 纳米晶避免了纳米晶之间的荧光共振能量转移效应，最终得到了具有较强白光发射的复合纳米纤维材料。

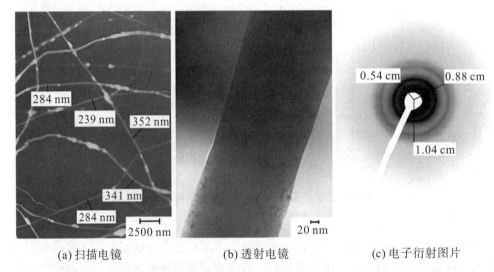

(a) 扫描电镜　　　　　　　　(b) 透射电镜　　　　　　　(c) 电子衍射图片

图 8.17　在表面活性剂辅助下利用静电纺丝技术制备的聚乙烯基吡咯烷酮/CdTe
复合纳米纤维的扫描电镜、透射电镜和电子衍射图片

8.5.1.12　聚合物/CdHgTe 纳米粒子复合纳米纤维

控制聚合物纳米纤维中半导体纳米粒子的化学组成，可以调节复合纳米纤维的发光性质。例如 CdHgTe 纳米晶就可以通过改变 Cd 和 Hg 的组成在很宽的范围内调控其发光性质，其发光可以位于近红外区，可用于近红外生物体内组织器官的成像。Sun 等采用一步法在水溶液中制备了 CdHgTe 纳米晶，然后将其与聚乙烯醇共纺得到了聚乙烯醇/CdHgTe 复合纳米纤维。复合纳米纤维的直径随着聚乙烯醇质量分数的增加而增加，荧光强度也逐渐增强。复合纳米纤维中纳米晶的发光峰位没有明显改变，而且其稳定性也有所增加，因此其在光通讯领域具有重要的应用前景。

8.5.2 粒子表面修饰型复合纳米纤维材料

8.5.2.1 金粒子表面修饰型复合纳米纤维材料

利用后处理法还可以得到纤维表面富含 Au 纳米粒子的聚合物基复合纳米纤维。这种方法的一个重要特征是，聚合物纳米纤维表面要富含能够与 Au 纳米粒子或者金属离子相互作用的基团。这些基团可以是氨基、羧基、吡啶基团或者巯基。Dong 等首先以 N,N 二甲基甲酰胺为溶剂，利用静电纺丝技术制备了聚乙烯基吡啶和聚乙烯基吡啶/聚甲基丙烯酸甲酯复合纳米纤维，实验结果表明所制备的聚乙烯吡啶纤维平均直径为 290 nm，而聚乙烯基吡啶/聚甲基丙烯酸甲酯复合纳米纤维平均直径为 430 nm。由于纤维中的吡啶基团与氯金酸根离子之间存在配位作用，当将纤维浸泡在氯金酸钠溶液中时，氯金酸根离子就可以吸附在聚乙烯基吡啶或者聚乙烯基吡啶/聚甲基丙烯酸甲酯复合纳米纤维表面，然后加入硼氢化钠溶液还原，氯金酸根离子就转变成了 Au 纳米粒子吸附在聚合物纤维表面。这种方法还可以扩展到其他金属纳米粒子在聚乙烯基吡啶纳米纤维表面的吸附（图 8.18）。除了吸附氯金酸根离子，然后还原来制备聚乙烯基吡啶/Au 复合纳米纤维外，还可以利用聚乙烯基吡啶与 Au 纳米粒子之间的静电相互作用直接吸附金纳米粒子。由于质子化的聚乙烯基吡啶带正电，而柠檬酸钠修饰的 Au 纳米粒子带负电，因此将聚乙烯基吡啶纳米纤维浸泡在柠檬酸钠修饰的 Au 纳米粒子的溶液中时，Au 纳米粒子就可以直接吸附在聚合物纳米纤维的表面。除了静电相互作用，还可以利用氢键相互作用将 Au、Ag 等纳米粒子吸附在尼龙 6 纳米纤维的表面，这部分内容我们将在介绍尼龙 6/Ag 复合纳米纤维的制备时给予详细分析。

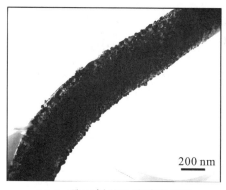

(a) Au/聚乙烯基吡啶纳米纤维   (b) Ag/聚乙烯基吡啶纳米纤维

图 8.18   Au、Ag 纳米粒子在聚乙烯基吡啶纳米纤维表面吸附的透射电镜照片

8.5.2.2 银粒子表面修饰型复合纳米纤维材料

与制备聚合物/Au 复合纳米纤维类似，利用后处理法也可以得到纤维表面富含 Ag 纳米粒子的聚合物基复合纳米纤维。同样的，聚合物纳米纤维表面要富含能够与 Ag 离子或者 Ag 纳米粒子相互作用的基团，如氨基、羧基、吡啶基团或者巯基。Zhang 等将聚丙烯腈纳米纤维膜与盐酸羟胺作用，使纳米纤维表面富含氨基，然后吸附 Ag 离子，最后用硼氢化钠还原，得到了聚丙烯腈/Ag 复合纳米纤维。这种方法得到的复合纳米纤维中 Ag 纳米粒子主要分布在聚合物纤维的表面，有利于其催化等性质的表达。这种通过表面修饰基团的方法是制备表面富含金属纳米粒子的一个重要途径，Demir 等还将水合肼修饰在了聚合物纤维表面，然后将其浸泡在硝酸银溶液中，制备了聚甲基丙烯酸缩水甘油酯/Ag 以及丙烯腈和甲基丙烯酸缩水甘油酯的共聚物/Ag 复合纳米纤维。除了在聚合物纤维表面修饰特定基团来吸附或者直接还原金属离子来制备金属纳米粒子外，还可以通过利用氢键等弱的相互作用力的方法在聚合物表面直接吸附金属纳米粒子。Wayne E. Jones 等利用尼龙 6 纳米纤维与银纳米粒子之间的氢键相互作用制备了尼龙 6/Ag 复合纳米纤维。在这个过程中，溶液的 pH 值至关重要，当溶液 pH 值低于 6 时，银纳米粒子才能较好地吸附在尼龙 6 纳米纤维的表面。这是因为当溶液的 pH 值小于 6 时，Ag 纳米粒子表面修饰的柠檬酸根离子能够完全酸化形成多个羧基，这些羧基可以与尼龙 6 表面的酰胺基团形成双分子内氢键，这个作用是足够强的，能够把 Ag 纳米粒子完全吸附在尼龙 6 纳米纤维的表面。这种方法还可以扩展来制备其他类型的尼龙 6/金属复合纳米纤维（图 8.19）。

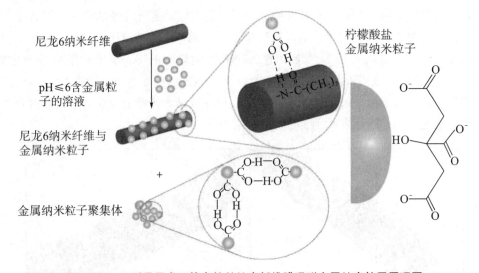

图 8.19　pH 诱导尼龙 6 静电纺丝纳米纤维膜吸附金属纳米粒子原理图

8.5.2.3　Pt 粒子表面修饰型复合纳米纤维材料

Pt 纳米粒子及其复合物在催化领域，尤其是电化学催化方面具有重要的应用前景。在电化学催化反应中，Pt 纳米粒子也是经常被负载在碳纤维、碳纳米管等载体上，但是碳载体在电化学催化反应中很容易被腐蚀，从而使 Pt 纳米粒子团聚，降低催化剂的催化效率，而且碳腐蚀的中间产物一氧化碳还会强烈吸附于金属纳米粒子表面，造成催化剂中毒。利用静电纺丝纳米纤维来负载 Pt 纳米粒子也是一种较好的选择。Jae-Do Nam 等利用静电纺丝技术制备了聚苯乙烯/Pt 复合纳米纤维。首先，他们将聚苯乙烯溶解在 N,N 二甲基甲酰胺溶剂中进行静电纺丝，然后将得到的纤维膜浸泡在氯磺酸中进行磺化，磺化之后的聚苯乙烯纤维膜再浸泡在 0.1 M 的二硝酸四氨合铂溶液中进行搅拌，最后用硼氢化钠进行还原。为了在聚苯乙烯纤维膜上负载更多的 Pt 纳米粒子，在 Pt 盐溶液中浸泡和还原可以进行两次。试验结果表明，聚苯乙烯/Pt 复合纳米纤维具有较高的离子导电率（0.32 S/cm），可以应用在甲醇燃料电池等电化学催化剂上。

在前面我们提到，利用氢键相互作用可以将柠檬酸根修饰的银纳米粒子吸附在尼龙 6 纳米纤维的表面。这种方法也适用于聚合物/Pt 复合纳米纤维的制备。当调节 Pt 纳米粒子溶液的 pH 值为 5 时，将尼龙 6 纳米纤维浸入，就可以在尼龙 6 纳米纤维表面吸附上铂纳米粒子，形成尼龙 6/Pt 复合纳米纤维。另外，将利用静电纺丝技术制备的聚合物/铂盐（如氯铂酸）复合纳米纤维进行灼烧，还可以得到 Pt 纳米纤维，在燃料电池催化剂领域具有重要应用。

8.5.2.4　Cu 粒子表面修饰型复合纳米纤维材料

聚合物/Cu 复合纳米纤维还可以通过在静电纺丝纳米纤维表面沉积 Cu 来实现。Tao 等利用静电纺丝技术结合无电沉积制备了聚合物/Cu 复合纳米纤维。他们首先将尼龙 6 溶解在甲酸中进行静电纺丝，得到了尼龙 6 纳米纤维，然后利用氧气低温等离子体处理尼龙 6 纳米纤维，使其表面粗糙，再将尼龙 6 纳米纤维依次浸泡在氯化亚锡、硝酸银等溶液中使其表面活化，纤维表面生成的少量 Ag 纳米粒子可以作为无电沉积 Cu 的催化中心，最后将尼龙 6 纳米纤维膜放到含有 Cu 盐和还原剂的溶液中进行无电沉积，最终得到了尼龙 6/Cu 复合纳米纤维。这种方法得到的聚合物/Cu 复合纳米纤维表面有些粗糙，有望在电磁屏蔽等领域得到应用。

8.5.2.5　Fe 粒子表面修饰型复合纳米纤维材料

除了这种直接分散法以外，聚合物/Fe 复合纳米纤维也可以通过对电纺纤维后处理的方法来实现。Xiangyang Shi 等利用静电纺丝技术和层层自组装技术相结合在醋酸纤维素纤维表面制备了 Fe 纳米粒子。他们首先以丙酮和 N,N 二甲基甲酰胺混合溶剂来溶解醋酸纤维素，然后进行静电纺丝得到醋酸纤维素纳米纤维。将醋酸纤维素纳米纤维依次浸入聚二烯丙基胺二甲基氯化铵和聚甲基丙烯酸溶液中进行层层自组装。其次，将醋酸纤维素膜浸泡在氯化亚铁溶液中，由于聚丙烯酸分子中的羧基与亚铁离子作用，所以亚铁离子吸附在醋酸纤维素纤维膜表面。最后，用硼氢化钠还原含有亚铁离子的醋酸纤维素纤维膜，就可得到醋酸纤维素/Fe 复合纳米纤维。实验结果表明醋酸纤维素/Fe 复合纳米纤维直径大约为 461±157 nm，而 Fe 纳米粒子的平均尺寸大约为 1.4 ±0.3 nm。利用这种方法制备的醋酸纤维素/Fe 复合纳米纤维可以应用在去除污水中的染料，实验结果表明其具有很高的吸附染料的能力。他们还利用静电纺丝技术制备了聚丙烯醇/聚丙烯酸/多壁碳纳米管/Fe 复合纳米纤维，并将其应用于去除环境中有机染料污染物。在这种方法中，多壁碳纳米管首先分散在聚丙烯醇和聚丙烯酸的水溶液中，进行静电纺丝，得到聚丙烯醇/聚丙烯酸/多壁碳纳米管复合纳米纤维。其次，聚丙烯醇/聚丙烯酸/多壁碳纳米管复合纳米纤维用 145℃ 的热水处理 30 min，使聚合物进行交联以提高耐水性。最后，将交联聚丙烯醇/聚丙烯酸/多壁碳纳米管复合纳米纤维膜浸泡在氯化铁溶液中吸附 Fe 离子，用硼氢化钠溶液进行还原，在复合纳米纤维表面得到 Fe 纳米粒子。实验结果显示复合纳米纤维直径为 283 ± 44 nm，Fe 纳米粒子的直径大约为 1.6 ± 0.28 nm。将静电纺丝纳米纤维膜应用于污水处理时，纤维膜的机械强度至关重要。多壁碳纳米管的加入有利于复合纳米纤维膜机械性能的提高，但是负载有 Fe 纳米粒子的纤维膜相对于没有负载的纤维膜，其机械强度出现了明显的降低。

8.5.2.6 TiO₂ 粒子表面修饰型复合纳米纤维材料

通过后处理法在静电纺丝聚合物纳米纤维表面制备 TiO₂ 纳米粒子，可以更好地提高其催化以及光电性能，这是因为与 TiO₂ 纳米粒子被聚合物包裹相比，TiO₂ 纳米粒子在纤维表面可以使其更容易获得光能。Weibing Xu 等首先利用静电纺丝技术制备了一种含氟共聚物与聚偏氟乙烯混合的纤维膜（简称氟聚合物纳米纤维膜），然后将其浸泡在硫酸氧钛的酸性溶液中，利用水热反应在纳米纤维表面制备 TiO₂ 纳米粒子。图 8.20 显示在氟聚合物纳米纤维膜上所制备的 TiO₂ 纳米粒子直径大约为 10nm，并且复合纳米纤维膜在紫外光照下展现了良好的光催化性能。利用水热合成技术，还可以将 TiO₂ 纳米粒子和 ZnS 纳米粒子同时负载在氟聚合物纳米纤维膜上。氟聚合物/TiO₂/ZnS 复合纳米纤维膜在可见光下也表现出了优异的光催化性能。

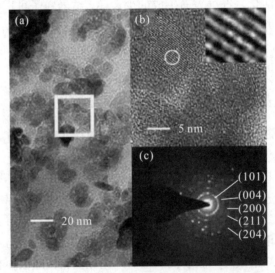

(a) 氟聚合物/TiO₂ 复合纳米纤维，150℃ 6h

(b) 放大图像　　(c) 选区电子衍射图片

图 8.20　氟聚合物/TiO₂ 复合纳米纤维的高分辨透射电镜照片

8.5.2.7 金属硫化物粒子表面修饰型复合纳米纤维材料

通过气固反应还可以在聚合物纳米纤维表面直接制备硫化物纳米粒子。这种制备方法的基本思路是：首先制备表面富有官能团的静电纺丝纳米纤维，或者将聚合物静电纺丝纳米纤维表面官能化；其次利用聚合物纳米纤维表面的官能团吸附金属离子；最后将其置于硫化氢的气氛中，原位形成硫化物纳米粒子。例如，首先制备聚苯乙烯纳米纤维；其次将其浸泡在浓硫酸中使其表面磺化，再将纳米纤维膜置于醋酸镉的水溶液中进行离子交换，得到吸附有 Cd^{2+} 的聚苯乙烯纳米纤维膜；最后将这种纤维膜置于硫化氢的气氛中原位生成 CdS 纳米粒子。这种方法得到的聚苯乙烯/CdS 复合纳米纤维中，CdS 纳米粒子大都分布在聚苯乙烯纤维的表面（图 8.21）。Yiwang Chen 等采用原子转移自由基聚合的方法将二甲基丙烯酸铅接枝到聚合物纳米纤维表面，然后利用气固反应在聚合物纳米纤维表面原位制备了 PbS 纳米粒子。但是这种在聚合物表面制备的 PbS 纳米粒子粒径较大，并且形貌不是很均一。采用湿化学或者水热合成技术也可以方便地实现在聚合物表面负载硫化物纳米粒子。但是，为了稳定硫化物纳米粒子，一般选择表面富含能够与金属离子相互作用的聚合物纳米纤维。例如，将聚乙烯醇与琥珀酸酐反应可以制备羧基化的聚乙烯醇，然后将其水溶液进行静电纺丝，可以得到表面富含羧基的聚乙烯醇纳米纤维膜。这种静电纺丝纳米纤维膜浸泡在氯化锌的乙醇溶液中，可以吸附上 Zn^{2+}，然后与尿素在 70℃ 的条件下进行反应，就可以得到聚乙烯醇/ZnS 复合纳米纤维。同时，ZnS 纳米粒子分布在聚乙烯醇纳米纤维的表面。利用类似的方法或者水热合成技术，还可以实现 ZnS 纳米粒子在其他种类聚合物纳米纤维表面的负载。

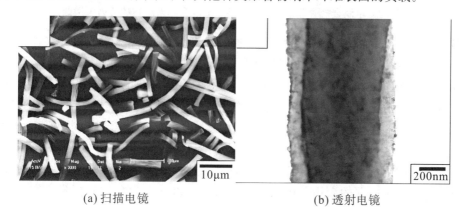

(a) 扫描电镜　　　　　　　　　　(b) 透射电镜

图 8.21　利用静电纺丝技术结合气固反应后处理制备聚苯乙烯/CdS 复合纳米纤维照片

8.5.2.8　AgCl 粒子表面修饰型复合纳米纤维材料

AgCl 纳米粒子在光催化、抗菌等方面都有着重要的应用前景，因此聚合物/AgCl 复合纳米结构材料逐渐吸引了人们的研究兴趣。前面我们提到了聚合物/硫化物复合纳米纤维可以通过静电纺丝结合气固反应的方法来制备。实际上，聚合物/AgCl 复合纳米纤维也可以通过类似的方法来合成。首先将 $AgNO_3$ 与聚合物共纺形成纳米纤维后，将其置于氯化氢的氛围中，就会得到聚合物/AgCl 复合纳米纤维。以聚丙烯腈/AgCl 复合纳米纤维复合纳米纤维制备为例，所制备的 AgCl 纳米粒子直径大约为 20 nm，比较均匀地分散在聚丙烯腈纳米纤维的表面。

8.5.2.9　核壳结构复合纳米纤维材料

以聚合物纳米纤维中的 Au 纳米粒子为种子，还可以在聚合物纳米纤维表面生长金壳，形成聚合物/Au 复合同轴纳米纤维。Gaoyi Han 等首先制备了聚丙烯腈/Au 复合纳米纤维，然后以 Au 纳米粒子为种子，利用无电沉积在聚丙烯腈表面制备了 Au 壳，得到了聚丙烯腈/Au 同轴纳米纤维（图 8.22）。这种同轴纳米纤维可以作为甲醇燃料电池的阳极催化剂使用。

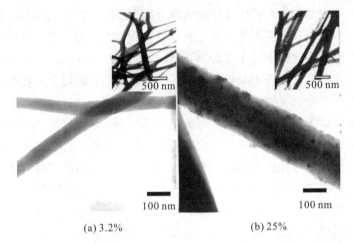

(a) 3.2%　　　　　　　　(b) 25%

图 8.22　不同金盐含量下的聚丙烯腈/Au 复合纳米纤维的透射电镜照片

最近，具有核壳结构的 CdSe 半导体纳米粒子逐渐引起了人们的研究兴趣，这是因为核壳结构纳米粒子比单一的 CdSe 纳米粒子具有更优异的发光特性。In－Joo Chin 等利用同轴静电纺丝技术制备了聚合物/CdSe/ZnS 复合纳米纤维。他们将 CdSe/ZnS 纳米晶分散到聚甲基丙烯酸甲酯的氯仿溶液中作为内流体，将聚偏氟乙烯溶解在 N,N 二甲基甲酰胺和丙酮的混合溶剂中作为外流体，经过静电纺丝后就得到了具有核鞘结构的聚偏氟乙烯/聚甲基丙烯酸甲酯/CdSe/ZnS 复合纳米纤维，聚甲基丙烯酸甲酯/CdSe/ZnS 位于复合纤维的内部，而聚偏氟乙烯位于外部。这种复合纳米纤维可以作为光波导材料，其中位于纤维内部的聚甲基丙烯酸甲酯/CdSe/ZnS 作为有效的模式激发，而纤维外层的聚偏氟乙烯有利于光波的内反射。

Fe、Co、Ni 等金属纳米粒子根据其尺寸不同具有巨磁阻抗效应或超顺磁性，在磁记录材料、药物可控释放、环境保护等领域具有重要应用前景。由于 Fe 纳米粒子在空气中容易氧化，因此其表面常常覆盖一层 FeO，Zhanhu Guo 等研究了利用静电纺丝技术制备的聚酰亚胺/Fe-FeO 复合纳米纤维的磁学性质，发现 Fe-FeO 核壳结构纳米粒子的饱和磁化强度为 108.1 emu/g，而含 30 wt% Fe-FeO 核壳结构纳米粒子的聚酰亚胺/Fe-FeO 复合纳米纤维的饱和磁化强度为 30.6 emu/g，这是一个很高的数值。同时，复合纳米纤维的矫顽力由 Fe-FeO 核壳结构纳米粒子 62.3 Oe 增加到 188.2 Oe，表明复合纳米纤维逐渐向硬磁方向转变。

8.5.2.10　空心管状复合纳米纤维材料

空心管状复合纳米纤维材料与其他一维纳米材料类似，静电纺丝纤维也可以作为模板用来制备空心管并应用到各个领域。高分子静电纺丝纤维表面可用各种方式涂覆上不同的材料，然后通过热降解或选择性溶解去除模板，就可以得到所需材料的空心管。利用这种方法人们得到了各种材料的空心管，如高分子、金属氧化物、陶瓷等。制备纤维表面涂层的方法很多，如溶胶－凝胶法、化学气相沉积法、气相沉积聚合法、原位聚合法等。

近年来，利用静电纺丝纤维作为制备空心管模板的例子层出不穷。例如，Andreas Greiner 等将聚交酯［Poly（L－lactide），PLA］通过静电纺丝形成纤维，然后利用化学气相沉积法涂覆上聚对二甲苯［Poly（P－xylylene），PPX］，最后高温分解去掉 PLA 纤维，得到了只含有 PPX 的空心纤维（图 8.23）。

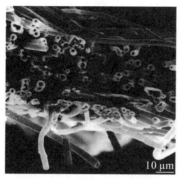
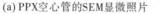
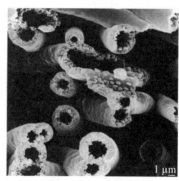

(a) PPX空心管的SEM显微照片　　(b) PPX空心管的SEM显微照片的局部放大图

图 8.23　PPX 的空心纤维

Younan Xia 等将气相沉积聚合法（Vapor Deposition Polymerization，VDP）与静电纺丝相结合，得到了碳纳米管（图 8.24）。他们利用具有亲水性表面的聚电解质－聚苯乙烯磺酸钠［Poly（styrene sulfonate）sodium，PSSNa］作为静电纺丝的模板材料，先将丙烯腈单体在其表面进行 VDP，得到聚丙烯腈［Poly（acrylonitrile），PAN］外壳。PAN 是常用的制备碳纤维的前驱体材料。再将包裹有 PAN 的 PSSNa 纤维氧化处理，以稳定 PAN 外壳，然后用水选择性去掉 PSSNa 模板，最后将 PAN 外壳在氩气流下高温碳化就得到了外径约 80 nm、壁厚约 10 nm 的碳纳米管。

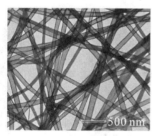
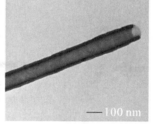

(a) TEM显微照片　　(b) 碳纳米管断口的TEM显微照片

图 8.24　PAN 作为前驱体制备的碳纳米管

Younan Xia 等将 PLA 形成的静电纺丝在 TiO_2 的前驱体溶液中浸泡后，放入异丙醇/水中进行水解和缩合反应，真空干燥并煅烧后，高分子模板被除去，得到空心 TiO_2 纤维。

另外，值得一提的是，有学者利用原子层沉积（Atomic Layer Deposition，ALD)的方法，实现了对 Al_2O_3 微米管管壁厚度的精确控制（图 8.25）。他们首先制备了 PVA 电纺丝纤维，再以 PVA 为模板采用 ALD 方法将 Al_2O_3 沉积在 PVA 表面，得到了 PVA/ Al_2O_3 壳核结构纤维，然后煅烧得到 Al_2O_3 中空纤维。通过透射电子显微镜来获得 Al₂O₃ 微米管管壁的厚度，并发现它和 ALD 循环的次数呈线性关系，因此可以通过改变 ALD 的循环次数来定量地控制管壁厚度。

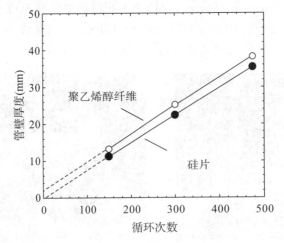

图 8.25　ALD 循环次数与二氧化铝微米管管壁厚度的关系

PVA 管壁厚度（〇）用 TEM 测量；对比组是在平面硅片上用相同的 ALD 方法得到的二氧化铝薄膜（●），薄膜厚度用椭圆偏光法测定。

　　TiO₂ 也是一种常用的性能优良的光催化剂，广泛应用于环境污染物的治理。Y. Z. Zhang 等纺丝和层层自组装的方法制备了中空的 TiO₂ 纳米纤维，如图 8.26 所示。他们首先电纺得到了聚苯乙烯（PS）的纳米纤维，再将聚乙烯亚胺（PEI）和 TiO₂ 层层组装到 PS 纤维上，形成壳核结构的纤维，然后用四氢呋喃除去 PS，最终得到 TiO₂/PEI 层层组装的中空纳米管。他们利用这种 TiO₂/PEI 纳米管催化亚甲基蓝的分解，结果表明，相对于没有催化剂和 TiO₂ 薄膜催化剂，纳米管具有明显较高的光催化活性。

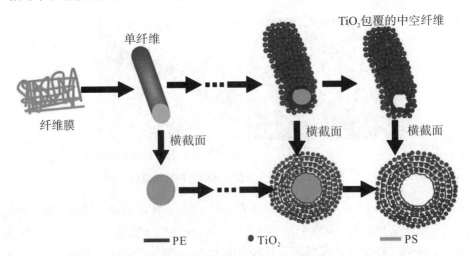

图 8.26　静电纺丝和层层自组装法制备 TiO₂ 中空纳米纤维示意图

　　结晶的 TiO₂ 材料可以和许多共轭高分子结合应用在光电领域，但是在双层杂太阳能电池（HSC）中，TiO₂ 纳米结构和高分子界面结合弱影响了电荷分离和传导。Won

Bae Kim 等通过电纺的方法实现结晶 TiO₂ 纳米线的平面横纵交叉排列作为 HSC 电极，可以和共轭聚合物配合作为高效电子接受体，用于电荷的分离、过滤和渗透，研究发现 TiO₂ 纳米线排列的规整度影响了能量转化效率，有序的要比杂乱无章的 TiO₂ 纳米线提高至少 70%。

8.5.3 纳米粒子填充纳米管内复合纳米纤维材料

静电纺丝作为模板剂制备的高分子纳米管有很多应用，比如，可以将药物装在纳米管中，然后通过电信号的调控来控制药物的释放。Abidian 等将氟美松（dexamethasone）加入聚（L-乳酸）（PLGA）中，经过电纺得到了纳米纤维，如图 8.27（a）所示，纳米纤维经过水解降解，药物随之释放［图 8.27（b）］。如果将纳米纤维的表面通过电化学聚合的方法沉积上一层导电高聚物 Poly（3,4-ethylenedioxythiophene）（PEDOT）［图 8.27（c）］，那么当纤维水解后，由于 PEDOT 纳米管的作用，可以减缓药物的释放［图 8.27（d）］。图 8.27（e）是 PEDOT 纳米管处于电中性的条件下，由于 PEDOT 在外部的电刺激下可以膨胀或者收缩，因此可以通过调节外部电刺激来控制氟美松从 PEDOT 纳米管中的释放［图 8.27（f）］。利用纳米管的电刺激，可以在预定的位置精确地释放单个药物和生物活性分子。

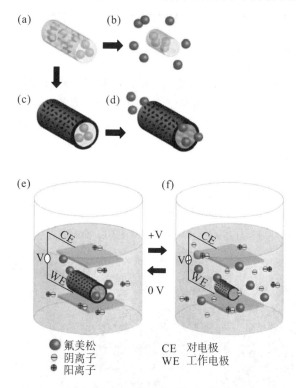

图 8.27　氟美松可控缓释示意图

在最早的电纺载药文献中就有人提出，把电纺纤维制成管状，将药物颗粒封装在内，是一种上佳的电纺载药形式。同轴电纺技术出现以后，人们很自然地联想到，可以用它制造管状载药纤维。Zhang 等用同轴电纺技术，制得了外层为聚（ε-己内酯）（PCL），内层为载有荧光素异硫氰酸共轭的牛血清白蛋白（fitcBSA）的聚乙二醇

（PEG）的双层载药纤维。作为对比，他们还用常规电纺丝方法制得了 PCL、fitcBSA、PEG 三种材料混合的纳米纤维。经体外释放研究表明，双层纤维比单一纤维的载药量更高，持续释放性能更好，并且明显减缓了突释现象。Huang 等人用生物吸收性高分子聚己内酯（PCL）作为外层，两种常用药白藜芦醇（RT，一种抗氧化剂）和硫酸庆大霉素（GS，一种抗生素）作为内层，也制得了载药的双层纤维。然后他们将纳米纤维膜在 pH=7.4 的含有一定数量的假单胞菌脂肪酶的磷酸缓冲盐（PBS）溶液中浸渍 7 天，通过检测它们的质量损失来确定其体外降解速率，然后用高性能液相色谱（HPLC）和紫外－可见光谱分别对 RT 和 GS 的药物释放性能进行测试。结果表明，降解速率与药物在芯层中的亲水性密切相关，亲水性越高，降解速率就越快。RT 和 GS 的释放曲线都表现出缓释特性，并且不出现突释现象。

值得一提的是，Diaz 等用同轴电纺技术将亲水性高分子熔融体（外层）和疏水性液体（内层）纺到一起，得到了带有珠状物的微米和纳米纤维，纤维的主体由亲水性高分子组成，珠状物中则充盈着疏水性液体。不过两层液体的搭配要求液相－液相的表面张力要比较低，而熔融体黏度则较高，这样可以在同轴电纺完成之前，避免内层液体在同轴带电射流中发生曲张崩断。这类纤维可以将油性药物封入生物吸收性材料中，制成缓释药剂，后者可以使得油性药物在人体内得到良好的吸收。

8.5.4 单根纳米纤维图案化

对于电纺过程的研究，更具有挑战性的课题是如何得到可控形貌的各种纳米结构纤维，这方面的研究相对较少，多是通过将多种高聚物或溶胶共纺后进一步处理或改变接收装置来得到预期形貌的纤维，无机纳米电纺纤维的形态与静电纺丝设备密切相关。

8.5.4.1 异质结构的纳米纤维

目前，已经制备的具有代表性异质结构的电纺纤维有：图 8.28 所示的 Ag−ZnO 异质结构的电纺纤维，图 8.29 所示的 Bi_2WO_6/TiO_2 三维多级异质结构的纳米纤维毡和图 8.30 所示的珠为 SnO_2、链为 TiO_2 的项链结构 TiO_2/SnO_2 复合电纺纤维。

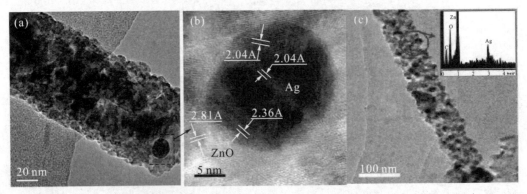

（a）5 mol%Ag−ZnO 纤维的 TEM 照片；（b）放大的 HR−TEM 照片；（c）7.5 mol%Ag−ZnO 纤维的 TEM 照片，插入图为选区 EDS 图

图 8.28 不同 Ag 含量下的 Ag−ZnO 纤维

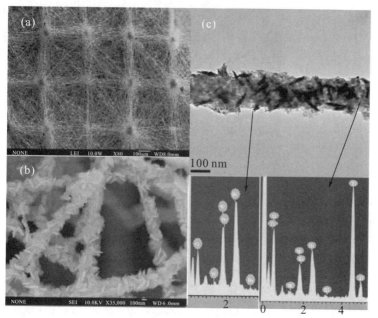

（a）纤维毡；（b）Bi_2WO_6/TiO_2 多级结构纤维的 SEM 照片；（c）选区 EDS 微量分析

图 8.29　Bi_2WO_6/TiO_2 三维多级异质结构的纳米纤维毡

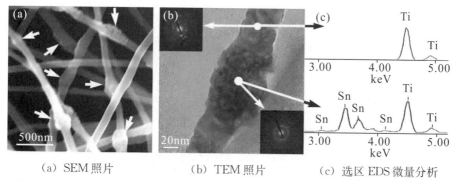

（a）SEM 照片　　　　（b）TEM 照片　　　（c）选区 EDS 微量分析

图 8.30　TiO_2/SnO_2 复合电纺纤维的 SEM 照片和 TEM 照片以及选区 EDS 微量分析

8.5.4.2　简单珠状纤维

将 SiO_2 纳米颗粒分散水中，与 PVA 混合均匀，通过简单静电纺丝制备出项链状的纳米纤维，这种珠状纤维主要是靠 PVA 将 SiO_2 微球粘连起来（图 8.31）。这种特殊的结构在光电器件、传感器、药物缓释中有着潜在的应用。

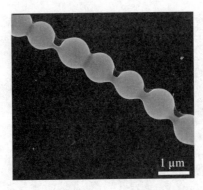

图 8.31　PVA/SiO₂ 电纺纤维 SEM 照片

8.5.4.3　核/壳复合纳米纤维

通过双管电纺技术制备了介孔 TiO₂（核）/SiO₂（壳）复合纳米纤维，纤维长度为 20～30 cm，直径为 100～300 nm，壳层厚度 5～50 nm，利用同样的方法可以制备直径 1～2 μm，壳层厚度 50～100 nm 的 LiCoO₂（核）/MgO(壳)、TiO₂（核）/ZnO(壳) 等纤维（图 8.32）。同样将静电纺丝和气相沉积法结合，也可以制备核/壳结构的 SiO₂（核）/ZnO（壳）纤维。

(a) 干凝胶纤维　　　　(b) 煅烧后的纤维SEM照片

图 8.32　TiO₂（核）/SiO₂（壳）复合纳米纤维样品的扫描电镜照片

8.5.4.4　肩并肩双组分纤维

利用肩并肩双喷丝头制备出了 TiO₂/SnO₂ 双组分纤维（图 8.33）。该纤维中的 TiO₂ 和 SnO₂ 完全暴露在表面，在催化过程中，这种形貌的纤维充分降低光致空穴和电子的再次结合，使其催化活性得到了极大的提高。

(a)(b) 500℃煅烧后的电纤维TEM照片

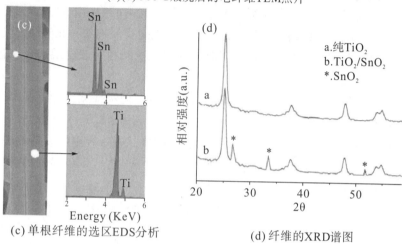

(c) 单根纤维的选区EDS分析　　　　(d) 纤维的XRD谱图

图 8.33　TiO_2/SnO_2 双组分纤维 500℃煅烧后的电纺纤维 TEM 照片、
单根纤维的选区 EDS 分析以及纤维的 XRD 谱图

8.5.4.5　具有枝状结构的异质纤维

单晶的 V_2O_5 纳米棒可直接生长在 V_2O_5/TiO_2 复合纤维上,得到形貌可控的枝状结构的异质纤维(图 8.34)。

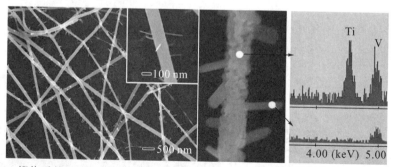

(a) 煅烧后的V_2O_5/TiO_2复合纤维SEM照片　　　(b) 选区EDS微量分析

图 8.34　煅烧后的 V_2O_5/TiO_2 复合纤维 SEM 照片以及选区 EDS 微量分析

8.5.4.6　介孔结构无机纳米纤维和无机中空纤维

静电纺丝设备简单,能大量制备纤维,Andreas Greiner 等最早提出共轴静电纺丝技术，且分析了壳－芯纳米纤维形成过程中两种液体的分散情况，而 Joachin H. Wendorff 等制备了表面具有微孔结构的纤维，并指出这种现象是由于纤维表面相分离过程造成的。在此基础上，John F. Rabolt 研究了溶剂、浓度和湿度等因素对这种纤维表面形态的影响，提出了两种相分离方式：①热感应相分离，温度变化是发生热感应相分离的前提，虽然在电纺丝过程中温度基本保持恒定，但是在移动和固化过程中，纺丝细流中溶剂的挥发会带走一部分热量，产生冷却效应导致温度下降，从而发生热感应相分离，如果溶剂挥发冷却效应只影响纤维表面温度，则可以解释微孔只出现在纤维表面的现象；②蒸发诱导相分离，聚合物通过来自气相非溶剂（凝固剂）的渗透而发生相分离，由于气相传质过程较慢，所以纤维表面呈现比较光滑的浓缩剖面。若气相是溶剂气体，则聚合物的浓缩过程缓慢。高挥发性体系可能发生类似现象，此时纤维的微孔形成由非溶剂的蒸汽压和聚合物浓度决定，因此增加固化空间相对湿度或减小聚合物浓度，都会导致纤维中微孔含量的增多。

纳米管或中空纳米纤维可用于催化剂、分离装置、药物释放、传感器等诸多领域，通过改进电纺丝技术的进样装置可得到中空纤维材料，图 8.35（a）展示了一个制备 TiO_2/PVP 复合中空纤维和 TiO_2 中空纤维的实验装置。将传统电纺设备的单管进样装置改为同轴双套管进样装置，制备过程中将配制好的 PVP 与 TiO_2 的前驱体混合溶液置于外管中，内管中放置矿物油，由于摩擦力作用，矿物油随外管溶液纺制形成纤维状，然后用溶剂萃取去除内部的矿物油组分即得到 TiO_2/PVP 复合纳米中空纤维，烧结后还可得到 TiO_2 中空纳米纤维。调整电纺参数如电场强度、内外管中溶液浓度以及给料速度，可得到不同内径和壁厚的纳米纤维，其直径范围一般为几十至几百纳米。Gusta vo Larsen 等采用此方法将 SiO_2、ZrO_2 等金属氧化物溶胶置于外管中，同样使用矿物油作为内管成型物进行电纺，烧结后得到了纳米管。如果在制备纺丝溶液的过程中加入结构诱导剂，焙烧后还可得到管壁具有介孔结构的 TiO_2 及 SiO_2 纳米管，这种同轴双套管进样装置还可用于制备核/壳结构纤维。

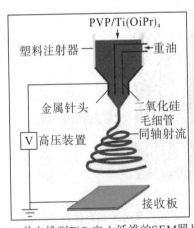
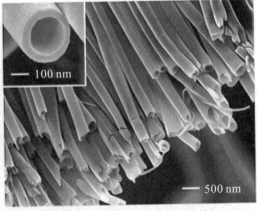

(a) 单向排列 TiO_2 空心纤维的 SEM 照片　　(b) 插入图为放大的 SEM 照片

图 8.35　同轴电纺的结构示意图

利用 PVP/Mg（acac）$_2$ 溶胶静电纺丝结合 700℃ 煅烧，制得了结晶度非常好的

MgO 纤维（图 8.36），且具有部分中空结构，以 PVP 作为纺丝助剂，利用硅质岩－1 的乙醇悬浊液作为外流，用不与 PVP 溶液混溶的石蜡油作为内流，通过共轴电纺结合 550℃煅烧 6 h 制备了介孔结构的纳米纤维，比表面积达 468 m^2/g，最大孔径为 41 nm，如图 8.37 和图 8.38 所示。孔分布受煅烧温度影响，若在 800℃煅烧，则最大孔径为 10 nm。

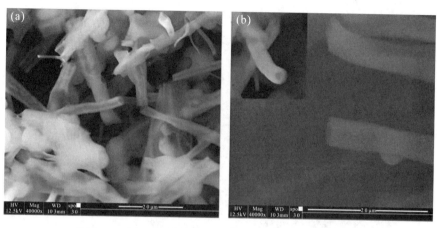

图 8.36　MgO 亚微米纤维不同放大倍数的 SEM 照片

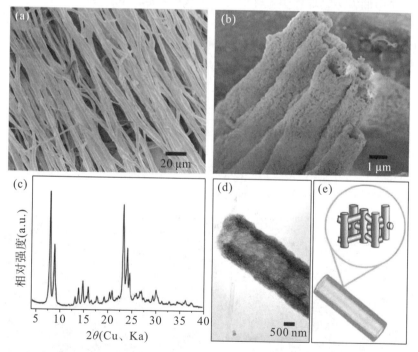

（a）硅质岩－1 和 PVP 复合纤维的 SEM 照片；（b）煅烧后中空纤维的 SEM；（c）煅烧后的 XRD 曲线；（d）煅烧后的 TEM 照片和（e）硅质岩－1 组成的带有相交管道的中空纤维的示意图

图 8.37　煅烧前后的硅质岩－1 和 PVP 复合纤维样品

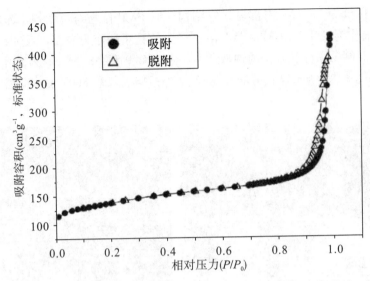

图 8.38　硅质岩—1 中空纤维 550℃煅烧后的 N_2 吸附—脱附曲线

8.5.4.7　缎带状结构纳米纤维

在丝素蛋白静电纺丝过程中，纤维可能呈现缎带状结构［图 8.39（a）］，即静电纺纤维的截面不是圆形，而是椭圆形或者哑铃型。主要原因可能还是在于丝素蛋白本身，因为其他水溶性聚合物如 PVA、PEO 等的静电纺丝纤维未见有缎带状结构的报道。非水溶性的纤维也可能出现缎带状结构，但是并不常见［图 8.39（b）］。Koombhongse 等对于这个现象的解释是：静电纺纤维在凝固过程中形成空心管状结构，空心管壁在重力及其他外力作用下，逐渐坍塌，形成具有狗骨形甚至带状的截面（图 8.40）。虽然这个理论能很好地解释聚醚酰亚胺缎带状静电纺纤维的形成，但是对丝素蛋白的静电纺丝现象似乎解释得并不好，因为丝素蛋白静电纺纤维并未形成空心结构。就目前的研究而言，除了特定聚合物外，缎带状纤维很难通过静电纺丝的环境因素来得到。缎带状纤维也未发现有特殊的应用，因此对于这种结构的研究并未深入。

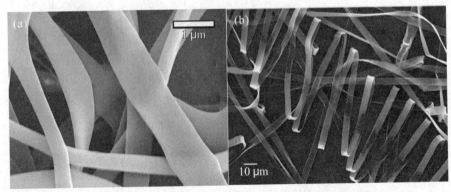

（a）丝素蛋白，标尺为 $1 \mu m$　　　　　（b）聚醚酰亚胺

图 8.39　静电纺缎带状纤维

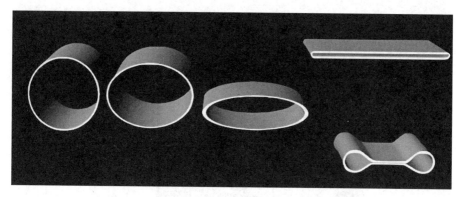

图 8.40　静电纺纤维管坍塌成缎带状纤维示意图

8.5.4.8　多级结构静电纺丝纳米纤维

自然界中的很多植物和动物都采用了多通道或多空腔的结构，这些多级结构对于它们的生存和繁衍发挥了极其重要的作用。例如，植物根茎的多通道结构可以减轻重量并有利于水分和养分的输送；北极熊毛具有的多空腔及管状结构提供了优良的保温、隔热以及红外隐身性能，为其在严酷的极地环境中生存创造了条件；很多鸟类的羽毛具有和北极熊类似的多通道和多空腔的管状结构，这种复杂精巧的结构能够在保持足够的机械强度的前提下，极大地减轻羽毛的重量及保温，从而保证鸟类在天空自由地翱翔。因而仿生制备这类多级结构对于研究开发具有优异性能的材料具有重要的意义。这也是未来多组分、高集成功能材料发展的一个趋势。

2007 年，中国科学院化学研究所的江雷教授研究小组首次报道了一种新颖的多流体复合电纺技术，可以一步制备具有多通道结构或多组分复合的一维微纳米材料。该方法是基于一种复合多流体技术，通过向每个流体通道内可控输入所需的材料进行电纺，就可以得到具有复合结构的新材料。这种方法为制备新型的多功能材料提供了新的思路。该方法的装置如图 8.41 所示，以三通道微纳米纤维的制备装置为例。其喷头系统是由三个较细的内喷管插于一个较粗的外喷管组装成的复合喷头（内喷管具体数目视实际需要而定），每一个喷管与各自的供液系统相连通入相应的流体。复合喷头与高压电源相连，当内、外层液体以合适的流速从各自的管路中流出并施加高压电时，外层纺丝液体包覆着多个内层纺丝液体形成一股由多流体复合的极细的液流从喷丝头喷出，液流在飞向对电极的过程中不断拉伸细化并逐渐固化，形成多通道的微、纳米管或多组分复合的微、纳米纤维。图 8.42 是利用该法成功制备的具有仿生多通道结构的三通道 TiO_2 微米管，微米管的内部被成功的分成三部分，每部分都是连续的。微米管内部的通道数目可以通过调节复合喷头的构型方便的调节，研究者已经成功制得了具有 2、3、4、5 通道的微米管。通过这种技术多制得的多通道微米管具有极为广泛的应用前景，比如说，可以作为超轻薄超保暖织物、高效过滤网膜、高效催化剂及微纳流体的管道等。

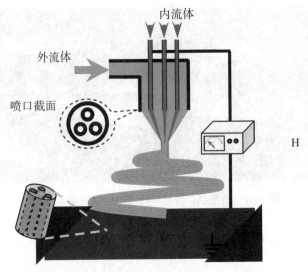

图 8.41　多流体复合电纺装置示意图

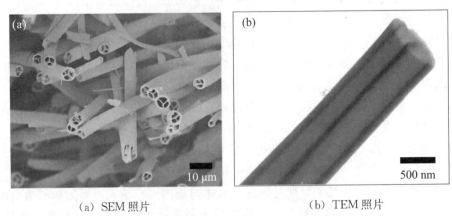

（a）SEM 照片　　　　　　　　　　（b）TEM 照片

图 8.42　利用多流体电纺技术制备的三通道 TiO_2 微米管的 SEM 照片以及 TEM 照片

8.6　超细复合纳米纤维制备方法

在早期的电纺丝研究中，由于纺丝射流的高速鞭动和分裂过程难以控制，所以得出的纳米纤维材料多呈无纺布形态，随着对电纺丝研究的进一步深入，人们发现这种无纺布形态的电纺丝纳米纤维在应用上有较大的局限性，仅能在过滤装置、组织支架、植入物包覆膜及伤口敷料等少数几个领域发挥作用。举个例子，纤维在用作复合材料的增强构件时，必须能够按照预定的方向均匀排列，假如电纺丝纳米纤维还只能是无纺布形式，那么，由于纤维的分布紊乱无章，节点之间的纤维张紧程度不同，使得应力在整块纤维材料中传递时，单根纤维的受力强弱不一，因此使得整块纤维材料无法发挥出应有的机械性能。正因如此，人们在用电纺丝实现了长距纳米纤维的简易化生产以后，又在不断地改进它的技术工艺，以期使得纳米纤维的生产像传统纤维一样实现有序化，取向化。使其成为纺织界有规纺织的一种新技术、新方法，是对生物材料及相关工业收获的一种高技术支持，并为人体组织工程支架产业化打下坚实基础。以下是研究人员在这方面的几种尝试。

8.6.1 滚筒/飞轮法

将收集装置由平行的金属板换成一个高速旋转的滚筒，使得收集到的纤维象绕线轴一样在上面被拉直（图 8.43），这是一个很直观的想法，来自弗吉尼亚大学的 Matthews J A 等、德国 Aachen 应用科技大学的 Xiumei M 和 Hans–Joachim Weber、阿默斯特马萨诸塞大学的 Sian F. Fennessey 和 Richard J. Farn's 都分别做过这方面的尝试（图 8.44~图 8.46）。从他们的实验结果可以看出，这种方法并不怎么成功，纤维只能说在某种程度上有所定向而已。值得一提的是，纤维定向程度的好坏，与滚筒的转速关系密切。转速较低时，纤维分布仍表现得杂乱无章，只有当转速达到某一阈值时，才有机会得到较为理想的定向效果，人们猜测这是因为在这一速度时，纤维的沉降速度与滚筒表面的线速度达到了一致。该阈值亦可称之为定向速度，当超过定向速度时，部分纤维就会被拉断。虽然滚筒法用作纤维定向不很理想，但作为这项技术在早期阶段的一种尝试，仍然是具有相当重要的意义的。

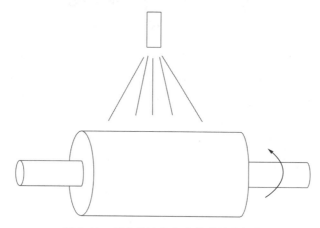

图 8.43　用滚筒法收集电纺丝纳米纤维

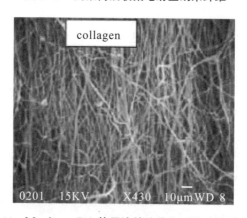

图 8.44　Matthews J A 等用滚筒法收集到的胶原质定向纤

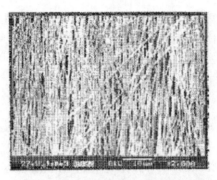

图 8.45　Xiumei M 等用滚筒法定向出的纳米纤维图片

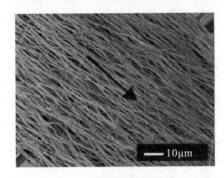

图 8.46　Sian F. Fennessey 等用滚筒法收集到的 PAN 定向纤维图片

在滚筒法的基础上，Theron A 等发明了飞轮法，此法使得纤维的取向程度有了突飞猛进的提高（图 8.47）。他们仍采用转动收集装置，不同的是，他们用的是一个边缘锋利的飞轮。一方面，刃形边缘有效地集中了电场，使得成形纤维源源不断地被吸附过去，缠绕在飞轮的锋锐边缘上；另一方面，当飞轮转速达到定向速度时（文献中边缘线速度为 22 m/s，对应线速度高达 1070 rpm），纤维就沿着轮边张紧，从而形成定向纤维。Theron A 等用聚环氧乙烯进行实验，得到了直径在 100~400 nm，纤维间距为 1~2 μm 的定向纳米纤维（图 8.48）。

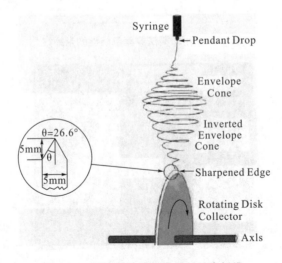

图 8.47　用飞轮法收集电纺丝纳米纤维

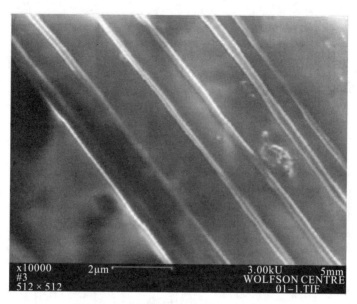

图 8.48　飞轮法收集到的 PEO 纳米纤维

又有报道，Bibekananda Sundarayd 等在滚筒一侧引入一个可以水平移动的钉子，亦取得了理想的定向效果（图 8.49）。此法可看作滚筒法和飞轮法的结合，既具备飞轮法优秀的取向效果，又能获得较大面积的定向纤维材料，并能对纤维层进行编织，使之形成经纬排列的网状结构。

图 8.49　定向编织后的聚苯乙烯纤维

8.6.2 辅助电场/电极法

辅助电场/电极法就是在传统的电纺丝装置中引入一个辅助电极装置，一般是带电的平行板、栅格或栅栏，通过调节和改变纺丝装置中的电场分布，从而实现纤维定向的目的。Zheng-Ming Huang 等用一根四氟乙烯管作为收集装置，放在带电栅格上方，并使它以 1165 rpm 的速度转动，用来定向收集 PLA-PCL 共聚物的带电纤维（图 8.50），结果显示纤维出现定向，但并不十分理想。另一项尝试发表在一篇关于管状结构生产的美国专利中，将一个接有反向电极的滚筒不对称地放在两块平行带电板之间，直径较粗的电纺丝超细纤维就能沿管子切线方向环绕在上面（图 8.51），该法的缺点是对较细的纤维不起作用。

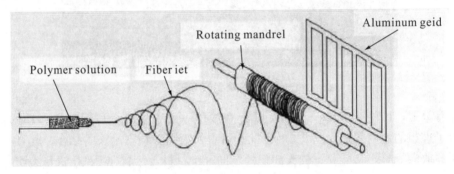

图 8.50　用栅格作为辅助电极收集定向的电纺丝纤维

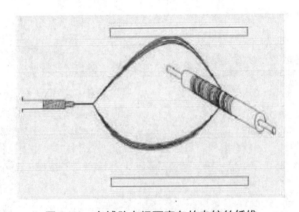

图 8.51　在辅助电场下定向的电纺丝纤维

新加坡国立大学的 Teo W E 等依次尝试了三种方法：第一种是用铝制栅格，也就是一个平面的平行网格，放在收集滚筒下面；第二种是用一排平行排列的刀片组成立体的栅格，放在收集滚筒下面；第三种是用一块刀片，刃边朝上，倾斜 45°角，置于收集滚筒一侧的下方，同时用另一片刀片，平行地固定在喷丝口针尖上，使两块刀片的刃边相对，并近似保持在同一平面。从图 8.52 中我们可以看出，第二种方法的定向效果好于第一种。遗憾的是，文献中仅把第三种方案作为对第二种方案的补充与诠释，并未给出相应的定向效果图片。

（a）用平面网格辅助定向过的电纺丝纤维　（b）用立体栅栏辅助定向过的电纺丝纤维

图 8.52　不同方法辅助定向的电纺丝纤维

　　辅助电极/电场法相对于滚筒法而言，其定向出的纤维光滑平直，通常情况下不会出现后者的纤维完全松散现象，同时定向出的纤维膜面积也较大，但其缺点在于纤维的定向程度仍不够理想，纤维在很大程度上不能达到彼此平行，不少纤维的取向仍然相当杂乱，但其中仍不乏有意义的尝试，许多新颖的观念与设想为实现电纺丝的完美定向打下了良好的基础。

8.6.3　框架法

　　Zheng−Ming Huang 等做过一个实验，他们分别把木制和铝制的框架放在纺丝射流的下面，便收集到了定向纤维的长丝（图 8.53）。他们还观察到，铝框的定向效果比木框要好（图 8.54）。随后他们又进一步使一个立体框架发生旋转，使得电纺丝 PEO 纳米纤维的长丝连绵不断地缠绕在上边，也实现了很好的定向效果。此外，Fong 等在聚合物射流中快速振荡一个接地的框架，也得到了一些定向的尼龙 6 的纤维（图 8.55）。

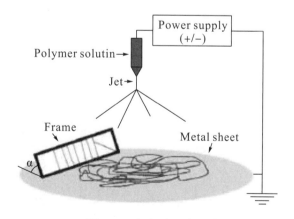

图 8.53　框架法示意图

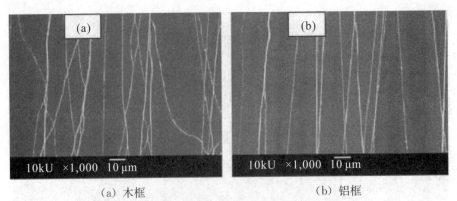

（a）木框   （b）铝框

图 8.54　分别采用木框和铝框时，纤维的定向效果

图 8.55　定向后的尼龙 6 电纺丝超细纤维

在框架法的基础上，发展出了平行板电极法，这也是目前笔者认为现有的多种电纺纤维定向方法中，效果最为理想的一类。

8.6.4　平行板电极法

所谓平行板电极法，就是在绝缘的基质上面，放上两块彼此平行的金属板（块、条、棒、环、片等），将其接地或接入反向电极，作为收集装置。当射流喷射下来时，就会在两块平行板之间形成垂直于平行板且彼此平行的纳米纤维丝。这种方法的优点是，对于某些材料而言，可以收集到长距离、高密度、分布均匀且近乎完美的定向纤维，定向后的纤维在平面上还可以实现不同角度的编织。此外，由于该法定向出的纤维可以不直接沉积在收集装置上，而是悬在空中，利用这一特性，还可以直接对纺出的纤维进行进一步处理，从而得到不同的产品形态。

从目前掌握的文献看，Dan Li 等可能是较早用此法对纤维进行定向的。他们用两块金质平行板电极作为接收装置，置于绝缘基质上，对 PVP 纳米纤维进行收集。他们发现，用不同材料作为绝缘基质时，定向出的纤维效果相差也很大，其中以石英最优，聚苯乙烯次之，而用载玻片作为绝缘基质时，得到的纤维几乎是无纺布状的（在此略有怀疑，不排除接地不佳的情况）（图 8.56）。此外，他们还分别将四块和六块电极摆成十字形和六出形，依次接通处于相对位置的两块电极，就在中间的留空部位得到了彼此成 90° 和 60° 的编织定向纤维（图 8.57）。

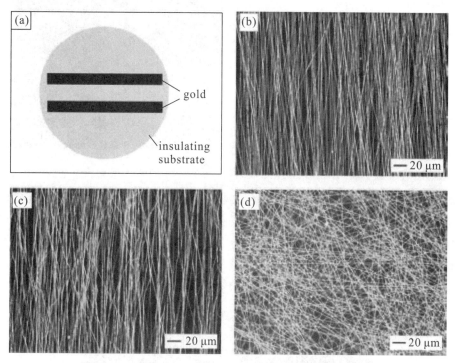

图 8.56　（a）用两片金质电极放在绝缘基质上，作为定向收集装置；（b-d）采用不同材料的绝缘基质时，纤维定向的不同效果：（b）石英；（c）聚苯乙烯；（d）载玻片

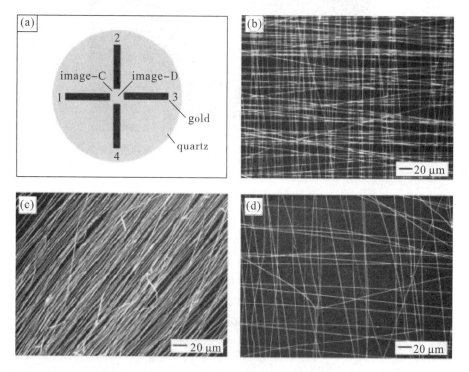

图 8.57　用多重电极对定向的电纺丝纤维进行编织

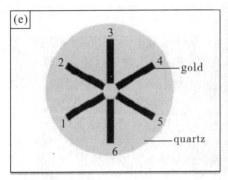
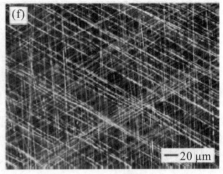

图 8.57（续）

阿克伦大学的 Katta P 等发明了一台仪器，用多根铜线平行排列在两块有机玻璃盘的圆周边上，当开启了电纺丝射流并使这一装置发生转动后，就可以在铜线之间连续不断地收集到彼此平行分布的取向纤维（图 8.58）。德国的 Paul D. Dalton 等则做了一对平行的金属圆环，当圆环之间布满了定向纤维的长丝之后，转动其中的一个圆环，便可将定向后的纤维直接拧成一股绳子，即定向纳米纤维的编织绳（图 8.59）。

图 8.58　Katta P 等的发明的能连续收集电纺丝定向纤维的仪器

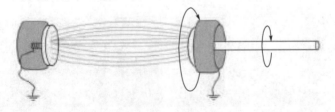

图 8.59　用一对平行的金属圆环收集到的电纺丝定向纤维和
转动圆环将定向纤维拧成的编织绳

图 8.59（续）

在国内，周卫平等将平行板电极法做了进一步的改进，他们发明了一系列装置，其中一项是采用了三个彼此平行的大小圆板代替平行板电极作为收集装置（图 8.60）。利用这些装置，他们收集到了长度超过 20 cm 的纳米纤维定向长丝，从图中我们可以看到，纤维平直，丝质顺滑，定向效果是非常显著的。此外，杨帆等用双针尖接收器电纺丝技术，在两根接地的针尖之间也收集到了定向的纳米纤维，这种方法能使收集到的纤维更为集中，取向程度也更为理想。

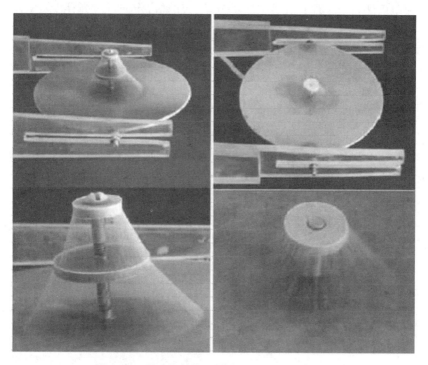

图 8.60　周卫平等发明的电纺丝定向收集装置

关于平行板电极法的原理，有人提出一个看法，认为在两块平行金属板之间，电势场呈桥式分布，从而使得纤维在落上之后，搭在"桥"两端的部分便会自然张紧，从而形成定向结构（图 8.61）。不过笔者个人更倾向于认为，平行板之间形成的电势场环境，会使得纤维在接近平行金属板时就已经自然而然地表现出取向趋势，从而实现定向过程。由于目前暂时无人用高速摄影机对这一过程进行研究，因此其中机理也还没有最终的结论。

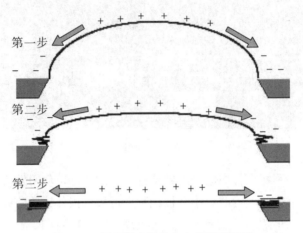

图 8.61　平行板电极法定向的原理猜测

第一步，带电的纤维两头分别搭在平行板上；第二步，金属平行板上带的方向电荷使得纤维在两端被拉紧；第三步，最终纤维在两个平行金属板之间被扯直，形成定向纤维。

平行板电极法目前也还存在着一定的缺陷，比如说定向纤维尚存少数缺陷，大量材料浪费在平行板之外的区域（某些情况下在平行板和绝缘基质之间也会出现定向纤维），用弹性材料进行定向时，平行板之间的纤维会被拉断等，这些都有待研究者们进一步的深入研究和改进。

8.6.5　水面接收屏方法

关于纺丝定向，研究者们还尝试过其他许多的方法。Eugene 等用水面作为接收屏，然后以一个绕线装置将喷射在水面上的纺丝纤维直接收集成束，在成束的纤维纱线中，单根纤维也出现了一定程度的取向（图 8.62）。另外，Royal Kessick 的一篇文章对用交流电（AC）改进电纺装置进行电喷洒和电纺丝进行了描述。从图 8.63 中可以看出，用 AC 电纺丝出的 PEO 纤维，定向效果非常明显。这也是一个很大胆的方向，值得进一步深入研究。

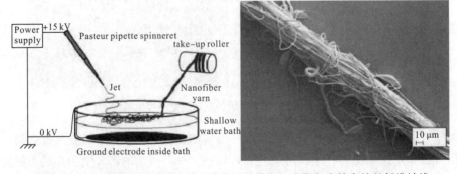

图 8.62　水接收屏纺纱装置和用它接收到的具有一定取向度的电纺丝纤维纱线

图 8.63　分别用交流电（AC）和直流电（DC）作为供电电源，收集到的 PEO 纤维

8.6.6　正负高压双喷丝头法

东南大学的李新松等发明了一项专利，采用两组加有反向高压的喷丝头，相向喷出射流，形成的带电纤维在空气中相互吸引、碰撞，形成复合纳米纤维，经牵引，拉伸后形成纳米纤维的长丝束（图 8.64）。这项发明是一个非常大胆的创举，是电纺丝技术的一项重大突破，为将来电纺丝纤维长丝的大批量生产奠定了良好的基础。

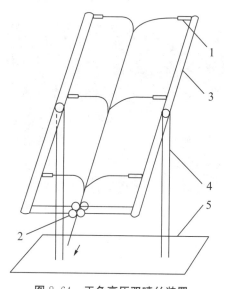

图 8.64　正负高压双喷丝装置

料液输送给支架（3）上的电纺丝喷头对（1），喷口相向的电纺丝喷头对（1）的每个喷头分别施加极性相反的直流高电压；相对喷口喷出的纳米纤维受到电性作用，在空中相互吸引、碰撞，形成复合纳米纤维，第一对喷丝头纺出的长丝束向下拉伸，与第二对喷丝头喷出的纤维相遇，被第二对喷丝头喷出的纳米纤维包裹，经牵引、拉伸后形成双层纳米复合纤维。如是反复，最后经导丝辊对（2）拉伸、牵引得到多层复合的纳米纤维长丝束

清华大学航空航天学院的 Huan Pan 等用两个加有反向高压并相对放置的喷丝头，以及一根滚轴作为收集装置（图 8.65），使得带有异种电荷的两股纺丝射流在空中相互吸引并碰撞，结成一股纤维，在下方的滚轴上被收紧拉直，从而得到取向良好的聚合物

纤维。从图 8.66 中我们可以看到，纤维如同传统纺丝那样一圈圈地绕在了线轴上，虽然文中并没有对纤维取向的机理进行深入探讨，但从直观的角度可以推测，因为两股射流相遇后电性中和，形成的纤维基本呈电中性，运动速度也大大降低，鞭动效应就不再产生，此时用一根简单的转轴即可使之张紧拉直，从而能得到取向纤维。Huan Pan 等用 PVA 和 PVP 分别在滚轴的表面线速度为 4.3 m/s 和 14.9 m/s 时收集得到了取向良好的丝束纤维。

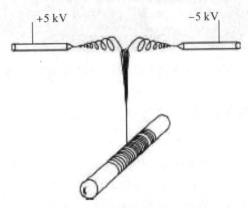

图 8.65　定向纺丝装置示意图

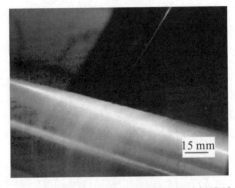

图 8.66　在针头和铝制滚轴间收集到的纤维纱线

自从 20 世纪 90 年代中期静电纺丝技术蓬勃兴起以来，由静电纺丝技术加工出的超细纤维已经在生物、医药、化工、军事、化妆等各行各业引起了广泛的关注。而对静电纺丝纤维进行定向，又是进一步扩大电纺纤维材料的应用范围，充分发掘静电纺丝潜力必不可少的一步。目前已有研究者在试着利用定向纤维，使得细胞沿着纤维的方向生长。Dan Li 等则将纤维定向技术与中通管技术相结合，制得了有取向的中通管，预计这类中通管在传感装置和通信等方向会有较大的应用价值。此外，将定向纳米纤维作为结构材料的骨架，也是将传统纤维在这方面的应用扩展到纳米领域的一个展望。为此，我们期待着更好更新的静电纺丝定向技术的出现，以实现静电纺丝技术的多样化和产业化。

8.7 静电纺丝在各领域的应用情况

静电纺丝技术由于其纤维直径可控制在纳米至微米级、比表面积大、孔隙率高等独特优势，在以下多个领域获得广泛应用。

8.7.1 过滤材料

静电纺丝纤维具有较高的孔隙率和超细纤维结构，使其在过滤材料中表现出优异的性能，尤其适用于空气和水过滤。通过控制纤维的直径和孔隙结构，静电纺丝制备的纳米纤维过滤膜可以有效捕捉微小颗粒、细菌和病毒。此外，纳米纤维过滤膜还具有较低的气流阻力，可提高过滤效率，广泛用于空气净化器、高效过滤器（HEPA 滤网）和口罩等产品中。

8.7.2 生物医药

在生物医药领域，静电纺丝技术因其制备的纳米纤维结构与天然细胞外基质（ECM）相似，已成为组织工程、伤口敷料和药物递送系统的理想材料。

组织工程支架：静电纺丝纤维的孔隙结构可支持细胞的生长和分化，有助于模拟天然细胞外基质环境，广泛应用于骨、软骨、血管、皮肤等组织的再生和修复。

伤口敷料：静电纺丝纤维具有高孔隙率和透气性，有助于控制伤口的湿度环境，加速伤口愈合，并可通过加入抗菌剂进一步增强伤口的保护功能。

药物递送：静电纺丝纳米纤维可以作为药物载体，实现药物的缓释和靶向递送，通过调节纤维直径和材料组成，控制药物释放速率和释放位置，有效提高药效。

8.7.3 能源材料

静电纺丝技术在能源领域，尤其是电池和燃料电池中，发挥着关键作用。

电池隔膜：纳米纤维隔膜材料具有较高的孔隙率和均匀的孔径分布，可以增加离子传输的速率，提高电池的电容量和稳定性。静电纺丝制备的隔膜广泛用于锂离子电池和超级电容器中。

燃料电池：静电纺丝纳米纤维可以用作燃料电池中的催化剂载体，提高催化活性和燃料的利用效率。

光伏器件：静电纺丝制备的纳米纤维用于光伏电池中，可以增强光吸收，提升太阳能转换效率。

8.7.4 环境治理

静电纺丝技术在环境治理中的应用主要集中在污水处理、废气净化和污染物去除方面。

污水处理：静电纺丝纤维膜具有高孔隙率，可以有效去除水中的重金属、油污和微污染物，同时具有较强的吸附能力和化学稳定性。

废气净化：静电纺丝纳米纤维过滤膜可以吸附空气中的有害气体或颗粒物，有效减少大气污染。

污染物去除催化剂：在纳米纤维中引入催化剂颗粒，可以制备出具有催化降解功能的纳米纤维材料，去除环境中的有机污染物。

8.7.5 传感器

由于静电纺丝纳米纤维具有大比表面积和优异的灵敏性，在传感器制造中具有广泛应用。

气体传感器：静电纺丝纳米纤维的高孔隙率和较强的吸附能力，可以有效检测空气中的气体分子，通过不同气体分子对电阻、光电性能的响应，实现对有毒气体的监测。

生物传感器：将酶、抗体等生物活性物质固定在静电纺丝纤维上，可以构建高灵敏度的生物传感器，用于检测血糖、病原体和生物分子。

8.7.6 催化材料

静电纺丝制备的纳米纤维具有较大的比表面积，有利于催化剂的活性位点暴露，因此在催化领域应用广泛。

光催化材料：将光催化剂（如 TiO_2、ZnO）引入静电纺丝纤维中，可以制备出高效的光催化纤维材料，用于水污染物降解和空气净化。

电催化材料：静电纺丝纤维可以用作电催化剂的载体材料，在燃料电池、电解水和二氧化碳还原反应中，提高催化性能。

8.7.7 智能纺织品

静电纺丝技术在智能纺织品中应用前景广阔，通过将功能性材料加入纤维中，可赋予纺织品导电、发光、加热等功能。

柔性电子器件：将导电材料静电纺丝制备成纤维，用于制作可穿戴设备，如智能手环和电子皮肤。

传感织物：制备具有压力感应、湿度检测等功能的智能纺织品，用于健康监测和运动数据采集。

静电纺丝技术的多功能性和高效性使其在这些领域中表现出色，随着研究的深入，其应用前景将进一步拓展。

参考文献

[1] Wang Menglong, Yu Dengguang, Bligh Sim Wan Annie. Progress in preparing electrospun Janus fibers and their applications [J]. Applied Materials Today, 2023, 31: 101766.

[2] Al-Dhahebi, Adel Mohammed, Ling Jinkiong, et al. Electrospinning research and products: the road and the way forward [J]. Applied Physics Reviews, 2022,

9：00319.

[3] Sun B, Long Y Z, Zhang H D, et al. Advances in three-dimensional nanofibrous macrostructures via electrospinning [J]. Prog. Polym. Sci. , 2014, 39：862−890.

[4] Taylor G I. Disintegration of water drops in an electric field [J]. Proc. R. Soc. London. Ser. A. Math. Phys. Sci. , 1964, 280 (1382)：383−397.

[5] 李新松，姚琛，孙复钱. 中国专利，申请号：200510095384. 0，公开号：CN1776033。

[6] Teo W E, Ramakrishna S. Electrospun fibre bundle made of aligned nanofibres over two fixed points [J]. Nanotechnology, 2005, 16 (9)：1878.

[7] Valipouri A. Production scale up of nanofibers：a review [J]. J. Text. Polym, 2017, 5 (1), 8−16.

[8] Alivisatos P, Barbara P F, Castleman A W, et al. From molecules to materials：current trends and future directions [J]. Adv. Mater. , 1998, 10 (16)：1297−1336.

[9] Ozin G A. Nanochemistry：synthesis in diminishing dimensions [J]. Adv. Mater. , 1992, 4 (10)：612−649.

[10] Schulz W. Nanotechnology：the next big thing [J]. Chem. Eng. News Arch. 2000, 78 (18)：41−47.

[11] Xia Y, Yang P, Sun Y, et al. One−dimensional nanostructures：synthesis, characterization, and applications [J]. Adv. Mater. , 2003, 15 (5)：353−389.

[12] Wang Z L. Characterizing the structure and properties of individual wire−like nanoentities [J]. Adv. Mater. , 2000, 12 (17)：1295−1298.

[13] Casper C L, Stephens J S, Tassi N G, et al. Controlling surface morphology of electrospun polystyrene fibers：effect of humidity and molecular weight in the electrospinning process [J]. Macromolecules, 2004, 37 (2)：573−578.

[14] Man K G, Andre W, Joachim R H, et al. One−dimensional arrangement of gold nanoparticles by electrospinning [J]. Chem. Mater. , 2005, 17 (20)：4949−4957.

[15] Kim J K, Ahn H. Fabrication and characterization of polystyrene/gold nanoparticle composite nanofibers [J]. Macromol. Res. , 2008, 16：163−168.

[16] Bai J, Li Y, Yang S, et al. A simple and effective route for the preparation of poly（vinylalcohol）（PVA）nanofibers containing gold nanoparticles by electrospinning method [J]. Solid State Commun. , 2006, 141 (5)：292−295.

[17] Hamlett C A E, Jayasinghe S N, Preece J A. Electrospinning nanosuspensions loaded with passivated Au nanoparticles [J]. Tetrahedron. , 2008, 64 (36)：8476−8483.

[18] Wang Y, Li Y, Sun G, et al. Fabrication of Au/PVP nanofiber composites by electrospinning [J]. J. Appl. Polym. Sci. , 2007, 105 (6)：3618−3622.

[19] Park T J, Kim J S, Kim T K, et al. Characterization of melanin−TiO_2 complexes using FT−IR and 13C solid−state NMR spectroscopy [J]. Bull. Korean Chem.

Soc. , 2008, 29 (12): 2459-2464.

[20] He D, Hu B, Yao Q F, et al. Large-scale synthesis of flexible free-standing SERS substrates with high sensitivity: electrospun PVA nanofibers embedded with controlled alignment of silver nanoparticles [J]. ACS Nano. , 2009, 3 (12): 3993-4002.

[21] Lee Y J, Lyoo W S. Preparation and characterization of high-molecular-weight atactic poly (vinyl alcohol) /sodium alginate/silver nanocomposite by electrospinning [J]. J. Polym. Sci. Part B: Polym. Phys. , 2009, 47 (19): 1916-1926.

[22] An J, Zhang H, Zhang J, et al. Preparation and antibacterial activity of electrospun chitosan/poly (ethylene oxide) membranes containing silver nanoparticles [J]. Colloid & Polym. Sci. , 2009, 287 (12): 1425-1434.

[23] Lee H K, Jeong E H, Baek C K. One-step preparation of ultrafine poly (acrylonitrile) fibers containing silver nanoparticles [J]. Mater. Lett. , 2005, 59 (23): 2977-2980.

[24] Jin W J, Lee H K, Jeong E H, et al. Preparation of polymer nanofibers containing silver nanoparticles by using poly (n-vinylpyrrolidone) [J]. Macromol Rapid Commun, 2005, 26 (24): 1903-1907.

[25] Jeon H J, Kim J S, Kim T G, et al. Preparation of poly (ε-caprolactone) -based polyurethane nanofibers containing silver nanoparticles [J]. Appl. Surf. Sci. , 2008, 254 (18): 5886-5890.

[26] Li X, Hao X, Na H. Preparation of nanosilver particles into sulfonated poly (ether ether ketone) (S-PEEK) nanostructures by electrospinning [J]. Mater. Lett. , 2007, 61 (2): 421-426.

[27] Kim E S, Kim S H, Lee C H. Electrospinning of polylactide fibers containing silver nanoparticles [J]. Macromol. Res. , 2010, 18 (3): 215-221.

[28] Wang Y, Li Y, Yang S, et al. A convenient route to polyvinyl pyrrolidone/silver nanocomposite by electrospinning [J]. Nanotechnology, 2006, 17 (13): 3304.

[29] Francis L, Giunco F, Balakrishnan A, et al. Synthesis, characterization and mechanical properties of nylon-silver composite nanofibers prepared by electrospinning [J]. Current Appl. Phys. , 2010, 10 (4): 1005-1008.

[30] Dong G, Xiao X, Liu X, et al. Preparation and characterization of Ag nanoparticle-embedded polymer electrospun nanofibers [J]. J. Nanopart. Res. , 2010, 12: 1319-1329.

[31] Saquing C D, Manasco J L, Khan S A. Electrospun nanoparticle-nanofiber composites via a one-step synthesis [J]. small. , 2009, 5 (8): 944-951.

[32] Wang Y, Yang Q, Shan G, et al. Preparation of silver nanoparticles dispersed in polyacrylonitrile nanofiber film spun by electrospinning [J]. Mater. Lett. , 2005,

59 (24—25): 3046—3049.

[33] Lee D Y, Lee K H, Kim B Y, et al. Silver nanoparticles dispersed in electrospun polyacrylonitrile nanofibers via chemical reduction [J]. J. Sol. Gel. Sci. Technol., 2010, 54: 63—68.

[34] Xu X, Yang Q, Wang Y, et al. Biodegradable electrospun poly (l—lactide) fibers containing antibacterial silver nanoparticles [J]. Eur. Polym. J., 2006, 42 (9): 2081—2087.

[35] Son W K, Youk J H, Lee T S, et al. Preparation of antimicrobial ultrafine cellulose acetate fibers with silver nanoparticles [J]. Macromol. Rapid Commun., 2004, 25 (18): 1632—1637.

[36] Son W K, Youk J H, Park W H. Antimicrobial cellulose acetate nanofibers containing silver nanoparticles [J]. Carbohydrate Polym., 2006, 65 (4): 430—434.

[37] Li Z, Huang H, Shang T, et al. Facile synthesis of single—crystal and controllable sized silver nanoparticles on the surfaces of polyacrylonitrile nanofibres [J]. Nanotechnology., 2006, 17 (3): 917.

[38] Rujitanaroj P O, Pimpha N, Supaphol P. Preparation, characterization, and antibacterial properties of electrospun polyacrylonitrile fibrous membranes containing silver nanoparticles [J]. J. Appl. Polym. Sci., 2010, 116 (4): 1967—1976.

[39] Hong K H. Preparation and properties of electrospun poly (vinyl alcohol) /silver fiber web as wound dressings [J]. Polym. Eng. Sci., 2007, 47 (1): 43—49.

[40] Xu X, Zhou M. Antimicrobial gelatin nanofibers containing silver nanoparticles [J]. Fibers Polym., 2008, 9: 685—690.

[41] Chen J, Li Z, Chao D, et al. Synthesis of size—tunable metal nanoparticles based on polyacrylonitrile nanofibers enabled by electrospinning and microwave irradiation [J]. Mater. Lett., 2008, 62 (4—5): 692—694.

[42] Nguyen T H, Lee K H, Lee B T. Fabrication of Ag nanoparticles dispersed in PVA nanowire mats by microwave irradiation and electro—spinning [J]. Mater. Sci. Eng. C., 2010, 30 (7): 944—950.

[43] Hong K H, Park J L, Sul I H, et al. Preparation of antimicrobial poly (vinyl alcohol) nanofibers containing silver nanoparticles [J]. J. Polym. Sci. Part B: Polym. Phys., 2006, 44 (17): 2468—2474.

[44] Jin M, Zhang X, Nishimoto S, et al. Large—scale fabrication of Ag nanoparticles in PVP nanofibres and net—like silver nanofibre films by electrospinning [J]. Nanotechnology, 2007, 18 (7): 075605.

[45] Demir M M, Gulgun M A, Menceloglu Y Z, et al. Palladium nanoparticles by electrospinning from poly (acrylonitrile—co—acrylic acid)—PdCl$_2$ solutions.

Relations between preparation conditions, particle size, and catalytic activity [J]. Macromolecules, 2004, 37 (5): 1787−1792.

[46] Yu J, Liu T. Preparation of a fibrous catalyst containing palladium nanoparticles and its application in hydrogenation of olefins [J]. Polym. Compo., 2008, 29 (12): 1346−1349.

[47] 陈慧玉, 汤皎宁, 辛剑, 等. 联氨还原法制备铜纳米粒子 [J]. 化工新型材料, 2005, 33 (11): 48−49.

[48] Li Z, Huang H, Wang C. Electrostatic forces induce poly (vinyl alcohol) − protected copper nanoparticles to form copper/poly (vinyl alcohol) nanocables via electrospinning [J]. Macromol. Rapid Commun., 2006, 27 (2): 152−155.

[49] Adomaviciene M, Stanys S, Demšar A, et al. Insertion of Cu nanoparticles into a polymeric nanofibrous structure via an electrospinning technique [J]. Fibres and textiles in Eastern Europe., 2010, 18 (1): 17−20.

[50] Xu X, Wang Q, Choi H C, et al. Encapsulation of iron nanoparticles with PVP nanofibrous membranes to maintain their catalytic activity [J]. J. Membrane Sci., 2010, 348 (1−2): 231−237.

[51] Zhu J, Wei S, Chen X, et al. Electrospun polyimide nanocomposite fibers reinforced with core− shell Fe−FeO nanoparticles [J]. J. Phys. Chem. C., 2010, 114 (19): 8844−8850.

[52] Chen X, Wei S, Gunesoglu C, et al. Electrospun magnetic fibrillar polystyrene nanocomposites reinforced with nickel nanoparticles [J]. Macromol. Chem. Phys., 2010, 211 (16): 1775−1783.

[53] Liu Y, Teng H, Hou H, et al. Nonenzymatic glucose sensor based on renewable electrospun Ni nanoparticle − loaded carbon nanofiber paste electrode [J]. Biosensors & Bioelectronics., 2009, 24 (11): 3329−3334.

[54] Wang Z L. Zinc oxide nanostructures: Growth, properties and applications [J]. J. Phys. Condensed Matter., 2004, 16 (25): R829.

[55] Lee S. Multifunctionality of layered fabric systems based on electrospun polyurethane/zinc oxide nanocomposite fibers [J]. J. Appl. Polym. Sci., 2009, 114 (6): 3652−3658.

[56] Jiang Z, Huang Z, Yang P, et al. High PL−efficiency ZnO nanocrystallites/PPV composite nanofibers [J]. Composites Sci. Technol., 2008, 68 (15−16): 3240−3244.

[57] Yu W, Lan C H, Wang S J, et al. Influence of zinc oxide nanoparticles on the crystallization behavior of electrospun poly (3 − hydroxybutyrate − co − 3 − hydroxyvalerate) nanofibers [J]. Polymer., 2010, 51 (11): 2403−2409.

[58] Zhang Z, Shao C, Gao F, et al. Enhanced ultraviolet emission from highly dispersed ZnO quantum dots embedded in poly (vinyl pyrrolidone) electrospun

nanofibers [J]. J. Colloid Interf. Sci., 2010, 347 (2): 215−220.

[59] Lu X, Zhang W, Zhao Q, et al. Luminescent polyvinylpyrrolidone/ZnO hybrid nanofibers membrane prepared by electrospinning [J]. E−Polymers., 2006, 6 (1): 033.

[60] Sui X, Shao C, Liu Y. White−light emission of polyvinyl alcohol/ZnO hybrid nanofibers prepared by electrospinning [J]. Appl. Phys. Lett., 2005: 87 (11).

[61] Sui X, Shao C, Liu Y. Photoluminescence of polyethylene oxide−ZnO composite electrospun fibers [J]. Polymer., 2007, 48 (6): 1459−1463.

[62] Hong Y, Li D, Zheng J, et al. In situ growth of ZnO nanocrystals from solid electrospun nanofiber matrixes [J]. Langmuir., 2006, 22 (17): 7331−7334.

[63] Pirkanniemi K, Sillanpää M. Heterogeneous water phase catalysis as an environmental application: a review [J]. Chemosphere, 2002, 48 (10): 1047−1060.

[64] Diebold U. The surface science of titanium dioxide [J]. Surf. Sci. Reports, 2003, 48 (5−8): 53−229.

[65] Im J S, Kim M I, Lee Y S. Preparation of PAN−based electrospun nanofiber webs containing TiO_2 for photocatalytic degradation [J]. Mater. Lett., 2008, 62 (21−22): 3652−3655.

[66] Son B, Yeom B Y, Song S H, et al. Antibacterial electrospun chitosan/poly (vinyl alcohol) nanofibers containing silver nitrate and titanium dioxide [J]. J. Appl. Polym. Sci., 2009, 111 (6): 2892−2899.

[67] Kedem S, Schmidt J, PAZ Y, et al. Composite polymer nanofibers with carbon nanotubes and titanium dioxide particles [J]. Langmuir, 2005, 21 (12): 5600−5604.

[68] Li D, Xia Y. Fabrication of titania nanofibers by electrospinning [J]. Nano Lett., 2003, 3 (4): 555−560.

[69] Hong Y, Li D, Zheng J, et al. Sol−gel growth of titania from electrospun polyacrylonitrile nanofibres [J]. Nanotechnology, 2006, 17 (8): 1986.

[70] Wu N, Shao D, Wei Q, et al. Characterization of $PVAc/TiO_2$ hybrid nanofibers: from fibrous morphologies to molecular structures [J]. J. Appl. Polym. Sci., 2009, 112 (3): 1481−1485.

[71] Wang C, Yan E, Huang Z, et al. Fabrication of highly photoluminescent TiO_2/PPV hybrid nanoparticle−polymer fibers by electrospinning [J]. Macromol. Rapid Commun, 2007, 28 (2): 205−209.

[72] Jin M, Zhang X, Nishimoto S, et al. Light−stimulated composition conversion in TiO_2−based nanofibers [J]. J. Phys. Chem. C., 2007, 111 (2): 658−665.

[73] Wang C, Tong Y, Sun Z, et al. Preparation of one−dimensional TiO_2 nanoparticles within polymer fiber matrices by electrospinning [J]. Mater. Lett.,

2007，61（29）：5125—5128.

[74] Han X J，Huang Z M，He C L. Preparation and characterization of polycarbonate/TiO$_2$ ultrafine fibers [J]. J. Inorg. Mater.，2007，22（3）：407—412.

[75] 胡大为，王燕民. 合成四氧化三铁纳米粒子形貌的调控机理和方法 [J]. 硅酸盐学报，2008，36（10）：1488—1493.

[76] Hao R，Xing R，Xu Z，et al. Synthesis，functionalization，and biomedical applications of multifunctional magnetic nanoparticles [J]. Adv. Mater.，2010，22（25）：2729—2742.

[77] Ye X Y，Liu Z M，Wang Z G，et al. Preparation and characterization of magnetic nanofibrous composite membranes with catalytic activity [J]. Mater. Lett.，2009，63（21）：1810—1813.

[78] Zhang D，Karki A B，Rutman D，et al. Electrospun polyacrylonitrile nanocomposite fibers reinforced with Fe$_3$O$_4$ nanoparticles：fabrication and property analysis [J]. Polymer.，2009，50（17）：4189—4198.

[79] Guo J，Ye X，Liu W，et al. Preparation and characterization of poly（acrylonitrile－co－acrylic acid）nanofibrous composites with Fe$_3$O$_4$ magnetic nanoparticles [J]. Mater. Lett.，2009，63（15）：1326—1328.

[80] Xin Y，Huang Z，Peng L，et al. Photoelectric performance of poly（p－phenylene vinylene）/Fe$_3$O$_4$ nanofiber array [J]. J. Appl. Phys.，2009，105（8）：086106.

[81] Pavan kumar V，Jagadeesh babu V，Raghuraman G，et al. Giant magnetoresistance of Fe$_3$O$_4$－polymethylmethacrylate nanocomposite aligned fibers via electrospinning [J]. J. Appl. Phys.，2007，101（11）：114317.

[82] Zhang C，Li X，Yang Y，et al. Polymethylmethacrylate/Fe$_3$O$_4$ composite nanofiber membranes with ultra－low dielectric permittivity [J]. Appl. Phys. A.，2009，97：281—285.

[83] Wang H，Tang H，He J，et al. Fabrication of aligned ferrite nanofibers by magnetic－field－assisted electrospinning coupled with oxygen plasma treatment [J]. Mater. Res. Bull.，2009，44（8）：1676—1680.

[84] Karim M R，Yeum J H. Poly（vinyl alcohol）－Fe$_3$O$_4$ nanocomposites prepared by the electrospinning technique [J]. Soft Mater.，2010，8（3）：197—206.

[85] Yang D，Zhang J，Zhang J，et al. Preparation and characteristics of oriented superparamagnetic polymer nanofibres [J]. Plastics，rubber and composites.，2010，39（1）：6—9.

[86] Mincheva R，Stoilova O，Penchev H，et al. Synthesis of polymer－stabilized magnetic nanoparticles and fabrication of nanocomposite fibers thereof using electrospinning [J]. Eur. Polym. J.，2008，44（3）：615—627.

[87] Wang S，Wang C，Zhang B，et al. Preparation of Fe$_3$O$_4$/PVA nanofibers via

combining in—situ composite with electrospinning [J]. Mater. Lett., 2010, 64 (1): 9—11.

[88] Tan S T, Wendorff J H, Pietzonka C, et al. Biocompatible and biodegradable polymer nanofibers displaying superparamagnetic properties [J]. ChemPhysChem., 2005, 6 (8): 1461—1465.

[89] Wang B, Sun Y, Wang H. Preparation and properties of electrospun PAN/Fe_3O_4 magnetic nanofibers [J]. J. Appl. Polym. Sci., 2010, 115 (3): 1781—1786.

[90] Bashouti M, Salalha W, Brumer M, et al. Alignment of colloidal CdS nanowires embedded in polymer nanofibers by electrospinning [J]. ChemPhysChem., 2006, 7 (1): 102—106.

[91] Yu G, Li X, Cai X, et al. The photoluminescence enhancement of electrospun poly (ethylene oxide) fibers with CdS and polyaniline inoculations [J]. Acta Materialia., 2008, 56 (19): 5775—5782.

[92] Wang H, Zhao Y Y, Li Z, et al. Preparation and characterization of poly (vinyl alcohol) nanofibers containing ZnS nanopaticles via electrospinning [J]. Solid State Phenomena., 2007, 121: 641—644.

[93] 王海鹰, 杨洋, 卢晓峰, 等. 硫化锌掺锰/聚乙烯醇复合纳米纤维的制备与表征 [J]. 高等学校化学学报, 2006, 27 (9): 1785—1787.

[94] Tong Y, Jiang Z, Wang C, et al. Effect of annealing on the morphology and properties of ZnS: Mn nanoparticles/PVP nanofibers [J]. Mater. Lett., 2008, 62 (19): 3385—3387.

[95] Lu X, Zhao Y, Wang C. Fabrication of PbS nanoparticles in polymer—fiber matrices by electrospinning [J]. Adv. Mater., 2005, 17 (20): 2485—2488.

[96] Lu X, Zhao Y, Wang C, et al. Fabrication of CdS nanorods in PVP fiber matrices by electrospinning [J]. Macromol. Rapid Commun., 2005, 26 (16): 1325—1329.

[97] Xu J, Cui X, Zhang J, et al. Preparation of CuS nanoparticles embedded in poly (vinyl alcohol) nanofibre via electrospinning [J]. Bull. Mater. Sci., 2008, 31: 189—192.

[98] Wang C, Yan E, Li G, et al. Tunable photoluminescence of poly (phenylene vinylene) nanofibers by doping of semiconductor quantum dots and polymer [J]. Synth. Met., 2010, 160 (13—14): 1382—1386.

[99] Wang C, Yan E, Sun Z, et al. Mass ratio of CdS/poly (ethylene oxide) controlled photoluminescence of one—dimensional hybrid fibers by electrospinning [J]. Macromol. Mater. Eng., 2007, 292 (8): 949—955.

[100] Kim B S, Song H M, Lee C S, et al. Preparation of luminescing nanocrystal and its application to electrospinning [J]. Fibers Polym., 2008, 9: 534—537.

[101] Demir M M, Soyal D, Unlu C, et al. Controlling spontaneous emission of CdSe nanoparticles dispersed in electrospun fibers of polycarbonate urethane [J]. J.

Phys. Chem. C. , 2009, 113 (26): 11273—11278.

[102] Wang S, Li Y, Wang Y, et al. Introducing CTAB into CdTe/PVP nanofibers enhances the photoluminescence intensity of cdte nanoparticles [J]. Mater. Lett. , 2007, 61 (25): 4674—4678.

[103] Wang S, Li Y, Bai J, et al. Characterization and photoluminescence studies of CdTe nanoparticles before and after transfer from liquid phase to polystyrene [J]. Bull. Mater. Sci. , 2009, 32: 487—491.

[104] Li J. Electrospinning: A facile method to disperse fluorescent quantum dots in nanofibers without förster resonance energy transfer [J]. Adv. Funct. Mater. , 2007, 17 (17): 3650—3656.

[105] Sun H, Zhang H, Zhang J, et al. White—light emission nanofibers obtained from assembling aqueous single—colored CdTe NCs into a PPV precursor and PVA matrix [J]. J. Mater. Chem. , 2009, 19 (37): 6740—6744.

[106] 孙海珠, 张皓, 鞠婕, 等. CdHgTe 纳米晶/聚乙烯醇近红外纳米纤维的制备 [J]. 高等学校化学学报, 2009, 30 (10): 2071—2075.

[107] Dong H, Fey E, Gandelman A, et al. Synthesis and assembly of metal nanoparticles on electrospun poly (4 — vinylpyridine) fibers and poly (4 — vinylpyridine) composite fibers [J]. Chem. Mater. , 2006, 18 (8): 2008—2011.

[108] Dong H, Wang D, Sun G, et al. Assembly of metal nanoparticles on electrospun nylon 6 nanofibers by control of interfacial hydrogen—bonding interactions [J]. Chem. Mater. , 2008, 20 (21): 6627—6632.

[109] Zhang C, Yang Q, Zhan N, et al. Silver nanoparticles grown on the surface of PAN nanofiber: preparation, characterization and catalytic performance [J]. Colloid Surf. A. , 2010, 362 (1—3): 58—64.

[110] Demir M M, Uğur G, Gülgün M A, et al. Macromol. Chem. Phys. 5/2008 [J]. Macromol. Chem. Phys. , 2008, 209 (5): 453.

[111] Hong S H, Lee S A, Nam J D, et al. Platinum—catalyzed and ion—selective polystyrene fibrous membrane by electrospinning and in — situ metallization techniques [J]. Macromol. Res. , 2008, 16: 204—211.

[112] Shui J, Li J C. Platinum nanowires produced by electrospinning [J]. Nano Lett. 2009, 9 (4): 1307—1314.

[113] Kim J M, Joh H I, Jo S M, et al. Preparation and characterization of Pt nanowire by electrospinning method for methanol oxidation [J]. Electrochimica Acta. , 2010, 55 (16): 4827—4835.

[114] Tao D, Wei Q, Cai Y, et al. Functionalization of polyamide 6 nanofibers by electroless deposition of copper [J]. J. Coat. Technol. Res. , 2008, 5: 399—403.

[115] Xiao S, Wu S, Shen M, et al. Polyelectrolyte multilayer film—assisted formation

of zero－valent iron nanoparticles onto polymer nanofibrous mats [J]. J. Phys. Conference Series, 2009, 188 (1): 012015.

[116] Xiao S, Wu S, Shen M, et al. Polyelectrolyte multilayer － assisted immobilization of zero － valent iron nanoparticles onto polymer nanofibers for potential environmental applications [J]. ACS Appl. Mater. Interf. , 2009, 1 (12): 2848－2855.

[117] Xiao S, Shen M, Guo R, et al. Fabrication of multiwalled carbon nanotube－ reinforced electrospun polymer nanofibers containing zero － valent iron nanoparticles for environmental applications [J]. J. Mater. Chem. , 2010, 20 (27): 5700－5708.

[118] He T, Zhou Z, Xu W, et al. Preparation and photocatalysis of TiO_2 － fluoropolymer electrospun fiber nanocomposites [J]. Polymer. , 2009, 50 (13): 3031－3036.

[119] Lu X, Mao H, Zhang W, et al. Synthesis and characterization of CdS nanoparticles in polystyrene microfibers [J]. Mater. Lett. , 2007, 61 (11－12): 2288－2291.

[120] Ye J, Chen Y, Zhou W, et al. Preparation of polymer@ PbS hybrid nanofibers by surface－initiated atom transfer radical polymerization and acidolysis by H_2S [J]. Mater. Lett. , 2009, 63 (16): 1425－1427.

[121] Zhou Z, He D, Xu W, et al. Preparing ZnS nanoparticles on the surface of carboxylic poly (vinyl alcohol) nanofibers [J]. Mater. Lett. , 2007, 61 (23－ 24): 4500－4503.

[122] Zhou Z, Feng Y, Xu W, et al. Preparation and photocatalytic activity of zinc sulfide/polymer nanocomposites [J]. J. Appl. Polym. Sci. , 2009, 113 (2): 1264－1269.

[123] He T, Ma H, Zhou Z, et al. Preparation of ZnS－fluoropolymer nanocomposites and its photocatalytic degradation of methylene blue [J]. Polym. , Degradation Stability. 2009, 94 (12): 2251－2256.

[124] Bai J, Li Y, Yang S, et al. Synthesis of AgCl/PAN composite nanofibres using an electrospinning method [J]. Nanotechnology. , 2007, 18 (30): 305601.

[125] Bai J, Li Y, Li M, et al. Electrospinning method for the preparation of silver chloride nanoparticles in PVP nanofiber [J]. Appl. Surf. Sci. , 2008, 254 (15): 4520－4523.

[126] Zhang C, Liu Q, Zhan N, et al. A novel approach to prepare silver chloride nanoparticles grown on the surface of PAN nanofibre via electrospinning combined with gas － solid reaction [J]. Colloid Surf. A. , 2010, 353 (1): 64－68.

[127] Guo B, Zhao S, Han G, et al. Continuous thin gold films electroless deposited

on fibrous mats of polyacrylonitrile and their electrocatalytic activity towards the oxidation of methanol [J]. Electrochimica acta. , 2008, 53 (16): 5174−5179.

[128] Li Z, Huang H, Wang C. Electrostatic forces induce poly (vinyl alcohol) −protected copper nanoparticles to form copper/poly (vinyl alcohol) nanocables via electrospinning [J]. Macromol. Rapid Commun. , 2006, 27 (2): 152−155.

[129] Adomaviciene M, Stanys S, Demšar A, et al. Insertion of Cu nanoparticles into a polymeric nanofibrous structure via an electrospinning technique [J]. Fibres and textiles in Eastern Europe, 2010, 18 (1): 17−20.

[130] Zhu J, Wei S, Chen X, et al. Electrospun polyimide nanocomposite fibers reinforced with core− shell Fe−FeO nanoparticles [J]. J. Phys. Chem. C. , 2010, 114 (19): 8844−8850.

[131] Quan S L, Lee H S, Lee E H, et al. Ultrafine PMMA (QDs) /PVDF core−shell fibers for nanophotonic applications [J]. Microelectronic engineering, 2010, 87 (5−8): 1308−1311.

[132] Wilcoxon J, Abrams B. Synthesis, structure and properties of metal nanoclusters [J]. Chem. Soc. Rev. , 2006, 35 (11): 1162−1194.

[133] Bognitzki M, Hou H, Ishaque M, et al. Polymer, metal, and hybrid nano−and mesotubes by coating degradable polymer template fibers (tuft process) [J]. Adv. Mater. , 2000, 12 (9): 637−640.

[134] Mccann J T, Lim B, Ostermann R, et al. Carbon nanotubes by electrospinning with a polyelectrolyte and vapor deposition polymerization [J]. Nano Lett. , 2007, 7 (8): 2470−2474.

[135] Caruso R A, Schattka J H, Greiner A. Titanium dioxide tubes from sol−gel coating of electrospun polymer fibers [J]. Adv. Mater. , 2001, 13 (20): 1577−1579.

[136] Peng Q, Sun X Y, Spagnola J C, et al. Atomic layer deposition on electrospun polymer fibers as a direct route to Al_2O_3 microtubes with precise wall thickness control [J]. Nano Lett. , 2007, 7 (3): 719−722.

[137] Zhang T, Ge L, Wang X, et al. Hollow TiO_2 containing multilayer nanofibers with enhanced photocatalytic activity [J]. Polymer, 2008, 49 (12): 2898−2902.

[138] Shim H S, Na S I, Nam S H, et al. Efficient photovoltaic device fashioned of highly aligned multilayers of electrospun TiO_2 nanowire array with conjugated polymer [J]. Appl. Phys. Lett. , 2008, 92 (18): 183107.

[139] Lin D, Wu H, Zhang R, et al. Enhanced photocatalysis of electrospun Ag− ZnO heterostructured nanofibers [J]. Chem. Mater. , 2009, 21 (15): 3479−3484.

[140] Abidian M R, Kim D H, Martin D C. Conducting−polymer nanotubes for controlled drug release [J]. Adv. Mater. , 2006, 18 (4): 405−409.

[141] Zhang Y, Wang X, Feng Y, et al. Coaxial electrospinning of (fluorescein

isothiocyanate－conjugated bovine serum albumin）－encapsulated poly（ε－caprolactone) nanofibers for sustained release [J]. Biomacromolecules，2006，7 (4)：1049－1057.

[142] Huang Z M, He C L, Yang A, et al. Encapsulating drugs in biodegradable ultrafine fibers through co－axial electrospinning [J]. J. Biomed. Mater. Res. Part A.，2006，77 (1)：169－179.

[143] Díaz J E, Barrero A, Márquez M, et al. Controlled encapsulation of hydrophobic liquids in hydrophilic polymer nanofibers by co－electrospinning [J]. Adv. Funct. Mater.，2006，16 (16)：2110－2116.

[144] Zhan S, Chen D, Jiao X, et al. Long TiO_2 hollow fibers with mesoporous walls：Sol－gel combined electrospun fabrication and photocatalytic properties [J]. J. Phys. Chem. B.，2006，110 (23)：11199－11204.

[145] Zhan S, Chen D, Jiao X, et al. Mesoporous TiO_2/SiO_2 composite nanofibers with selective photocatalytic properties [J]. Chem. Commun.，2007，(20)：2043－2045.

[146] Shang M, Wang W, Zhang L, et al. 3D Bi_2WO_6/TiO_2 hierarchical heterostructure：Controllable synthesis and enhanced visible photocatalytic degradation performances [J]. J. Phys. Chem. C.，2009，113 (33)：14727－14731.

[147] Lin D, Wu H, Zhang R, et al. Enhanced photocatalysis of electrospun Ag－ZnO heterostructured nanofibers [J]. Chem. Mater.，2009，21 (15)：3479－3484.

[148] Hota G, Sundarrajan S, Ramakrishna S, et al. One step fabrication of MgO solid and hollow submicrometer fibers via electrospinning method [J]. J. Am. Ceram. Soc.，2009，92 (10)：2429－2433.

[149] Liu Z, Sun D D, Guo P, et al. An efficient bicomponent TiO_2/SnO_2 nanofiber photocatalyst fabricated by electrospinning with a side－by－side dual spinneret method [J]. Nano Lett.，2007，7 (4)：1081－1085.

[150] Gu Y, Chen D, Jiao X, et al. $LiCoO_2$－Mgo coaxial fibers：Co－electrospun fabrication, characterization and electrochemical properties [J]. J. Mater. Chem.，2007，17 (18)：1769－1776.

[151] Zhang R, Wu H, Lin D, et al. Preparation of necklace－structured TiO_2/SnO_2 hybrid nanofibers and their photocatalytic activity [J]. J. Am. Ceram. Soc.，2009，92 (10)：2463－2466.

[152] Jin Y, Yang D, Kang D, et al. Fabrication of necklace－like structures via electrospinning [J]. Langmuir，2010，26 (2)：1186－1190.

[153] Ostermann R, Li D, Yin Y, et al. V_2O_5 nanorods on TiO_2 nanofibers：A new class of hierarchical nanostructures enabled by electrospinning and calcination [J]. Nano Lett.，2006，6 (6)：1297－1302.

[154] Sun Z, Zussman E, Yarin A L, et al. Compound core－shell polymer nanofibers

by co—electrospinning [J]. Adv. Mater. , 2003, 15 (22): 1929—1932.

[155] Bognitzki M, Czado W, Frese T, et al. Nanostructured fibers via electrospinning [J]. Adv. Mater. , 2001, 13 (1): 70—72.

[156] Megelski S, Stephens J S, Chase D B, et al. Micro—and nanostructured surface morphology on electrospun polymer fibers [J]. Macromolecules, 2002, 35 (22): 8456—8466.

[157] Loscertales I G, Barrero A, Márquez M, et al. Electrically forced coaxial nanojets for one—step hollow nanofiber design [J]. J. Am. Chem. Soc. , 2004, 126 (17): 5376—5377.

[158] Larsen G, Spretz R, Velarde—ortiz R. Templating of inorganic and organic solids with electrospun fibres for the synthesis of large—pore materials with near—cylindrical pores [J]. J. Mater. Chem. , 2004, 14 (10): 1533—1539.

[159] Zhan S, Chen D, Jiao X. Co—electrospun SiO$_2$ hollow nanostructured fibers with hierarchical walls [J]. J. Colloid Interf. Sci. , 2008, 318 (2): 331—336.

[160] Di J, Chen H, Wang X, et al. Fabrication of zeolite hollow fibers by coaxial electrospinning [J]. Chem. Mater. , 2008, 20 (11): 3543—3545.

[161] Ner Y, Stuart J A, Whited G, et al. Electrospinning nanoribbons of a bioengineered silk—elastin—like protein (SELP) from water [J]. Polymer, 2009, 50 (24): 5828—536.

[162] Wang H, Shao H, Hu X. Structure of silk fibroin fibers made by an electrospinning process from a silk fibroin aqueous solution [J]. J. Appl. Polym. Sci. , 2006, 101 (2): 961—968.

[163] Zhu J, Shao H, Hu X. Morphology and structure of electrospun mats from regenerated silk fibroin aqueous solutions with adjusting pH [J]. Int. J. Biol. Macromol. , 2007, 41 (4): 469—474.

[164] Megelski S, Stephens J S, Chase D B, et al. Micro—and nanostructured surface morphology on electrospun polymer fibers [J]. Macromolecules, 2002, 35 (22): 8456—8466.

[165] Pornsopone V, Supaphol P, Rangkupan R, et al. Electrospinning of methacrylate—based copolymers: Effects of solution concentration and applied electrical potential on morphological appearance of as—spun fibers [J]. Polym. Eng. Sci. , 2005, 45 (8): 1073—1080.

[166] Koombhongse S, Liu W, Reneker D H. Flat polymer ribbons and other shapes by electrospinning [J]. J. Polym. Sci. Part B: Polym. Phys. , 2001, 39 (21): 2598—2606.

[167] Zhao Y, Cao X, Jiang L. Bio—mimic multichannel microtubes by a facile method [J]. J. Am. Chem. Soc. , 2007, 129 (4): 764—765.

[168] Muthamma M V, Bubbly S G, Gudennavar S B, et al. KCS Poly (vinyl

alcohol）—bismuth oxide composites for X—ray and γ—ray shielding applications [J]．J. Appl. Polym. Sci.，2019，136（37）：47949．

[169] Li Q，Zhong R，Xiao X，et al. Lightweight and Flexible Bi@Bi—La Natural Leather Composites with Superb X—ray Radiation Shielding Performance and Low Secondary Radiation [J]. ACS Appl. Mater.，Interfaces 2020，12（48）：54117—54126．

[170] Lai H，Li W，Xu L，et al. Scalable fabrication of highly crosslinked conductive nanofibrous films and their applications in energy storage and electromagnetic interference shielding [J]. Chem. Eng. J.，2020，400：125322．

[171] Wang Y，Zhong R，Li Q，et al. Lightweight and wearable X—ray shielding material with biological structure for low secondary radiation and metabolic saving performance [J]. Adv. Mater. Techn.，2020，5（7）：200240．

[172] Botelho M，Künzel R，Okuno E，et al. X—ray transmission through nanostructured and microstructured CuO materials [J]. Appl. Radiat. Isotopes.，2011，69（2）：527—530．

[173] Wang Z，Han X，Han X，et al. MXene/wood—derived hierarchical cellulose scaffold composite with superior electromagnetic shielding [J]. Carbohydr. Polym.，2021，254：117033．

[174] He D，Ma Y，Zhao R，et al. Complete—Lifecycle—Available，Lightweight and Flexible Hierarchical Structured Bi_2WO_6/WO_3/PAN Nanofibrous Membrane for X—Ray Shielding and Photocatalytic Degradation [J]. Adv. Mater.，Interfaces 2021，8（7）：2002131．

[175] Shevchik S，Le Quang T，Meylan B，et al. Supervised deep learning for real—time quality monitoring of laser welding with X—ray radiographic guidance [J]. Sci. Rep.，2020，10（1）：3389．